▶▶▶ GO

Chapter 04
CorelDRAW X4
Lesson 02
应用"椭圆形工具"
绘制简单图形

Chapter 04
CorelDRAW X4
Lesson 05
制作图表

Chapter 04
CorelDRAW X4
Lesson 03
应用"星形工具"
绘制五角星图形

Chapter 04
CorelDRAW X4
Lesson 06
应用"贝塞尔工具"绘制花纹图形

Chapter 04
CorelDRAW X4
Lesson 04
绘制心形图形

Chapter 04
CorelDRAW X4
Lesson 07
应用"艺术笔工具"
绘制背景图形

1

Chapter 04
CorelDRAW X4
Lesson 08
应用"钢笔工具"
绘制树枝图形

Chapter 05
CorelDRAW X4
Lesson 01
调整两个图形
之间的顺序

Chapter 05
CorelDRAW X4
Lesson 02
将页面中的图形对齐

Chapter 05
CorelDRAW X4
Lesson 03
应用焊接对象
制作图标

Chapter 05
CorelDRAW X4
Lesson 04
应用修剪对象
剪掉多余的图形

Chapter 05
CorelDRAW X4
Lesson 05
应用简化对象
制作条纹图形

ONE SWEET DAY

Darling, I never showed you
Assumed you'd always be there
Assumed you'd always be there
I took your presence for granted
But I always cared
But I always caredAnd
I miss the love we shared
Although the sun will never shine
the same
I'll always look to a brighter day

Chapter 05
CorelDRAW X4
Lesson 06
应用群组对象将图形进行群组

Chapter 06
CorelDRAW X4
Lesson 01
应用再制对象
制作图形背景

Chapter 06
CorelDRAW X4
Lesson 04
添加封面上
的条形码

Chapter 06
CorelDRAW X4
Lesson 02
应用复制属性
为图形填充色彩

Chapter 06
CorelDRAW X4
Lesson 05
制作多种轮廓的图形

Chapter 06
CorelDRAW X4
Lesson 03
将图形效果返回
到上一步

Chapter 07
CorelDRAW X4
Lesson 01
应用"形状工具"
制作花纹图形

Chapter 07
CorelDRAW X4
Lesson 02
应用"涂抹笔刷"
工具制作镂空图形

Chapter 07
CorelDRAW X4
Lesson 05
应用擦除工具
擦除多余图形

Chapter 07
CorelDRAW X4
Lesson 03
应用编辑节点
绘制复杂的图形

Chapter 07
CorelDRAW X4
Lesson 06
应用"封套工具"
制作弯曲的文字

Chapter 07
CorelDRAW X4
Lesson 04
应用"裁剪工具"
制作壁纸图像效果

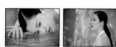

Chapter 08
CorelDRAW X4
Lesson 01
应用调色板
填充图形

Chapter 08
CorelDRAW X4
Lesson 02
应用"渐变填充"
设置背景颜色

Chapter 08
CorelDRAW X4
Lesson 05
应用"交互式填充工具"
填充图形

Chapter 08
CorelDRAW X4
Lesson 03
应用"图样填充"
绘制插画

Chapter 08
CorelDRAW X4
Lesson 06
应用"交互式
网状填充工具"
绘制图标

Chapter 08
CorelDRAW X4
Lesson 04
应用"颜色"
泊坞窗填充图形

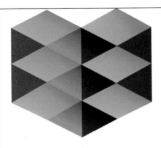

Chapter 09
CorelDRAW X4
Lesson 01
应用"文本工具"
添加杂志内页文字

Chapter 09
CorelDRAW X4
Lesson 02
调整段落
文字间距

Chapter 10
CorelDRAW X4
Lesson 01
应用"交互式
调和工具"制作
融合的图形效果

Chapter 09
CorelDRAW X4
Lesson 03
添加不同颜色和字体的文字

Chapter 10
CorelDRAW X4
Lesson 02
应用"交互式
变形工具"制作
背景图案

Chapter 10
CorelDRAW X4
Lesson 03
应用"交互式
阴影工具"为
图形添加阴影

Chapter 09
CorelDRAW X4
Lesson 04
沿着路径
输入文字

Chapter 10
CorelDRAW X4
Lesson 04
应用"交互式立体化工具"
制作立体化文字效果

Chapter 10
CorelDRAW X4
Lesson 05
应用"交互式透明工具"
制作透明图像

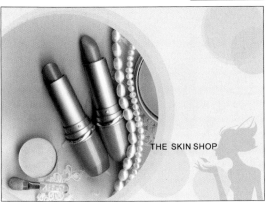

Chapter 12
CorelDRAW X4
Lesson 05
应用调整位图
调整风景图像

Chapter 11
CorelDRAW X4
Lesson 03
将输入的文字
添加项目符号

Chapter 12
CorelDRAW X4
Lesson 06
应用"图框精确剪裁"
命令将图像放置到容器中

Chapter 11
CorelDRAW X4
Lesson 04
通过载入模板
设置美术字

Chapter 13
CorelDRAW X4
Lesson 01
应用"透视"滤镜
制作报纸广告

Chapter 13
CorelDRAW X4
Lesson 02

应用"单色蜡笔画"滤镜制作
漂亮的生日邀请卡

Chapter 16
CorelDRAW X4

平面广告设计

Chapter 13
CorelDRAW X4
Lesson 03

应用"放射状模糊"
滤镜制作人物画册
内页

Chapter 13
CorelDRAW X4
Lesson 04

应用"偏移"滤镜制作
商场宣传单

Chapter 17
CorelDRAW X4

招贴设计

Chapter 18
CorelDRAW X4

商业插画设计

Chapter 15
CorelDRAW X4

CI企业形象标志
设计系列

CorelDRAW

CorelDRAW X4

矢量绘图

从入门到精通

「多媒体光盘版」

创锐设计 编著

科学出版社

内 容 提 要

　　CorelDRAW X4 是 Corel 公司出品的专业图形设计和矢量插图软件，具有功能强大、设计精细、兼容性好等特点，被广泛应用于矢量绘制、位图编辑、版式设计和包装制作等诸多领域。本书参考了众多经典 CorelDRAW 权威教程的体例大纲，并结合初级读者的学习特点，重新排版、整理了知识体系；又借鉴了优秀 CG 类图书的编排方式设计了图文结构。全书力求知识系统、全面，实例教程简单易懂、步骤详尽，确保读者学起来轻松、做起来有趣，在项目实践中不断提高自身水平，成为优秀的 CorelDRAW 操作者。

　　全书共分为 18 章，包括 CorelDRAW X4 的基础知识、界面介绍及文件的基础操作、页面设置和辅助工具、基本图形的绘制、组织和控制对象、对象的基本编辑、图形的高级编辑、图形的颜色和填充、文本的处理、图形特效全攻略、图层和样式的使用、自由处理位图图像、滤镜特效的应用、作品的输出与打印等内容；书中还包含了以应用为主题的 CI 企业形象标志设计、平面广告设计、招贴设计和商业插画设计 4 个大型综合实例。

　　本书配一张 DVD 光盘，内容极其丰富：含书中所有实例的素材和最终文件，时长超过 600 分钟的全书 68 个操作实例和 4 个综合大实例（含 16 个演示视频）的视频教学录像。另外，还超值附赠另一本超级畅销书《Photoshop CS3 从入门到精通》的 68 个精华技法和 3 个大型综合实例的视频教程，内容为 Photoshop CS3 软件的操作方法和图像特效处理技巧，并附含教程中所有素材和最终源文件，方便读者学习使用。读者可以花一本书的价钱获得 2 种学习方法，绝对物超所值！

　　本书适合准备学习 CorelDRAW 软件的初级读者使用，也适合对矢量绘图有一定基础认识、需要进一步提高绘图水平的设计爱好者、平面设计专业人员作为参考用书，还可作为大中专院校和社会培训班图形设计专业的培训教材。

图书在版编目（CIP）数据

CorelDRAW X4 矢量绘图从入门到精通/创锐设计编著.

北京：科学出版社，2009

　　（从入门到精通）

　　ISBN 978-7-03-026062-8

　　I. C… II. 创… III. 图形软件，CorelDRAW X4 IV.

TP391.41

中国版本图书馆 CIP 数据核字（2009）第 211933 号

责任编辑：杨　倩　卢晓勇 / 责任校对：杨慧芳

责任印刷：新世纪书局　　 / 封面设计：锋尚影艺

科 学 出 版 社 出版

北京东黄城根北街 16 号

邮政编码：100717

http://www.sciencep.com

中国科学出版集团新世纪书局策划

北京市艺辉印刷有限公司印刷

中国科学出版集团新世纪书局发行　　 各地新华书店经销

*

2010 年 4 月 第 一 版　　　　　开本：16 开

2010 年 4 月第一次印刷　　　　　印张：27.25

印数：0 001-4 000　　　　　　　 字数：663 000

定价：59.00 元（1DVD）

（如有印装质量问题，我社负责调换）

前　言

　　CorelDRAW X4是一款专业的图形设计和矢量绘图软件，它不仅有分工复杂、布局精细的设计工具，强大的文件兼容性以及高质量的图形绘制能力，更凭借其独特的矢量插图、页面布局、照片编辑和描摹软件功能，受到职业设计师和设计新人的青睐，是他们处理多种类型图形项目时的不二选择。

　　无论是绘制插图、制作企业徽标、宣传册、传单、标牌还是Web图像，CorelDRAW X4都可轻松实现。直观的矢量插图和页面布局工具能简化流程；专业的照片编辑软件，可轻松润饰和增强照片效果；将位图图像转换为可编辑和可缩放的矢量文件也是小菜一碟。

　　当然，复杂而强大的功能虽然吸引人，但也会使初级用户产生一定的畏难心理：怎样才能又快又好地学会CorelDRAW，抓住软件的精髓，转变为有实用意义的技能呢？本书正是针对初、中级读者编写的CorelDRAW矢量绘图实例型教程，可满足读者从入门到精通这一学习需求。

　　笔者担任了多年的图形图像软件培训讲师，有着丰富的制作与教学经验。在同学员交流的过程中，笔者发现许多新接触矢量绘图的学员依然抱有这一领域的学习门坎高、需要很多时间和花费的老观念，其实矢量绘图并没有想象中的这么难。

　　本书是一本由浅入深的自学类教程书籍，能够帮助学习矢量绘图的初学者快速入门并提高，同时也可以帮助中级用户深入了解图形的绘制技巧以及特殊的编辑处理方法；在一定程度上还能帮助对CorelDRAW软件有一定了解的用户掌握CorelDRAW X4版本新增的功能和高级技巧。

◎　本书内容

　　本书根据新手学习软件时循序渐进的实际需求，以及先扎实基础再逐渐深入的思维模式，编排、整理了知识体系；又借鉴杂志的编排方式，设计了本书的图文结构。力求全书的知识系统而全面，实例教程丰富、步骤详尽、演示直观。确保读者学起来轻松，做起来有趣，在项目实践中不断提高自身水平，成为CorelDRAW的应用高手。

　　书中精选了68个典型实例及4个综合大实例，覆盖了矢量绘图中的热点问题和关键技术，并根据实际所需，针对CI企业形象标志设计、平面广告设计等典型应用实例进行了专门的介绍。全书按软件基础知识、高级功能详解和实例演练等内容分部讲解，可以使读者在短时间内掌握更多有用的技术，快速提高CorelDRAW X4的应用水平。

　　全书共分为18章，包括CorelDRAW X4的基础知识、界面介绍及文件的基础操作、页面设置和辅助工具、基本图形的绘制、组织和控制对象、对象的基本编辑、图形的高级编辑、图形的颜色和填充、文本的处理、图形特效全攻略、图层和样式的使用、自由处理位图图像、滤镜特效的应用、作品的输出与打印等内容；还包括以应用为主题的CI企业形象标志设计系列、平面广告设计、招贴设计和商业插画设计4个大型综合实例。

　　在内容安排上，全书采用了统一的编排方式，每章内容都通过Study环节明确研究方向，通过Work小节掌握技术要点，再通过Lesson进行实例操作，全部过程共3个层次，贯穿了技术要点。在Study中以图文结合的方式给出了软件的功能说明及运行效果。在Work中给出了技术重点、难点和相关操作技巧，如相关工具的参数、对话框中的选项、设置不同选项时所产生的较大差异、视频的处理效果等，比以往同类书籍做了更深入的探讨。在Lesson中介绍了具体的实例制作过程和主要的实现步骤。

　　此外，本书中的Tip代表提示。在表述某个知识点时，用Tip来对该部分内容进行详细讲述，或将前面未提到的地方进行解释说明；在应用某个命令或者工具对视频进行操作时，Tip内容可能是从另外的角度或者使用其他方法对工具或者命令进行阐述。

本书特色

○ **分类明确**：书中内容系统、全面，为了方便读者快速掌握软件操作，对CorelDRAW X4的每一项功能都进行了提纲挈领的分类总结，让读者在系统、易查的状态中学习。

○ **体系新颖**：书中采用了新的教学方式，一改传统的写作风格，将程序中重要的知识点与实例分开介绍，先介绍知识点，再通过实例操作来演练，让读者更有实践感悟，最终达到融会贯通的目的。

○ **上手容易**：为了便于读者快速掌握操作技法，本书在编写过程中力求采用最简便、最直观、最有效的文图对应步骤操作进行讲解，通俗易懂、简单实用。

○ **内容全面**：CorelDRAW软件的发展、安装、操作方法、基础绘图、填充颜色、文字处理、图层和样式使用、滤镜特效、作品输出和打印……初学者该知道的都在书里面了，可以随时学、用、查。

○ **案例实用**：书中所选用的实例在针对具体功能讲解的同时，采用不同风格、不同类别、多命题形式给读者以赏心悦目、开阔思维的视觉享受，最后4个实用、精美的大案例，更是结合时下热门应用领域精心设计。

超值光盘

随书的1张DVD光盘内容非常丰富，具有极高的学习价值和使用价值。

○ 完整收录的原始文件和最终文件

书中所有实例的原始文件和最终文件全部收录在光盘中，方便读者查找学习。原始文件为书中所有Lesson小节在制作时，以及各个Study环节做知识点讲解时用到的文件；最终文件为实例操作完成后的最终效果图。

○ 高清晰多媒体视频语音教程

对应书中章节安排，收录了书中68个Lesson以及4个综合大实例（含16个演示视频）的教学录像。

○ 超值附赠《Photoshop CS3从入门到精通》的技法教程光盘

考虑到除了CorelDRAW软件提供的功能外，最常用、最专业的图像处理大部分是通过Photoshop软件来实现，笔者为帮助读者真正实现平面制作从入门到精通的转变，真正拓展知识面到本书以外，精心挑选了笔者另一本超级畅销书《Photoshop CS3从入门到精通》的68个精华技法和3个大型综合实例的视频演示录像。教程内容为Photoshop CS3软件的操作方法和图像特效处理的技巧。赠送的内容还包括《Photoshop CS3从入门到精通》一书的实例文件（包括素材文件和源文件），以便读者练习。通过这些具有拓展、提高作用的超值教程，可满足读者的额外学习需要，真正做到花一本书的钱学习两本书的内容！

本书的创作团队

本书由创锐设计组织编写，参与书中资料收集、书稿编写、实例制作和整稿处理的有孟尧、徐文彬、王彦茹、严爽、钟彬、周礼凤、王兴开、黄青春、龙山江、门刚、陈诚、邓丽、陈鑫、陈杰、肖楠、李晓华、朱淑容、杨益、孙天娇、张孝凯、苏顺昌、税文菊、钟华、王云娟、林强、陈娟、刘金和周灵等人。

本书的服务

如果读者在使用本书时遇到问题，可以通过电子邮件与我们取得联系，邮箱地址为：1149360507@qq.com。此外，也可加本书服务专用QQ：1149360507与我们取得联系。由于笔者水平有限，疏漏之处在所难免，恳请广大读者批评指正。

编著者
2010年1月

多媒体光盘使用说明

多媒体教学光盘的内容

本书配套的多媒体教学光盘内容包括素材文件、最终文件和视频教程，素材文件为书中操作实例的原始文件，最终文件为制作完成后的最终效果图，视频教程为实例操作步骤的配音视频演示录像，播放时间长达10小时。课程设置对应书中各章节的内容安排，读者可以先阅读图书再浏览光盘，也可以直接通过光盘学习CorelDRAW X4矢量绘图的方法。

光盘使用方法

❶ 将本书的配套光盘放入光驱后会自动运行多媒体程序，并进入光盘的主界面，如图1所示。如果光盘没有自动运行，只需在"我的电脑"中双击DVD光驱的盘符进入配套光盘，然后双击start.exe文件即可。

❷ 光盘主界面上方的导航菜单中包括"多媒体视频教学"、"浏览光盘"和"使用说明"等项目，如图1所示。单击"多媒体视频教学"按钮，在界面的"目录浏览区"中可以找到书中所有视频的文件名，单击以实例名称命名的链接，视频文件将在"视频播放区"中自动播放，如图2所示。

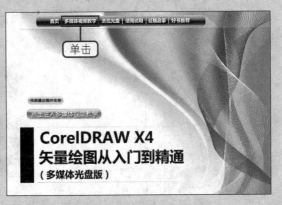

图1 光盘主界面

图2 显示视频信息

"目录浏览区"和"视频播放区"

"目录浏览区"是书中所有视频教程的目录，"视频播放区"是播放视频文件的窗口。在"目录浏览区"的左侧有以章序号顺序排列的按钮，单击按钮将在下方显示以实例名称命名的该章所有视频文件的链接，如图2所示。选择要学习的内容，对应的视频文件将在"视频播放区"中播放。

在视频教程目录中，有个别标题的视频链接以白色文字显示，表示单击这些链接会通过浏览器对视频进行播放。播放完毕后，可通过单击浏览器工具条上的"后退"按钮，返回到光盘播放主界面中，如图3所示。

图3 使用浏览器播放视频教程

操作引导区

○ 单击"浏览光盘"按钮，进入光盘根目录，有以章名命名的文件夹；双击所需章名，即可查看到该章的素材、源文件和视频文件，如图4所示。读者可选取感兴趣的内容进行学习。

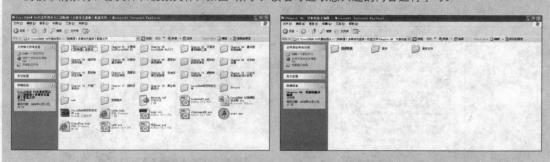

图4 配盘文件中的内容

○ 单击"使用说明"按钮，可以查看使用光盘的设备要求及使用方法。
○ 单击"征稿启事"按钮，有合作意向的作者可与我社取得联系。

目 录

Chapter 03 页面设置和辅助工具 ·············· 48

Chapter 04 基础图形的绘制 ·············· 75

Chapter 05　组织和控制对象·····················109

Chapter 06 对象的基本编辑 ·······················138

Chapter 09 文本的处理 ························· 219

Chapter 10 图形特效全攻略 ···············242

目　录

Chapter **11** 图层和样式的使用························267

Chapter 14 作品的输出与打印 ················ 350

Chapter 01

从基础认识 CorelDRAW X4

CorelDRAW X4 矢量绘图从入门到精通（多媒体光盘版）

本章重点知识

Study 01	CorelDRAW基础概述	Study 03	CorelDRAW X4的新增功能
Study 02	CorelDRAW X4的广泛应用领域	Study 04	安装、卸载及启动CorelDRAW X4软件

本章视频路径

DVD

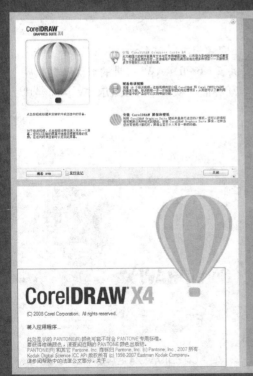

Chapter 01\Study 04　安装、卸载及启动 CorelDRAW X4 软件

- Lesson 01　安装 CorelDRAW X4 软件 .swf
- Lesson 02　卸载 CorelDRAW X4 软件 .swf
- Lesson 03　运行 CorelDRAW X4 软件的方法 .swf
- Lesson 04　创建桌面快捷方式 .swf

Chapter 01　从基础认识 CorelDRAW X4

CorelDRAW 是由加拿大 Corel 公司开发的一款矢量图形编辑软件，也是专业的平面设计软件。CorelDRAW 能够广泛应用于矢量插画和版面制作，具有强大的图形图像处理功能。在 2008 年，Corel 公司发布了最新的 CorelDRAW 版本 CorelDRAW X4，继续与 Adobe 公司的 Illustrator 软件展开竞争。下面让我们一起进入 CorelDRAW 的奇妙世界。

💡 知识要点 01　CorelDRAW X4 的新特性

在 CorelDRAW X4 中，新增了多种之前版本没有的新特性，其中最具代表性的是对版面和文本的编辑，它可以分别对独立的图层、表格、活动文本预览、字体识别、镜像段落文本、引号等提供更好的支持。另外，在设计资产中增加了兼容性和模板搜索功能，提供了对原始相机文件和新字体的支持。

独立的图层

原始相机的支持

💡 知识要点 02　CorelDRAW X4 的安装和启动

CorelDRAW X4 在安装时提供了简洁的安装界面向导，在向导中可以对 CorelDRAW X4 软件进行安装，也能够观看 18 个 CorelDRAW X4 培训视频，还提供了 CorelDRAW 自带的屏保和桌面安装程序。在安装后，快速启动 CorelDRAW X4，会发现在启动界面中糅合了 CorelDRAW 9 的经典气球图标。

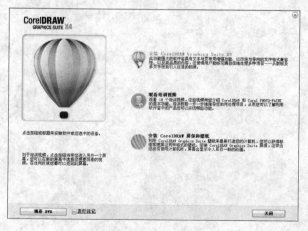

CorelDRAW X4 的安装向导界面

CorelDRAW X4 的启动界面

Study
01

CorelDRAW 基础概述

- Work 1　CorelDRAW 发展简述
- Work 2　位图和矢量图
- Work 3　色彩模式
- Work 4　其他常用术语

　　CorelDRAW 作为主流的矢量图形编辑软件，其特点是图形处理功能强、定位精确、使用灵活，用户可以编组自己的图形处理命令或图表编辑命令，其极强的自主操作性能够在图形上添加繁杂的标注，轻而易举地完成制表工作，这些都是 CorelDRAW 软件能够被大家长期使用并认可的原因。作为软件的进一步开发及升级，Corel 公司不断对该软件的功能进行修订及添加，下面为大家介绍 CorelDRAW 的发展过程以及在进行矢量图形编辑之前需要了解的相关术语。

Study 01　CorelDRAW 基础概述

 Work ① CorelDRAW 发展简述

　　1989 年，CorelDRAW 由加拿大的 Corel 公司推出，虽然推出时间不长，但已经成为世界闻名的平面图形图像设计软件之一。CorelDRAW 第一版是在 1989 年春天问世的，一年之后，开发组就推出了内含滤镜、能兼容其他绘图软件的 CorelDRAW 1.01 版。

　　CorelDRAW 2 的推出是在 1991 年，这时的 CorelDRAW 已经具备了许多当时其他绘图软件都不具备的功能，如封套、立体化等。CorelDRAW 2 的推出虽然为 CorelDRAW 树立了新形象，但CorelDRAW 3 的推出才是 CorelDRAW 的第一个里程碑。CorelDRAW 3 中包括了 Corel PHOTO-PAINT、CorelSHOW、CorelCHART、Mosaic 和 CorelTRACE 等应用程序。

CorelDRAW 3 的启动界面

　　CorelDRAW 4 于 1993 年 5 月推出，Corel PHOTO-PAINT 和 CorelCHART 这两个应用程序的程序代码经过整理后，在外观上更贴近 CorelDRAW。

CorelDRAW 4 的启动界面

CorelDRAW 5 于 1994 年 5 月推出，这个版本兼容了所有以前版本中的应用程序，被公认为是第一套功能齐全的绘图和排版软件包。

CorelDRAW 5 的启动界面

CorelDRAW 8 发布以后，CorelDRAW 成为了绘图设计软件中的佼佼者，并具有出版、绘图、照片、企业标志、企业图片等图像创作能力，该版本的启动界面由人物和蝴蝶组成。

CorelDRAW 8 的启动界面

平面设计的不断普及，促进了平面设计软件的不断更新。2004 年 2 月，CorelDRAW 公司推出了 CorelDRAW 12 创意软件包，在该软件包中包括了屡获殊荣的 3 个强大的图像应用程序：CorelDRAW 12 插图、页面排版和矢量绘图程序，Corel PHOTO-PAINT 12 数字图像处理程序和 Corel R.A.V.E 3 动画创建程序。在 CorelDRAW 12 插图、页面排版和矢量绘图程序的启动界面上添加了具有代表性的铅笔图标。

CorelDRAW 12 的启动界面

2006 年 1 月 17 日，Corel 公司揭开了其新图像软件设计包 CorelDRAW X3 的神秘面纱。它拥有超过 40 个新的属性和增强的特性，在与用户交互方面已经被设计到一个空前的高度，图标也更加精美，单击相应的图标后可以启动不同的应用程序，启动界面中出现了绿色的蜥蜴图形。

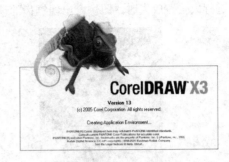

CorelDRAW X3 的启动选项   CorelDRAW X3 的启动界面

Corel 公司于 2008 年 1 月 28 日正式发布了其矢量绘图软件 CorelDRAW 的第 14 个版本，版本号延续为 X4，也就是 CorelDRAW Graphics Suite X4，CorelDRAW X4 相比两年前的 CorelDRAW X3，加入了大量新特性，总计有 50 项以上，其中最典型的有文本格式实时预览、字体识别、页面无关层控制、交互式工作台控制等。

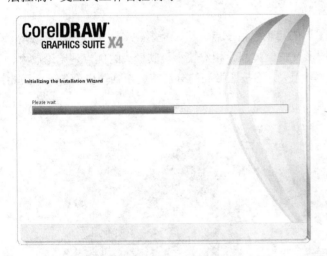

CorelDRAW X4 的安装界面   CorelDRAW X4 的启动界面

Study 01　CorelDRAW 基础概述

Work ❷　位图和矢量图

在使用 CorelDRAW X4 进行图形创作之前，需要先了解位图和矢量图的概念。

01　位图

位图图像也被称为点阵图像或绘制图像，是由称作像素的单个点组成，这些点可以进行不同的排列和填色以构成图像，组成图像的每一个像素都拥有自己的位置、亮度和大小等，位图图像的大小取决于点的数目，图像的颜色取决于像素的颜色。位图图像与分辨率有关，分辨率是指单位面积内包含的像素数，分辨率越高，在单位面积中的像素就越多，图像也越清晰，但是，若对位图图像进行大倍数放大时，图像会出现锯齿的现象。

位图图像整体效果   放大局部后的图像效果

02　矢量图

矢量图通过直线和曲线来规划图形，图形的元素包括了点、线、矩形、多边形、圆和弧线等，它们都可以通过数学公式计算获得。矢量图形文件的体积会相对较小，其最大的优点是无论放大、缩小或旋转等都不会失真。矢量图形与分辨率无关，它按照最高的分辨率显示到输出设备上，因此无论对图形放大多少倍，效果依然清晰。

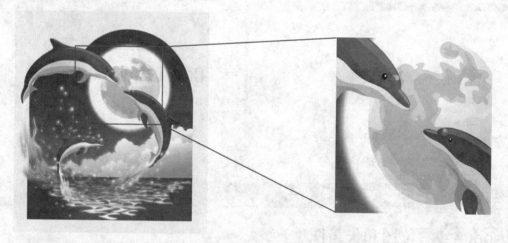

图形以100%比例显示效果   放大局部后的图像效果

Study　01　CorelDRAW 基础概述

Work ❸　色彩模式

色彩模式是将颜色表现为数字形式的模型，或是记录图像色彩的一种方式。常见的色彩模式为RGB 模式、CMYK 模式、HSB 模式、Lab 模式、位图模式、灰度模式和双色调模式。

01　RGB 模式

RGB 色彩就是常说的三原色，R 代表 Red（红色），G 代表 Green（绿色），B 代表 Blue（蓝色）。之所以称为三原色，是因为在自然界中肉眼所能看到的任何色彩都可以由这 3 种色彩混合叠加而成。通过这 3 种颜色进行调节，可以创建出 1677 万种颜色。

RGB 三原色

RGB 色彩模式图像

02　CMYK 模式

CMYK 模式是一种基于印刷处理的颜色模式，CMYK 分别代表了印刷上用到的 4 种颜色，C 代表青色，M 代表洋红色，Y 代表黄色，K 代表黑色。通过设置 CMYK 四色油墨含量值（0%～100%）调整颜色，较亮颜色指定的油墨颜色百分比较低，较暗颜色指定的油墨颜色百分比较高。

CMYK 颜色模式

CMYK 颜色模式图像效果

03　HSB 模式

HSB 模式中的 H、S、B 分别表示色相、饱和度、亮度，这是一种从视觉的角度定义的颜色模式。下面基于人类对色彩的感觉，具体分析 HSB 描述颜色的 3 个特征。

- 色相 H（Hue）：色相在 0°～360° 的标准色轮上，按位置度量。使用时，色相由颜色名称标识，如红色、绿色或橙色。
- 饱和度 S（Saturation）：是指颜色的强度或纯度。饱和度表示色相中彩色成分所占的比例，用 0%（灰色）～100%（完全饱和）的百分比来度量。在标准色轮上，饱和度从中心逐渐向边缘递增。
- 亮度 B（Brightness）：是指颜色的相对明暗程度，通常用 0%（黑）～100%（白）的百分比来度量。

04　Lab 模式

Lab 模式是由国际照明委员会（CIE）于 1976 年公布的一种色彩模式，Lab 模式既不依赖于光线，也不依赖于颜料，它是 CIE 组织确定的一个理论上包括了人眼可以看见的所有色彩的色彩模式，Lab 模式弥补了 RGB 和 CMYK 两种色彩模式的不足。

05　位图模式

位图模式是 1 位深度的图像，只包含了黑和白两种颜色。位图模式的图像也叫做黑白图像，它包含的信息最少，因而图像也最小，它可以由扫描或置入黑色的矢量线条图像生成，也可以由灰度模式或双色调模式转换而成。

彩色的图像效果　　　　　　　　　　　　　　　位图模式效果

06　灰度模式

灰度模式可以理解为由单一的油墨深浅所构成的画面效果，最多使用 256 级灰度（灰度图像像素的亮度值在 0（黑色）～255（白色）之间）。该模式可用于表现高品质的黑白图像。

彩色的图像效果　　　　　　　　　　　　　　　灰度模式效果

07　双色调模式

双色调模式也是一种为打印而制定的色彩模式，主要用于输出适合专业印刷的图像。在 CorelDRAW 中可以创建单色调、双色调、三色调和四色调图像，单色调是用一种单一的、非黑色油墨打印的灰度图像，双色调、三色调和四色调分别使用两种、三种或四种油墨打印的灰度图像。

 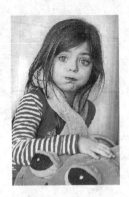  

彩色的图像效果　　　　双色调模式效果　　　　三色调模式效果　　　　四色调模式效果

Study 01 CorelDRAW 基础概述

Work 4 其他常用术语

　　了解操作 CorelDRAW 时常用的术语，能够帮助用户更熟练地掌握图形创作和编辑等操作。在日常的图形绘制过程中，以下几个术语是经常用到的。

01 对象

　　对象是指绘图过程中创建或放置的项目，包括线条、形状、图形和文本等。

图形对象　　　　　　　　　　　　　　　　　　　　文本对象

02 绘图

　　绘图是在 CorelDRAW 中创建的一种文档，分为绘图页面和绘图窗口。绘图页面是绘图窗口中被具有阴影的矩形包围的部分，绘图窗口是在应用程序中可以创建、编辑、添加对象的部分。

03 泊坞窗

　　泊坞窗是指以对话框的形式显示同类控件，如命令按钮、选项和列表框等。它们不同于大多数对话框，用户可以在操作文档时一直打开泊坞窗（调色板），以便使用各种命令来尝试创造不同的效果。

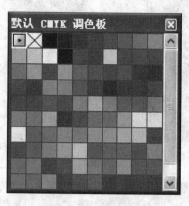

调色板对话框

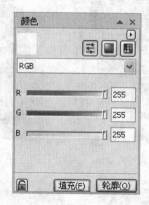

颜色泊坞窗

对象管理器泊坞窗

04 美术字

美术字是用文本工具创建的一种文本类型，可使用美术字添加短文本，如标题等；也可以用它来创造图形效果，如创建立体模型、调和并创建所有其他特殊效果等。每一个美术字对象可以容纳32000个字符。

05 段落文本

段落文本是一种文本类型，允许用户应用格式编排选项，并直接编辑大文本块。

Study

02 CorelDRAW X4 的广泛应用领域

● Work 1 广告设计   ● Work 4 矢量插画绘制
● Work 2 书籍装帧   ● Work 5 版式设计
● Work 3 包装设计   ● Work 6 标志设计

在多年的发展中，CorelDRAW 一直保持着用于图形绘制及设计的专业矢量绘图软件的地位，其应用领域不仅涉及专业的绘图和美术创作，还延伸到了美术设计的诸多方面，如广告设计、书籍装帧设计、包装设计、矢量插画绘制、版式设计和标志设计等。

Study 02 CorelDRAW X4 的广泛应用领域

Work ❶ 广告设计

CorelDRAW X4 作为功能齐全的软件，受到了平面设计者的欢迎，该软件包含的绘图功能、文字处理功能，能够有效地帮助设计者完成图形绘制、文字排版等操作，高效地完成既包含图形又包含文字的综合性广告设计。

广告设计作品赏析

Work ❷　书籍装帧

　　书籍装帧设计是指书籍的整体设计，它包含了封面、扉页、插图等设计元素。在 CorelDRAW X4 中，可以对提供的素材文件进行编辑并进行特殊图像效果处理，还可以对图像和文字进行合理的排版和编辑，并应用特效制作出整体的版面效果，进行书籍装帧设计。

书籍装帧设计赏析

Work ❸　包装设计

　　CorelDRAW X4 也可以进行包装设计。包装设计的界定相当广泛，可以是产品的应用范围，也可以是包装的介质，设计师为了将产品变成商品，对于不同类型的产品，抓住其特点并充分展现在包装设计上，由此才能够制作出具有影响力的包装作品。

包装设计赏析

Work ④　矢量插画绘制

　　矢量绘图在平面设计中应用广泛，插画就是其中之一。插画作品将矢量绘图区分为现实风格和矢量风格。在 CorelDRAW 中提供了由模拟绘制真实人物的方法，这类的矢量作品突出表现图像逼真效果以及立体感。若应用编辑曲线的方法将图像中各个区域绘制出来后，大面积地填充上单一的颜色，即可形成另外一种矢量插画风格，这种风格经常出现在卡通一类的图像作品上。

插画制作赏析

Work ⑤　版式设计

　　版式设计是现代设计艺术的重要组成部分，是视觉传达的重要手段。表面上看，它是一种关于编排的学问，实际上，它不仅是一种技能，更是技术与艺术的高度统一。CorelDRAW 中提供了灵活的文字编辑功能及强大的图形绘制工具，方便对文字及图形进行编排和组合，常用于宣传资料、杂志封面、内页等的处理。

版式设计赏析

Study 02　CorelDRAW X4 的广泛应用领域

Work 6　标志设计

　　标志设计又称为商标或标徽设计，是为了让消费者能够尽快识别商品和企业形象而设计的视觉图形。标志设计要求画面简洁、形象明朗、引人注目，而且易于识别、理解和记忆。使用 CorelDRAW 可以轻松地完成标志图形的创建和编辑，以及文字的排版设计。

标志设计赏析

Study 03　CorelDRAW X4 的新增功能

Work 1　活动文本格式　　　　Work 4　专业设计的模板
Work 2　独立的页面图层　　　Work 5　文件格式支持
Work 3　交互式表格　　　　　Work 6　专用字体

　　作为最新版本的 CorelDRAW X4 与之前的版本相比，加入了大量新特性，总计有 50 项以上，其中比较突出的有活动文本格式、独立的页面图层、交互式表格、专业设计的模板、文件格式支持和专业字体等。

Study 03　CorelDRAW X4 的新增功能

Work 1　活动文本格式

CorelDRAW X4 引入了活动文本格式，从而使用户能够先预览文本设置的格式选项，然后再将其应用于文档。通过这种省时的功能，用户可以预览到设置的不同格式选项（如字体、字体大小和对齐方式等），从而避免了在设计过程进行的"反复试验"。

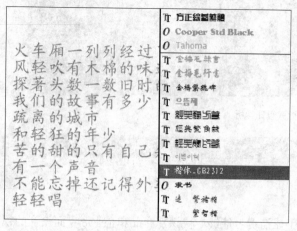

预览文本的格式效果 · 预览文本的对齐效果

Work ② 独立的页面图层

用户可以独立控制文档每页的图层并对其进行编辑，从而减少空图层页面的情况。用户还可以为单个页面添加独立辅助线，为整篇文档添加主辅助线等。因此，用户能够基于特定页面创建不同的图层，而不受单个文档结构的限制。

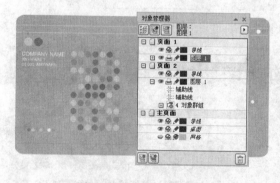

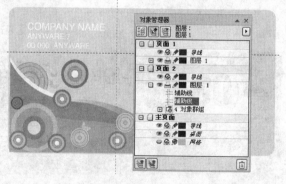

页面 1 中未设置辅助线的效果 · 页面 2 中设置了辅助线的效果

Work ③ 交互式表格

使用 CorelDRAW X4 中新增的交互式表格工具，可以创建和导入表格，以提供文本和图形强大的结构布局。用户可以轻松地对表格和表格单元格进行对齐、调整大小或编辑操作，以满足其设计需求。此外，用户还可以在各单元格中转换带分隔符的文本，并轻松添加和调整图像。

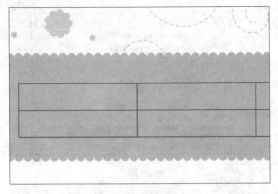

创建表格   对表格进行编辑并添加文字

Study 03　CorelDRAW X4 的新增功能

Work 4　专业设计的模板

CorelDRAW X4 中包含了 80 个经专业设计且可自定义的模板，帮助用户轻松地开始设计过程。设计者注释中随附了这些灵活且易于自定义的模板，这些注释提供有关模板设计选择的信息、针对基于模板输出设计的提示，以及针对在自定义模板时遵守设计原则的说明。

景观美化床单模板   景观美化明信片模板

Study 03　CorelDRAW X4 的新增功能

Work 5　文件格式支持

通过增加对 Microsoft Office Publisher 的支持，CorelDRAW X4 保持了其在文件格式兼容性方面的领先地位。用户能将该套件与 Microsoft Word 2007、Adobe Illustrator Creative Suite X4、Adobe Photoshop CS4、PDF 1.7 (Adobe Acrobat 8)、AutoCAD DXF、AutoCAD DWG、Corel Painter X 无缝集成，从而更轻松地与客户或同事交换文件。

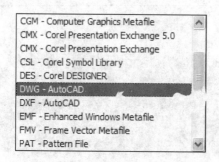

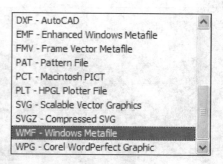

DWG 格式文件   WMF 格式文件

Study 03　CorelDRAW X4 的新增功能

Work ❻　专用字体

　　CorelDRAW X4 扩展了新字体的选择范围，可帮助用户针对目标受众优化其输出，这种专用字体选择范围包括 OpenType 跨平台字体，这可为 WGL4 格式的拉丁语、希腊语和斯拉夫语输出提供语言支持。

Study 04　安装、卸载及启动 CorelDRAW X4 软件

- Work 1　安装 CorelDRAW X4 软件的系统要求
- Work 2　运行 CorelDRAW X4 软件
- Work 3　退出 CorelDRAW X4 软件
- Work 4　用桌面快捷方式快速启动 CorelDRAW X4 软件

　　在应用 CorelDRAW X4 软件之前先要对其进行安装，运行安装光盘后根据弹出的安装向导快速地对软件进行安装。软件的卸载过程主要通过"控制面板"窗口进行，选中所要删除的程序后根据向导对软件进行卸载。软件的启动可以在"开始"菜单中执行命令或应用桌面快捷方式。

Study 04　安装、卸载及启动 CorelDRAW X4 软件

Work ❶　安装 CorelDRAW X4 软件的系统要求

　　基于绘制矢量图像的 CorelDRAW X4 套件可以在 Windows 2000、Windows XP、Windows Vista、Windows Table PC Editiont 等操作系统下运行。CorelDRAW X4 对计算机的配置要求相对较高，具体的配置要求如下。

- Windows XP（带 Service Pack 2 或更高版本）或 Windows Vista（32 位或 64 位版本）
- Pentium III, 800MHz 处理器或 AMD Athlon XP
- DVD 驱动器
- 512 MB RAM，430 MB 硬盘空间
- 1024 × 768 或更高分辨率的监视器
- 鼠标或写字板

安装 CorelDRAW X4 软件

CorelDRAW X4矢量绘图从入门到精通（多媒体光盘版）

CorelDRAW X4 软件的安装较 Adobe 公司软件的安装过程更为简单、方便，用户只需要跟随对话框中的提示进行操作，留意选择需要安装的相关组件、存储的路径以及相关用户的信息等内容即可，具体操作步骤如下。

STEP 01 将安装光盘放置到光驱中，Windows 系统将自动的读取光盘的内容，弹出欢迎界面，在该界面中提供了"安装 CorelDRAW Graphics Suite X4 套件的安装"、"观看培训视频"以及"安装 CorelDRAW 屏保和壁纸" 3 个选项。

STEP 02 在安装 CorelDRAW Graphics Suite X4 套件时，将鼠标移动至"安装 CorelDRAW Graphics Suite X4"选项上，左侧预览框显示气球图标效果，直接单击该选项即可对套件进行安装。

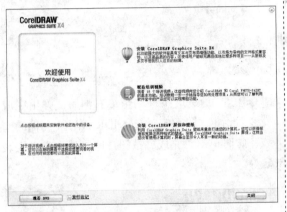

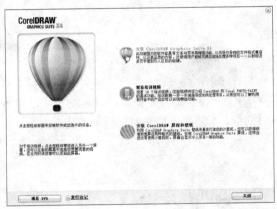

STEP 03 根据 **STEP 02** 选中的选项对其进行安装后，弹出"初始化安装向导"界面，系统将自动进行软件安装的初始化设置，当进度条移动至最右侧时，初始化设置完成。

STEP 04 完成初始化设置后，系统将弹出许可证协议条款对话框，仔细阅读许可证协议条款后，勾选对话框中的"我接受许可证协议中的条款"复选框，再单击"下一步"按钮，则可继续对套件进行安装。

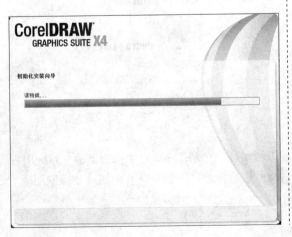

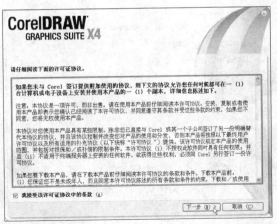

STEP 05 接受许可证协议条款后，将弹出相关的注册信息，根据界面中的选项输入用户姓名和光盘安装的序列号，输入完成后单击"下一步"按钮。

STEP 06 在弹出的选择安装程序的对话框中，勾选套件中需要安装的程序，若单击"更改"按钮，可重新设置文件的安装路径，设置完成后单击"现在开始安装"按钮，即可对选择的程序进行安装。

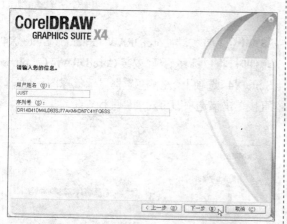

STEP 07 在确定开始安装后，将弹出安装过程对话框，下侧的进度条中将显示安装进度。

STEP 08 当进度条移动至最右侧后，弹出完成安装对话框，即完成对 CorelDRAW X4 套件的安装，此时单击"完成"按钮，即可退出光盘安装向导。

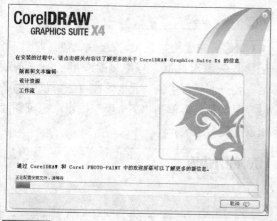

Lesson 02 卸载 CorelDRAW X4 软件

CorelDRAW X4矢量绘图从入门到精通（多媒体光盘版）

　　CorelDRAW X4 软件的卸载与普通软件的卸载方法类似，在系统中通过"控制面板"对应用程序进行卸载，也可在安装的光盘中通过安装向导对软件进行卸载，下面具体介绍通过"控制面板"对软件进行卸载的过程，操作步骤如下。

STEP 01 在桌面单击"开始"按钮，在弹出的菜单中执行"控制面板"菜单命令，打开"控制面板"窗口。

STEP 02 在"控制面板"窗口中，双击"添加或删除程序"图标。

STEP 03 弹出"添加或删除程序"窗口，在该窗口中选中所要删除的CorelDRAW X4的相关组件，再单击"更改/删除"按钮。

STEP 04 弹出CorelDRAW X4移除向导，在该向导中单击"移除"单选按钮，再单击"移除"按钮。

STEP 05 在显示软件卸载进程对话框中，从下方的导航条中可以查看软件移除的完成进度，显示正在进行CorelDRAW X4软件的移除操作。

STEP 06 当进度条移动至最右端时，软件的移除工作完成，即完成对CorelDRAW X4组件的卸载，最后单击"完成"按钮，退出向导界面。

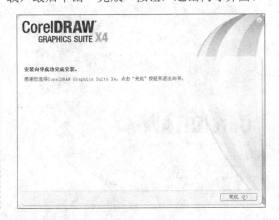

Work ② 运行 CorelDRAW X4 软件

正确安装 CorelDRAW X4 软件之后，即可运行该软件，下面将分别对 CorelDRAW X4 的运行和退出方式进行具体介绍。

Lesson 03 运行 CorelDRAW X4 软件的方法

CorelDRAW X4矢量绘图从入门到精通（多媒体光盘版）

与大多数软件相同，软件安装完成之后，在"开始"菜单中将会自动增加运行程序的菜单选项，直接执行菜单命令即可运行软件，下面将具体介绍 CorelDRAW X4 软件的运行过程。

STEP 01 安装完成 CorelDRAW X4 软件后，在 Windows 系统下的"开始"菜单中，选中"所有程序"菜单命令，在弹出的子菜单中执行 "CorelDRAW Graphics Suite X4>CorelDRAW X4" 菜单命令。

STEP 02 执行菜单命令后，在页面中将显示 CorelDRAW X4 的启动界面，系统将自动加载软件的应用程序。

STEP 03 在启动界面将应用程序加载完成后，即可进入 CorelDRAW X4 的工作界面，首次启动 CorelDRAW X4 时，将会弹出欢迎对话框，在此对话框中可以对软件进行快速入门、新增功能、学习工具、图库以及更新内容的了解。

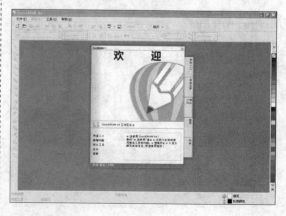

Work ③　退出 CorelDRAW X4 软件

CorelDRAW X4 软件的退出方式和众多软件的退出方式类似，可以在软件中执行"文件>退出"
菜单命令进行退出，也可以直接单击软件右上方的"关闭"按钮█进行退出。

执行"文件>退出"菜单命令　　　　　　　　　　　　单击"关闭"按钮

Work ④　用桌面快捷方式快速启动 CorelDRAW X4 软件

除了可以从"开始"菜单中运行 CorelDRAW X4 软件，还可以通过创建桌面快捷方式快速启动
软件，下面将具体介绍创建桌面快捷方式的方法。

Lesson 04　创建桌面快捷方式

CorelDRAW X4矢量绘图从入门到精通（多媒体光盘版）

在"开始"菜单中，右击 CorelDRAW X4 菜单命令，可通过快捷菜单创建桌面快捷方式，桌面
快捷方式可以使用户直接在桌面上运行 CorelDRAW X4 应用程序，使运行过程更方便、快捷，下面
介绍具体的创建过程。

STEP 01 单击桌面上的"开始"按钮，在弹出
的菜单中选中"所有程序"命令，在弹出的子菜
单中选中 CorelDRAW Graphics Suite X4 子菜单
下的 CorelDRAW X4 菜单命令，右击鼠标，在弹
出的快捷菜单中执行"发送到>桌面快捷方式"
菜单命令。

STEP 02 此时，在桌面上可以看到 CorelDRAW
X4 应用程序的快捷方式图标，双击该图标即可
运行 CorelDRAW X4 软件。

Chapter 02

CorelDRAW X4 入门

CorelDRAW X4 矢量绘图从入门到精通（多媒体光盘版）

本章重点知识

Study 01 　CorelDRAW X4的基本操作界面

Study 02 　菜单的种类及作用

Study 03 　文件的基本操作

Study 04 　工具箱的使用方法

Study 05 　属性栏的作用

本章视频路径

DVD

Chapter 02\Study 01 　CorelDRAW X4 的基本操作界面
- Lesson 01 　自定义操作界面.swf

Chapter 02\Study 02 　菜单的种类及作用
- Lesson 02 　应用"帮助"菜单查看相关内容.swf

Chapter 02\Study 03 　文件的基本操作
- Lesson 03 　将编辑后的图形进行存储.swf

Chapter 02\Study 04 　工具箱的使用方法
- Lesson 04 　应用"裁剪工具"裁剪位图.swf

Chapter 02\Study 05 　属性栏的作用
- Lesson 05 　应用属性栏设置页面方向.swf

Chapter 02　CorelDRAW X4 入门

　　本章从 CorelDRAW 基本操作界面入手进行讲述，从各个组成部分的内容来了解 CorelDRAW X4 软件的使用方法。从基础的新建文件等开始学习，并应用简单的工具箱或者菜单命令对图形进行编辑和操作，通过这些知识的学习，可掌握该软件的操作。

Study 01　CorelDRAW X4 的基本操作界面

- Work 1　CorelDRAW X4 的欢迎屏幕
- Work 2　CorelDRAW X4 的操作界面

　　对 CorelDRAW X4 的基本操作界面学习主要分为两个部分，首先要学习欢迎屏幕的作用，以及应用欢迎屏幕快速打开图形、显示新增功能等操作；另一部分介绍 CorelDRAW X4 的操作界面，从各个部分所包含的内容开始讲述，了解其基本使用方法。

知识要点 01　CorelDRAW X4 界面组成

　　启动 CorelDRAW X4 应用程序后，即可在窗口中显示其操作界面，从图中可以看出该操作界面由 9 部分内容组成，分别为标题栏、菜单栏、标准栏、属性栏、工具箱、绘图区域、调色板、页面导航器和状态栏，从中选择不同的命令或者工具可以对图形进行操作。

① 标题栏	标题栏中显示的为程序完整的名称和当前文档的名称等
② 菜单栏	菜单栏中所包含的是所有菜单的集合，以及对工作窗口进行大小化等操作
③ 标准栏	标准栏中提供了对图形的快速操作按钮
④ 属性栏	属性栏中显示的是当前所选择工具的相关属性，或者显示页面的相关信息
⑤ 工具箱	工具箱是所有工具的集合，可以在其中选择相应的工具对图形进行编辑
⑥ 调色板	调色板用于对图形填充以及填充轮廓颜色
⑦ 绘图区域	绘图区域用于绘制图形效果
⑧ 页面导航器	页面导航器用于选择、添加页面等操作
⑨ 状态栏	状态栏中显示的是当前所选择图形的信息，以及提示相关操作

💡 知识要点 02 展开工具箱

在 CorelDRAW X4 中，展开工具箱的方法是应用鼠标单击所要选择的工具，并将鼠标放置到按钮处，即可弹出相对应的隐藏工具。应用鼠标在工具箱中将弹出的隐藏工具条向页面中心位置进行拖动，即可将各个工具横向展开为工具栏，并且显示不同工具组的名称。

显示隐藏工具

展开的工具条

Study 01　CorelDRAW X4 的基本操作界面

Work ❶ CorelDRAW X4 的欢迎屏幕

启动 CorelDRAW X4 应用程序后就会出现欢迎界面，在界面中可以快速地对图形进行操作，其中包括新建空白文档、预览最近打开并编辑的图形、显示新增功能、显示学习的工具、画廊、更新与设置，每项都通过不同的标签进行控制和选择。

01　新建文件

启动 CorelDRAW X4 应用程序后，将会自动弹出欢迎屏幕，在欢迎屏幕中右侧会看到"新建"选项区，使用鼠标单击"新建空文件"选项即可创建一个新的空白文件，如果应用鼠标单击"从模板新建"选项，即可打开"从模板新建"对话框，在该对话框中有多种模板文件的尺寸和大小，选择其中一项后，单击"打开"按钮，即可将所设置的模板文件在图像窗口中显示出来。

欢迎屏幕

新建空白文件

02 预览最近编辑的文件

　　在 CorelDRAW X4 的欢迎屏幕中可以查看最近编辑过的相关文件。将鼠标放置到相对应的名称上，屏幕中即可查看该文件的预览效果，并显示出该文件最后编辑的时间，以及存储的路径和名称等相关信息；将鼠标移动到另外的名称上时，左侧预览框中的图形效果将会随之变化，显示出其他的预览效果。

预览梅花图形

预览另外的图形

03 打开文件图形

　　应用欢迎屏幕可以将所存储的文件路径打开。单击"打开绘图"按钮，即可弹出"打开绘图"对话框，在对话框中可以查找所要打开文件的存储路径，选中文件，然后单击"打开"按钮，即可将所选择的图形在窗口中显示出来，应用此方法可以将更多的图形文件显示在窗口中。

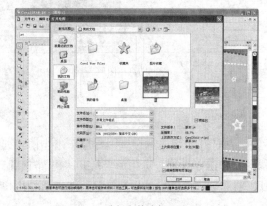

选择文件路径

打开的图形

04 显示新增功能

新增功能也可以在欢迎屏幕中显示出来，应用鼠标单击"新增功能"标签，即可打开相关选项，窗口中凸显出来的命令即为新增的功能，在欢迎屏幕中会按照顺序将新增工具进行排列，并添加许多说明文字，使用户更了解新增工具的具体操作和作用，如果单击新增功能的标题，还会在欢迎屏幕中显示出新增功能的具体示意图以及操作示意图。选择不同的新增功能所显示的操作效果会随之进行改变。

单击欢迎屏幕下方的三角形按钮 ，可以对界面进行翻页，查看后面所提供的新增功能内容。

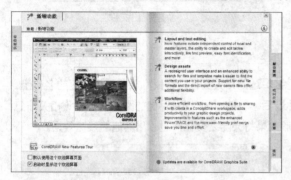 

显示新增功能　　　　　　　　　　　　　　　　介绍新增的功能

05 画廊

"画廊"中所提供的是世界各地的设计师应用 CorelDRAW X4 所绘制的图形效果。在欢迎界面中单击"画廊"标签即可显示出图形效果，每次打开画廊中都会显示出不同的图形，在图形下方会出现一个链接地址，单击该地址则可以打开与作品相连的网页，在网页中会显示出作者更多的作品。

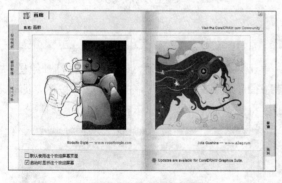 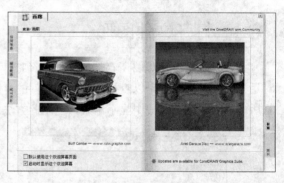

绘制的人物图形　　　　　　　　　　　　　　　绘制的汽车图形

06 更新/设置

更新/设置指的是在欢迎界面中单击"更新"标签，在打开的相应选项区中会显示出当前所要下载的修补程序，根据所示的说明文字选择下载的程序。单击"设置"选项后会打开"更新/设置"对话框，在对话框中有两个选项可供设置；勾选相对应的选项，可以自动更新产品；或者通知用户已有最近的更新内容并提醒下载。

显示更新内容   设置相关选项

Study 01   CorelDRAW X4 的基本操作界面

Work 2   CorelDRAW X4 的操作界面

下面对 CorelDRAW X4 各个组成部分的具体作用和内容进行详细介绍,其中包括标题栏中显示的图形名称、最大化窗口、标准栏中所提供的快捷按钮、工具箱的使用等。

01   标题栏

标题栏中显示应用程序的完整名称和图标,并且显示出当前操作图形的名称,如果对于先进的图形文件则只会显示图形的名称,而对于存储的图形文件,将会显示出该文件存储的完整路径,通过路径可以快速地查找图形。

CorelDRAW X4 - [图形1]

标题栏

CorelDRAW X4 的图标为绿色铅笔形状,右侧的按钮可控制图像窗口的大小。单击"最小化"按钮,即可将图像窗口最小化;单击"最大化"按钮,可以将图像窗口满屏显示,窗口变为最大;单击"关闭"按钮,可以退出当前操作的应用程序。若将图像窗口最大化进行显示后,标题栏中的最大化按钮将变为"向下还原"按钮,单击该按钮可以将图像窗口完整的显示出来。如果对图形做了相应的修改,将会弹出提示对话框,询问是否要对图形进行保存。

02   菜单栏

菜单栏中所包含的是所有菜单的集合,其中共包含 12 种菜单命令,分别为"文件"、"编辑"、"视图"、"版面"、"排列"、"效果"、"位图"、"文本"、"表格"、"工具"、"窗口"和"帮助",在菜单栏中单击相应的菜单名称即可打开下拉菜单,在其中选择相应的命令即可对图形进行编辑。单击菜单栏中的按钮 - ,可以将当前所编辑图形文件的窗口显示为标题;单击标题栏中的按钮 ,可以将文件图形窗口进行缩小显示,并显示出边框;单击"关闭"按钮 × 可以将当前所编辑的图形文件关闭,如果对图形已经做了相应的修改,则会弹出提示保存的对话框。

文件(F) 编辑(E) 视图(V) 版面(L) 排列(A) 效果(C) 位图(B) 文本(T) 表格(T) 工具(O) 窗口(W) 帮助(H)

菜单栏

03 标准栏

标准栏中所包含的命令就是一些与图形相关的快速操作，其中包括文件的新建、保存以及打印等基本操作，还包括将其他程序中的图形导入到图像窗口中、将当前操作的图形导出生成其他格式的文字等导入导出操作，后面的按钮与绘制图形时相关，如显示比例、贴齐对象等的操作。

标准栏

在标准栏中提供有常用的快捷按钮，其中各项的含义和作用如下所示。

按 钮	名称和作用	按 钮	名称和作用
新建	新建空白文件	打开	打开所存储的文件
保存	保存绘制的图形	打印	将图形文档打印出来
剪切	将图形剪切到大剪贴板中	复制	复制所选择的图形
粘贴	将剪贴或者复制的图形粘贴到图像窗口中	撤销	返回到前一步操作
重做	恢复撤销后的效果	导入	导入其他格式文件
导出	将图形文件导出成另外格式	应用程序启动器	选择另外的组件程序
欢迎	打开欢迎屏幕	缩放级别 100%	显示缩放的比例
贴齐	设置图形对齐的参照对象	选项	单击此按钮后可以打开"选项"对话框

04 属性栏

属性栏中显示的是有关工具的设置，在工具箱中单击不同的工具时，属性栏中的参数也会随之变化，应用所选择的工具对图形进行编辑时，可以通过设置属性栏来得到不同的效果，或者对细节部分等进行编辑。在默认的属性栏中将会显示出页面的相关知识，可以通过对属性栏中文本大小的设置来设置页面的大小，并且调整页面的方向。

属性栏

05 工具箱

工具箱是所有工具的集合，在工具箱中对各种常用的工具进行了分类，将鼠标放置到图像窗口中工具箱的顶端，并向图像窗口中进行拖动，可以将工具变为工具栏在窗口中显示出来，双击工具栏可以将工具箱还原到原来的位置上。

工具箱

06 调色板

将鼠标放置到右侧排列的调色板顶部，并向图像窗口进行拖动，即可生成所有调色板的集合，若单击调色板标题栏中的"关闭"按钮图，可以将所打开的调色板关闭。可以通过执行"窗口>调色板"菜单命令来打开相对应的调色板类型，常见的调色板类型有 3 种，分别为 CMYK 调色板、RGB 调色板以及标准色调色板。CorelDRAW X4 软件默认的调色板为 CMYK 调色板，各个调色板中所包含的颜色以及名称也有一定的差异。选择所打开的调色板，并双击标题栏，即可将调色板还原到默认的位置。

CMYK 调色板

RGB 调色板

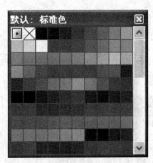

标准色

07 绘图区域

绘图区域是 CorelDRAW X4 软件绘制图形的区域，可以在所示的区域中任意绘制图形。对于要打印的图形，要将其放置到页面中才能被打印出来，放置到页面之外的绘图区域将不会被打印，绘图区域中的图形都可以应用菜单命令以及工具等进行编辑。

绘图区域

08　页面导航器

在绘图区域的底部会出现有关页面的操作，称之为页面导航器，此处用于页面的相关设置，可以进行翻页、重命名页面、选择页面等，在创建新页面时可以在当前所选择页面的后面创建页面，也可以在之前创建新的页面。

页面导航器

单击导航器前面的按钮，可以在当前所选择页面的前面添加新的页面；单击后面的按钮，则会在当前所选择页面的后面添加上新的页面。应用底部的按钮可以进行翻页等操作，选择当前的页面，单击按钮可以向后翻一页，单击按钮则会到最末页。

09　状态栏

状态栏中显示的是当前所编辑图形的相关信息，其中包括所选择图形的宽度、高度，并显示出有多少对象进行群组或者应用了哪些特殊效果，对于填充颜色的图形，还会显示出填充颜色的类型、颜色参数、设置的轮廓颜色以及宽度等数值，如果选取某个工具对图形进行编辑时，状态栏中还会显示出与该工具相关的提示操作，通过所提示的操作可以准确地对图形进行编辑。

状态栏

Lesson 01　自定义操作界面

CorelDRAW X4矢量绘图从入门到精通（多媒体光盘版）

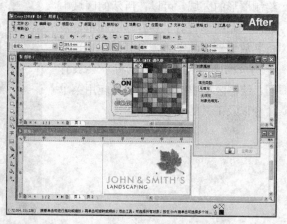

自定义操作界面是将隐藏的相关命令显示在图像窗口，方便在绘制图形时快速地进行选择，常见的设置有显示泊坞窗，设置菜单栏的大小和显示出调色板等。

STEP 01 打开随书光盘"Chapter 02　CorelDRAW X4 入门\素材\3.cdr"图形文件。

STEP 03 执行 **STEP 02** 的操作后即可将菜单命令变为较大的按钮。单击"窗口"菜单，从弹出的菜单中可以看出设置后的图标和命令都变得更大也更清晰，方便用户准确地选择其中的命令。

STEP 05 在帮助菜单的右侧显示出所新添加的菜单，名称为"新菜单"。

STEP 02 在菜单栏的空白区域上右击鼠标，在弹出的快捷菜单中执行"自定义>菜单栏>按钮大小为中"命令。

STEP 04 在菜单栏中的空白区域处右击鼠标，在弹出来的快捷菜单中执行"自定义>菜单栏>添加新菜单"菜单命令。

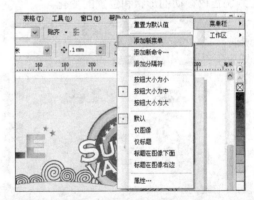

STEP 06 继续对菜单栏进行设置。右击菜单栏右侧的空白区域，在弹出来的快捷菜单中执行"自定义>菜单栏>标题在图像右边"菜单命令，对菜单和图标进行设置。

STEP 07 可将图标在菜单名称的左侧显示出来。若添加的图标超出菜单栏将会换一行进行显示。

STEP 09 将鼠标放置到调色板的顶部，然后按住鼠标左键将其向图像窗口中拖动，在窗口中会看到调色板移动的形状和位置的变化。

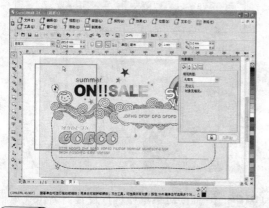

STEP 11 除了可以对泊坞窗、调色板的位置进行调整和放置外，还可以通过执行"窗口>水平平铺"菜单命令对图像窗口的位置进行设置。

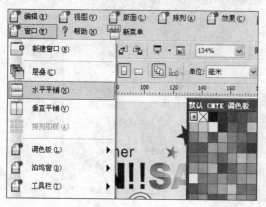

STEP 08 可在图像窗口中显示出泊坞窗。以对象属性泊坞窗为例，执行"窗口>泊坞窗>属性"菜单命令，即可将"对象属性"泊坞窗在窗口中显示出来，从中可以查看图形填充的颜色等相关信息。

STEP 10 释放鼠标后即可在图像窗口中查看调整位置后的调色板，如果对其位置不满意，可以继续使用鼠标选择该调色板，向其他位置上进行拖动。

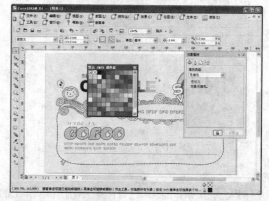

STEP 12 可将当前所打开的图形窗口以层叠的方式排列在图像窗口中，还可以垂直平铺所打开的图像窗口。

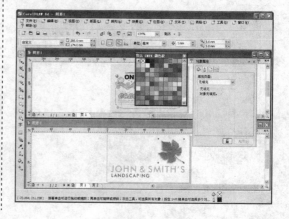

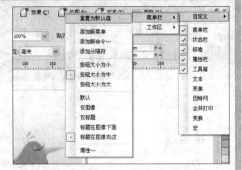

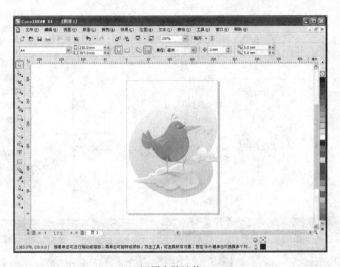

Tip 恢复图像窗口为默认值

　　在对工作界面中的多项内容进行重新编辑后,默认的操作选项可能会发生变化,若要恢复原始默认的操作界面状态,可在菜单栏位置右击,会弹出自定义操作界面菜单选项,在级联菜单中执行"自定义>菜单栏>重置为默认值"菜单命令,即可将菜单的操作界面还原为默认效果。

执行菜单命令

还原为默认值

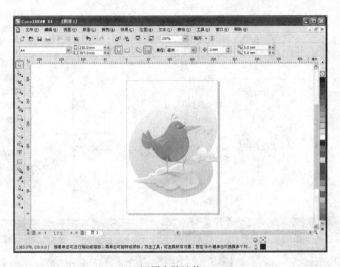

Study 02 菜单的种类及作用

　　菜单的种类在菜单栏中已经全部显示出来,CorelDRAW X4 中共提供了 12 种菜单,这 12 种菜单的操作对象和用途都不相同,在绘制图形时可以根据名称来选择所要应用的菜单命令,各种菜单中的名称可以直观地反映出该菜单的主要作用。

01 菜单的种类

　　菜单种类是根据对图形的不同操作和作用来进行分类的,共有"文件"、"编辑"、"视图"、"版面"、"排列"、"效果"、"位图"、"文本"、"表格"、"工具"、"窗口"和"帮助"12 种菜单,各项菜单中所含的命令以及作用如下所示。

"文件"菜单

"文件"菜单中所包含的命令都是与文件的基础操作相关，如新建文件、保存文件、关闭文件、存储文件等，可选择不同的命令对文件进行相关操作

"编辑"菜单

"编辑"菜单主要用于对图形进行调整，其包括的命令有"复制"、"粘贴"、"全选"等

"视图"菜单

"视图"菜单的主要作用是通过不同的查看对象的方法来显示图形效果，并且通过显示辅助线、网格等辅助工具为绘制图形提供标准

"版面"菜单

"版面"菜单中包括的命令都与页面设置有关，主要有"再制页面"、"页面设置"、"页面背景"、"删除页面"等

"排列"菜单

"排列"菜单主要用于设置图形之间的排序，包括变换位置角度，对齐和分布，设置图形与页面之间的关系，群组对象，以及对图形进行造型等操作

"效果"菜单

"效果"菜单主要用于对图形的高级编辑，如设置立体化效果、轮廓图效果、透镜效果等，也可以将其他图形的效果通过编辑应用到所选择的图形中

（续表）

"位图"菜单

"位图"菜单中的命令主要针对的是位图图像，包括滤镜的相关命令。CorelDRAW X4中提供了多种滤镜，可以制作出各种创造性的图像效果

"文本"菜单

"文本"菜单主要针对的是与文本相关的操作，包括设置字符格式化，插入字体以及符号，也可以对段落文本进行设置，包括间距以及文本框的显示等

"表格"菜单

"表格"菜单是CorelDRAW X4新增的菜单，主要包括表格的基础操作，如新建、删除、插入和选定表格等，还可以进行进一步地设置，如合并单元格、拆分行、拆分单元格等

"工具"菜单

"工具"菜单主要提供相关的泊坞窗，通过对不同泊坞窗以及管理器的设置来快速地对图形进行编辑和调色，其中提供了视图、因特网等管理器

"窗口"菜单

"窗口"菜单对图像窗口的位置排放进行了设置，主要包括窗口的层叠操作、显示调色板、打开泊坞窗、显示工具栏、关闭所打开的窗口等

"助帮"菜单

"帮助"菜单的作用是为应用CorelDRAW X4提供相关的提示操作，如显示出新增功能，更新相关设置，应用帮助主题寻求未知的问题答案等

02　快捷菜单

　　快捷菜单就是针对当前对象所能进行的操作进行的清单列表。通过选择所要编辑的对象，并右击鼠标的方法来打开快捷菜单，应用快捷菜单中的命令可以快速地对图形进行操作。CorelDRAW X4中快捷菜单命令的主要作用是对图形进行删除、撤销、顺序排列等操作。

打开快捷菜单　　　　　　　　　　　　　　　　撤销后的图形

Tip　快捷键与菜单的关系

　　选择所要编辑的图形，单击鼠标右键，弹出快捷菜单，从菜单中可以查看相应的快捷命令。从下图中可以看出，在页面居中命令的快捷键为 P，也就是说在键盘中按 P 键可以将图形放置到页面的中心位置。

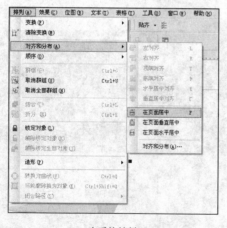

查看快捷键　　　　　　　　　　　　　　放置到页面的中心位置

Lesson
02　应用"帮助"菜单查看相关内容
CorelDRAW X4矢量绘图从入门到精通（多媒体光盘版）

　　"帮助"菜单中提供的都是有关对图形操作时的帮助信息，其中包括设置新增工具，它可以凸显出新增的工具以及菜单；"新增功能"命令可以将 CorelDRAW X4 中所有新增的功能通过排序的方式在窗口中显示出来。还有其他命令可供用户参查使用。

STEP 01 创建一个空白文档，并执行"帮助>突出显示'新增功能'>Since Version X3"菜单命令。

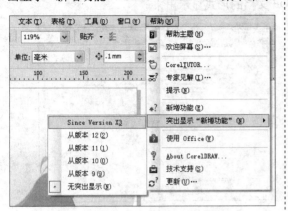

STEP 02 执行完毕，可以将图像窗口中所新增的菜单或者工具以橘黄色的底色凸显出来。

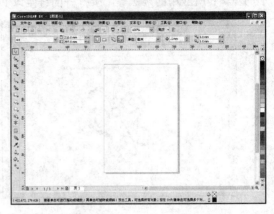

STEP 03 执行"帮助>新增功能"菜单命令，如下图所示，即可打开欢迎屏幕，在其中，将显示出 CorelDRAW X4 软件的新增功能。

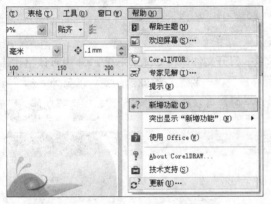

STEP 04 用鼠标单击相应的标题即可显示出有关该新增功能的细节，如具体操作和制作图形的方法等。

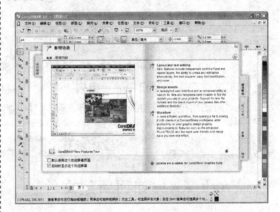

STEP 05 执行"帮助>CorelTUTOR"菜单命令，可以打开欢迎屏幕，并且显示出所要学习的相关工具以及应用该工具所制作的图形效果。

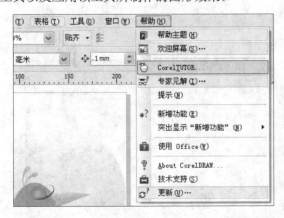

STEP 06 在欢迎屏幕中用鼠标单击不同的图形，将会弹出与之向对应的图形效果，以及绘制该图形的步骤和所应用的方法等，所打开的链接以 PDF 文档的形式显示出来。

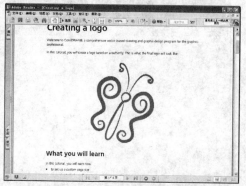 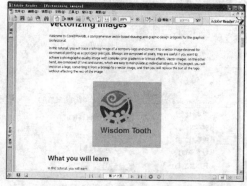

Study

03 文件的基本操作

- Work 1　如何新建文件
- Work 2　打开文件
- Work 3　存储文件

CorelDRAW X4 中新建文件是创建一个新文件；打开文件是将 CorelDRAW X4 中默认格式的文件在图像窗口中显示出来；存储文件有两种情况，一种是存储新建的文件，另外一种是对编辑后的图形重新进行保存。通过基础的操作学习，可以熟悉文件的新建、保存等功能。

Study 03　文件的基本操作

Work 1　如何新建文件

新建文件的方法可以分为 3 种，分别为应用菜单命令创建文件，应用快捷键创建文件以及应用欢迎屏幕创建文件，每种方法都可以创建新的文件，并确认所需文件大小。

01　应用菜单命令新建文件

CorelDRAW X4 的"文件"菜单中的命令能创建新的文件，通过执行"文件>新建"菜单命令即可创建一个新的空白文档，连续应用此方法可创建多个文件，所创建的文件将会按照顺序进行排列。

执行菜单命令

新建文件

02 应用快捷键新建文件

在 CorelDRAW X4 中可以应用快捷键来新建文件。打开"选项"对话框，依次展开"工作区>自定义>命令"选项，在列表框中单击"新建"选项，再打开"快捷键"选项卡，即可在"当前快捷键"选项区看到新建文件的快捷键为 Ctrl+N，返回到图像窗口中按 Ctrl+N 快捷键即可创建新的图形。

查看快捷键

新建文件

03 应用欢迎屏幕新建文件

欢迎屏幕中也有新建文件的功能。打开欢迎屏幕，单击"从模板新建"选项，即可打开"从模板新建"对话框，在对话框中可以设置所要新建模板的大小，选择相应的名称后，可以在对话框预览框中预览所设置图形文件的大小以及中间的图形效果，设置完成后单击"打开"按钮，就可以创建一个新的模板文件。

欢迎屏幕

新建文件

Study 03　文件的基本操作

Work ❷ 打开文件

打开文件指的是将存储为 CorelDRAW X4 软件默认格式的图形文件打开。可通过菜单命令或者应用快捷键打开"打开绘图"对话框，在对话框中选择所要打开的文件名称。

01 应用菜单命令打开文件

启动 CorelDRAW X4 应用程序后，执行"文件>打开"菜单命令，即可弹出"打开绘图"对话框，在该对话框中可选择所要打开图形存储的路径和名称，并且在对话框中可以对要打开的文件图形进行预览，选择好图形后单击"打开"按钮，即可将图形在窗口中显示出来。

"打开绘图"对话框

打开绘制的图形

02 应用欢迎屏幕打开文件

在欢迎屏幕中可以打开编辑的图形。有两种相关的操作：应用鼠标放置在最近编辑文档的名称上，从图中可以看出相关的文件信息以及缩略图，使用鼠标单击相应的名称，即可将该图形打开；也可以在欢迎屏幕中单击"打开绘图"按钮，弹出"打开绘图"对话框，在该对话框中选择存储文件的路径以及名称，打开图形。

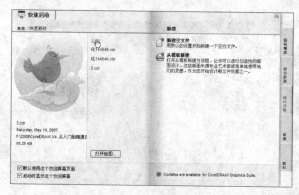

欢迎屏幕

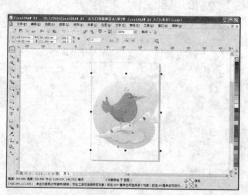

打开绘制的图形

Study 03　文件的基本操作

Work ❸　存储文件

存储文件的方法主要通过菜单命令和快捷键来完成，菜单命令是指通过"文件"菜单中的"保存"命令完成；在对应的菜单命令中对应有相关的快捷键，按相应的快捷键也可以完成相关操作。保存图形要分为两种情况，在对新建的文件进行保存时，要打开"保存绘图"对话框设置文件所要存储的路径以及相关名称等；在对打开所存储的图形进行编辑后要保存图形时，应用保存命令可以将编辑后的文件自动存储到默认路径中，名称不用重新设置，沿用原来的名称。

01 应用菜单命令保存文件

创建一个新的图形文件，并在文件中绘制上花朵图形，执行"文件>保存"菜单命令，系统将会弹出"保存绘图"对话框，在对话框中为所存储的图形设置路径以及名称，完成后单击"保存"按钮即可。

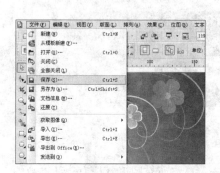

执行菜单命令

"保存绘图"对话框

02 应用快捷键保存文件

应用快捷键保存图形和应用菜单命令存储图形的方法相同，保存文件的快捷键为 Ctrl+S，当要保存的图形编辑完成后，按 Ctrl+S 快捷键打开"保存绘图"对话框，在对话框中设置所要保存文件的路径以及名称，单击"保存"按钮，即可保存图形，这样比较节省时间。

"保存绘图"对话框

Lesson 03 将编辑后的图形进行存储

CorelDRAW X4矢量绘图从入门到精通（多媒体光盘版）

本实例应用编辑图形的方法对所打开的图形进行编辑，然后将图形存储到另外的文件夹中，并

且设置新的名称。在本实例的操作中将介绍设置页面方向以及页面大小来对图形进行编辑，然后将图形存储在新的文件夹中并存为另外的名称。

STEP 01 打开随书光盘"Chapter 02　CorelDRAW X4 入门\素材\6.cdr"图形文件，然后将页面设置为横向。

STEP 02 将图形边缘修饰整齐，应用"挑选工具"选取超出边缘的图形，向中间进行拖动，使其贴近图形的边缘。

STEP 03 将所有图形都选取，并调整到合适大小，再设置页面的宽度和高度，分别设置为285mm和190mm，将其调整图形到页面中心位置。

STEP 04 执行"文件>保存"菜单命令，弹出"保存绘图"对话框，在对话框中对要保存的文件设置所要保存的名称以及存储的路径，设置完成后单击"保存"按钮。

STEP 05 在所存储的路径中可以将图形打开，并且可以看出已经存储后的图形大小和页面大小相同。

工具箱的使用方法

工具箱的使用方法主要介绍如何对工具箱的位置进行移动，以及打开工具箱中隐藏的工具条选择新的工具，并应用所选择的工具对图形进行编辑。

用鼠标在工具箱的顶端单击，并按住鼠标左键将工具箱向图像窗口区域进行拖动，可以看到工具箱的移动形状，释放鼠标后即可将工具箱排列成横栏，并在标题栏中显示名称。

拖动工具箱　　　　　　　　　　　　　　　　展开工具箱

单击工具箱中"缩放工具"按钮 上的下三角按钮，在弹出的隐藏菜单中可选择所需的工具，然后用所选择的工具在图中单击，对图形进行显示的操作。

选择缩放工具　　　　　　　　　　　　　　　缩放后的图形

CorelDRAW X4矢量绘图从入门到精通（多媒体光盘版）

Lesson 04 应用"裁剪工具"裁剪位图

应用"裁剪工具"可以对图像进行裁剪，裁剪的内容包括位图图像和矢量图形，使用该工具在要裁剪的图形中拖动，未被选入裁剪框的图形将会被裁剪掉，可以通过调整裁剪框的边框来调整所要裁剪对象的边缘。

STEP 01 导入随书光盘"Chapter 02 CorelDRAW X4 入门\素材\8.jpg"图形文件，然后单击工具箱中的"裁剪工具"按钮 。

STEP 02 应用所选择的工具在页面中拖动，将会形成裁剪框，未被选入裁剪框的区域呈灰色状。

STEP 03 然后对裁剪框进行编辑，使用鼠标将裁剪框向图形中间拖动，调整裁剪框的位置。

STEP 04 将所要裁剪的图形变换到合适大小后，使用鼠标双击图形中间区域，即可应用裁剪后的效果，操作完成后将图形放置到页面的中心位置。

属性栏的作用

Study 05

属性栏主要用于控制所选择工具的数值，一般情况下属性栏中显示的是页面的相关信息，如页面的高度、宽度、页面的方向等，而在工具箱中选取所需的工具后，属性栏中将会显示该工具的一些具体操作或者变化。

创建一个空白文件后，从属性栏中可以看出当前所创建文件的宽度以及高度，并且可以对其进行设置。若在工具箱中单击所需的工具，属性栏中会显示该工具的具体设置。如选择"艺术笔工具"后，窗口中将会显示出艺术笔对象喷涂的属性栏，其中可以设置艺术笔的种类，以及所应用喷涂效果的样式等。

默认属性栏

"艺术笔工具"属性栏

01 应用属性栏设置页面方向

在属性栏中设置页面方向的方法为用鼠标单击相应的方向按钮，即可在横向或者纵向之间进行切换。首先新建默认的横向文件，将素材文件导入，然后单击属性栏中的"横向"按钮□，并将图形放置到页面的中心位置上。

导入素材图形

设置页面方向

02 应用属性栏的设置工具

在用属性栏中的设置工具可以对所选择工具的选项进行设置，并通过设置分类选项得到不同的图形效果，下面以"艺术笔工具"为例来说明如何设置艺术画笔效果。首先应用所选取的喷灌工具在图中拖动，将喷涂的类型设置为气球，应用设置的工具在图中拖动绘制出气球图形，然后在属性栏中的"喷涂列表文件列表"下拉列表框中选择另外的喷涂样式，设置后从图像窗口中可以看出图形效果由原来的气球变为了烟花。

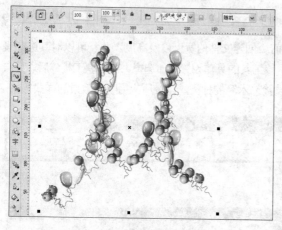

绘制气球图形　　　　　　　　　　　　设置烟花图形

应用属性栏中的设置工具可以对之前所绘制的图形进行设置，其中有与所绘制图形相关的一些参数，更改部分参数将会得到不同的图形效果。首先打开随书光盘"Chapter 02　CorelDRAW X4 入门\素材\ 10.cdr"图形文件，应用"星形工具"在图中拖动，填充为白色，此时在属性栏中可以看出所绘制的星形为默认的五角星图形，并且锐度为 53，如左下图所示。可以在属性栏中将边数设置为另外的数值来更改图形效果，如将边数设置为 10，锐度设置为 70，设置的图形效果如右下图所示。

绘制五角星　　　　　　　　　　　　设置后的图形

Lesson 05 应用属性栏设置页面方向

CorelDRAW X4矢量绘图从入门到精通（多媒体光盘版）

常规情况下属性栏中显示的是页面的属性，包括页面的大小和方向等，可以直接通过在属性栏中进行设置来控制页面的大小和方向。

STEP 01 启动 CorelDRAW X4 应用程序，并创建一个空白的横向文档。

STEP 02 打开光盘"Chapter 02 CorelDRAW X4入门\素材\11.cdr"图形文件，通过复制、粘贴的方法将其放置到所新建的空白文档中。

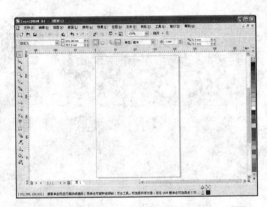

STEP 03 在属性栏中单击"横向"按钮□，将纵向页面设置为横向页面，将宽度设置为 270，高度设置为 200。

STEP 04 设置完成后，选取所有图形，并按 Ctrl+G 快捷键群组图形，再按 P 快捷键将图形放置到中心位置，完成页面方向的设置。

Chapter 03

页面设置和辅助工具

CorelDRAW X4 矢量绘图从入门到精通（多媒体光盘版）

本章重点知识

Study 01　页面的设置

Study 02　绘图页面的显示

Study 03　使用页面的辅助功能

本章视频路径

DVD

Chapter 03\Study 01　页面的设置

- Lesson 01　更改页面的尺寸大小.swf
- Lesson 02　创建横向有背景图案的页面.swf
- Lesson 03　在所打开的图形之前创建新的页面.swf

Chapter 03\Study 02　绘图页面的显示

- Lesson 04　显示选定的图形.swf

Chapter 03\Study 03　使用页面的辅助功能

- Lesson 05　将图形靠齐辅助线.swf
- Lesson 06　应用网格绘制标志图形.swf

Chapter 03　页面设置和辅助工具

　　页面设置是指在应用 CorelDRAW X4 绘制图形之前的基本设置，根据需要将页面设置为合适大小和尺寸，这样所绘制的图形才能更符合实际的需要，而且在绘制图形时可以通过添加辅助工具的方法，来对绘制的图形进行精确定位。

01 页面的设置

- ● Work 1　页面的方向
- ● Work 2　页面的尺寸
- ● Work 3　页面的背景
- ● Work 4　添加与删除页面
- ● Work 5　向前或者向后翻页

　　页面设置的主要内容包括页面方向、尺寸、背景等设置，以及基础操作，基础操作包括添加或删除页面、应用页面导航器向前或者向后翻页等。这些关于页面的基础设置都可以在"选项"对话框中来完成。

💡 知识要点 01　"选项"对话框

　　在 CorelDRAW X4 中可以通过"选项"对话框来对页面和大小、方向及出血线等进行设置，执行"版面>页面设置"菜单命令，即可打开"选项"对话框，在右侧的"大小"选项区中可以对页面的大小等进行设置，其中所包含的各项参数以及各自所控制的页面属性如下图所示。

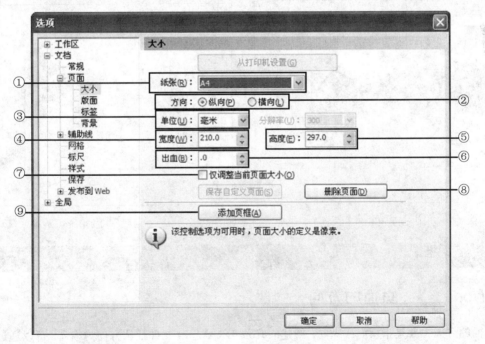

"选项"对话框

① 纸张	"纸张"选项主要作用是设置纸张的类型，其下拉列表框中包含常用的页面纸张种类
② 方向	有两种方向可供选择，分别为"纵向"和"横向"
③ 单位	"单位"指的是新建页面的单位，常见的有"毫米"、"像素"、"厘米"、"英寸"等
④ 宽度	"宽度"用于设置纸张横向的尺寸
⑤ 高度	"高度"用于设置纸张纵向的尺寸
⑥ 出血	用于设置出血线与页面边缘线的距离，超过出血线的图形将不会被打印出来
⑦ 仅调整当前页面大小	选中此复选框后，对页面所做的相关设置只作用于当前所选择的页面，对其余页面不起作用
⑧ 删除页面	单击"删除页面"按钮后即可将当前选择的纸张类型删除
⑨ 添加页框	单击"添加页框"按钮后可以在所选择的页面中添加一个和页面相同大小的边框图形

💡 知识要点 02 预览模式

预览模式是在对图形效果进行查看时使用。在 CorelDRAW X4 中，有两种常用的预览模式，分别为全屏模式和预览选定的图像。全屏预览模式可以查看所有在绘图区域中存在的图形对象，而预览选定的对象则需应用挑选工具将对象选取，并执行"视图>只预览选定的对象"菜单命令，只预览选取的图形，其他图形不予显示。

全屏预览

预览选定的图形

Study 01　页面的设置

Work ❶　页面的方向

页面的方向主要是指横向或纵向。新建的 CorelDRAW X4 文件默认方向为纵向，可以通过设置将其转换为横向。新建一个默认的纵向页面，并将素材文件导入，然后单击属性栏中的"横向"按钮▢，即可将页面变为横向。

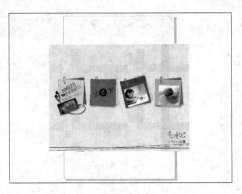

导入素材图形

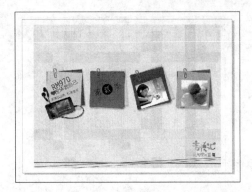

设置版面方向

Study 01　页面的设置

Work ② 页面的尺寸

页面的尺寸是指页面大小，包括高度和宽度。在 CorelDRAW X4 中，可以通过属性栏来设置页面的高度和宽度，可选择系统自带的尺寸，也可在高度和宽度数值框中直接输入相应的数值来进行设置。

01 应用默认的尺寸样式

在属性栏中单击"纸张类型/大小"下三角按钮 ⌄ ，打开下拉列表框，该下拉列表框中常用的纸张类型有信纸、连环画、A4、A3 等国际通用尺寸，选择对应的纸张类型后，即可为页面设置为所需的大小。若要更换另外的尺寸样式时，可以再次打开"纸张类型/大小"下拉列表框，选择另外的纸张类型。

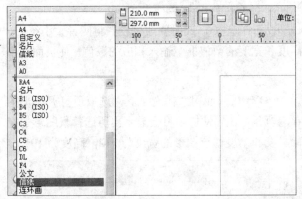

执行菜单命令

设置信纸尺寸

02 自定义尺寸

自定义尺寸是指在属性栏中直接输入相应的数值来设置页面的尺寸。在宽度和高度数值框中输入相应的数值即可更改尺寸，如果将高度和宽度都设置为相同的数值时，则可以将页面设置为正方形形状，如果将其中一项数值设置较大，则可以将页面设置为长方形形状。

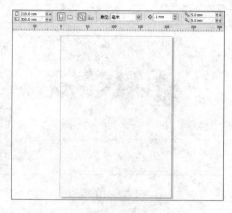

新建正方形形状   新建长方形形状

Lesson
01
更改页面的尺寸大小

CorelDRAW X4矢量绘图从入门到精通（多媒体光盘版）

新创建的页面图形大小会和所绘制的图形文件大小有差异，此时要通过设置将两者大小统一。通常在属性栏中进行页面尺寸大小的更改，在高度和宽度的数值框中输入相应的数值，使页面大小更适合于打开的图形。

STEP 01 打开随书光盘"Chapter 03　页面设置和辅助工具\素材\3.cdr"图形文件，从图中可看出页面的方向为纵向。

STEP 02 应用"挑选工具"选取所打开图形的背景，在属性栏中将会显示出所选背景图形的宽度和高度，该图形的宽度为 212，高度为 191。

STEP 03 使用鼠标单击空白区域，在属性栏中设置页面的高度和宽度，将宽度设置为 210，高度设置为 190，从图中可以看出页面被设置为图形与背景大小相同的效果。

STEP 04 应用"挑选工具"选取所有图形，并按 P 快捷键将图形放置到页面的中心位置。

Study 01　页面的设置

Work **3**　页面的背景

　　页面背景的设置是指通过填充等方法在页面中间区域添加上新的类型，共有 3 种选项可供设置，分别为"无背景"、"纯色"和"位图"，在"选项"对话框中单击相应的单选按钮后，即可对不同的内容进行设置。

01　无背景

　　无背景是 CorelDRAW X4 新建背景时默认的设置，是指背景为空白效果，没有被填充上其他的颜色或者内容。通过执行"文件>新建"菜单命令，即可创建一个新的空白文档，从文档中可看出背景为无填充内容的效果。

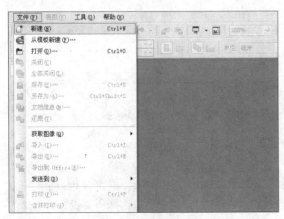

执行菜单命令

新建的空白文档

02　纯色

纯色背景是指将所创建图形的背景填充上一种颜色，执行"版面>页面背景"菜单命令，打开"选项"对话框，在对话框中单击"纯色"单选按钮后，可以对背景的颜色进行重新设置，在弹出的颜色列表框中单击所需的颜色，然后单击"确定"按钮，即可将页面背景设置为纯色。

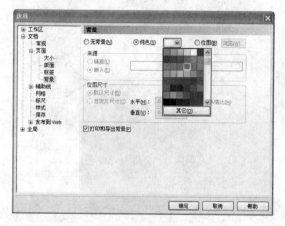

选择合适的颜色　　　　　　　　　　　　　新建纯色文档

Tip　设置其他颜色

在打开的"选项"对话框中，设置纯色时可以在颜色列表框中选择相应的颜色，如果对系统所提供的颜色不满意，可以通过单击颜色列表框底部的"其他"按钮，打开"选择颜色"对话框，在该对话框中重新设置颜色，设置完成后单击"确定"按钮，返回到"选项"对话框中，此时可以在"纯色"选项后面看到新设置的颜色。

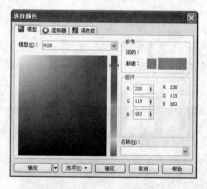
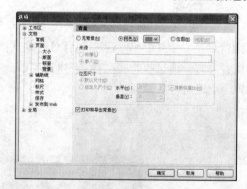

"选择颜色"对话框　　　　　　　　　　　　设置后的对话框

03　位图

位图也可以设置为背景，将特定的位图通过设置后显示在页面中。打开"选项"对话框，单击"位图"单选按钮，再单击"浏览"按钮，弹出"导入"对话框，在该对话框中可以选择所要设置为背景的位图存储的路径，并进行预览，选择后单击"导入"按钮，返回到"选项"对话框，从对话框中可以看到所选择导入位图的存储路径，然后单击"确定"按钮，即可在图像窗口中看到所设置的背景图像。

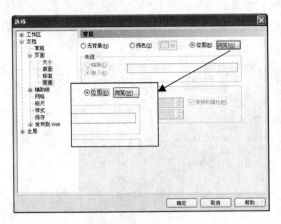

单击"位图"单选按钮　　　　　　　　　　　新生成的背景

Lesson 02　创建横向有背景图案的页面

CorelDRAW X4矢量绘图从入门到精通（多媒体光盘版）

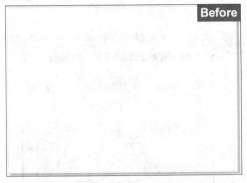

　　创建有背景图案的页面需要通过"选项"对话框来完成。将素材图形变为页面中的背景，而且背景的大小和页面大小相同，均不需要通过裁剪等方法调整。

STEP 01　启动 CorelDRAW X4 应用程序后，执行"文件>新建"菜单命令，创建一个无背景的纵向页面。

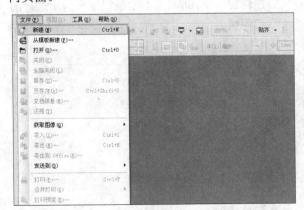

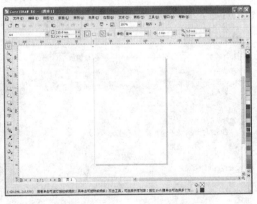

STEP 02 单击属性栏中的"横向"按钮□，将纵向的页面变为横向。

STEP 03 然后对页面背景进行设置，执行"版面>页面背景"菜单命令。

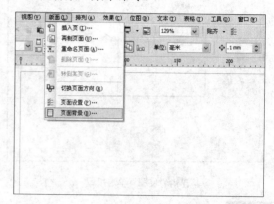

STEP 04 执行 **STEP 03** 的操作后，即可打开"选项"对话框，在对话框中单击"位图"单选按钮，再单击右侧的"浏览"按钮，打开"导入"对话框。

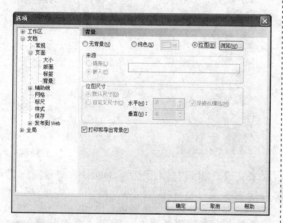

STEP 05 在"导入"对话框中将所要导入的位图选中，此时可以勾选对话框中的"预览"复选框，查看所要导入位图图像的缩略图，完成后单击"导入"按钮。

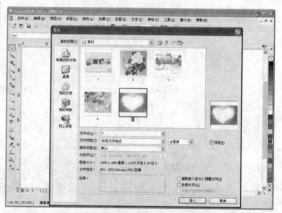

STEP 06 执行 **STEP 05** 的操作后返回到"选项"对话框中，在该对话框中将显示所选择位图图像存储的路径，并可以对图像的尺寸重新进行设置。

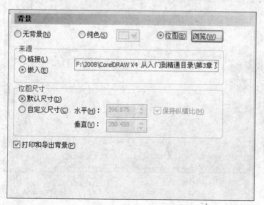

STEP 07 设置完成后单击"确定"按钮，返回到图像窗口中，即可看到背景已显示为所选择的位图图像。

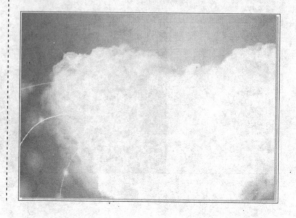

Study 01　页面的设置

Work 4　添加与删除页面

"插入页面"对话框

添加页面是指在图像窗口中新建多个页面，并且可以设置成不同的大小。执行"版面>插入页"菜单命令，即可打开"插入页面"对话框，在对话框中可以选择插入页面的数量、在前或在后插入新页面，也可以设置所插入页面的纸张，或者自定义所需的大小。删除页面是指将新建的页面删除。

01　添加页面

菜单命令

添加页面还可以通过快捷菜单来完成。选择当前所打开的页面，右击鼠标，将会弹出相应的快捷菜单，在菜单中有多种页面相关的命令。使用"重命名页面"命令可以将所选择的页面设置为另外的名称；使用"在后面插入页"命令可以在当前所选择页面的后面新建一个页面；使用"在前面插入页"命令则可以在当前所选择页面的前面插入新的页面。

下面通过具体操作步骤说明如何使用菜单命令新建页面。首先打开随书光盘"Chapter 03　页面设置和辅助工具\素材\6.cdr"图形文件，并在该页面的名称处右击鼠标，弹出相应的快捷菜单，然后执行"在前面插入页"命令，即可在"页1"的前面创建一个新的页面。

在后面插入页面

在前面插入页面

Tip　应用快捷按钮创建页面

启动 CorelDRAW X4 应用程序后，创建一个横向的页面，并导入素材图形，将素材调整为和页面相同大小的效果，然后在页面导航器中使用鼠标单击新建按钮 ，即可在当前所显示页面的后面创建一个新的页面。

打开图形文件

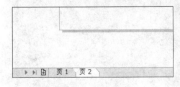

在后面新建页面

02 删除页面

删除页面的操作也可以通过快捷菜单命令来完成。首先选择要删除的页面，在该页面的名称处右击鼠标，弹出相应的快捷菜单，然后执行"删除页面"命令，即可将创建的页面删除，留下最开始打开的页面图形。

执行"删除页面"菜单命令   删除页面后的效果

Lesson 03 在所打开的图形之前创建新的页面

CorelDRAW X4矢量绘图从入门到精通（多媒体光盘版）

创建新的页面可用于制作有多个图形的文件。默认新建的图形文件大小相同，并通过导入图形的方法对文件进行编辑。

STEP 01 启动 CorelDRAW X4 应用程序后，新建一个横向的图形文件，导入"Chapter 03 页面设置和辅助工具\素材\8.jpg"文件，并将该文件设置成和页面相同的大小。

STEP 02 选择该页面，在页面名称处右击鼠标，弹出快捷菜单，执行"在前面插入页"菜单命令。

STEP 03 执行**STEP 02**的操作后即可在"页 1"的前面新建一个页面,新建的页面名称为"页 1",而之前的页面名称自动更改为"页 2"。

STEP 04 将随书光盘"Chapter 03 页面设置和辅助工具\素材\9.jpg"文件导入到"页 1"中,也将其设置为和页面相同的大小。

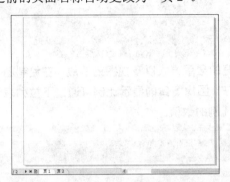

Study 01 页面的设置

Work 5 向前或者向后翻页

打开随书光盘"Chapter 03 页面设置和辅助工具\素材\10.cdr"文件,从图中可以看出该图形文件共包含 3 个页面,通过页面导航器可以进行翻页等操作。单击页面导航器中的 ▶ 按钮,可以将图形向后翻一页,在图像窗口中将会显示"页 2"中的图形。

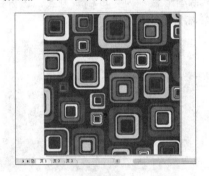

素材图像

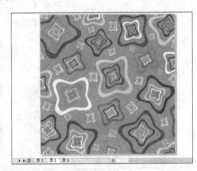

选择页面 2

可以通过页面导航器直接选择最后一页图形。首先打开第 1 页图形,单击 ▶| 按钮,可显示出页面 3 的图形,如果图形中只有两个页面,单击 ▶| 按钮和 ▶ 按钮都会选择同样的页面。

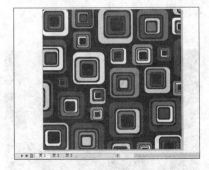

选择页面 1

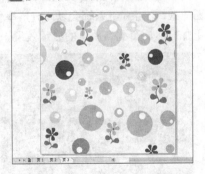

显示页面 3 的图形

绘图页面的显示包括了视图的显示方法、预览的显示方式以及视图的缩放，在绘制图形时可通过不同的显示方式选择最合适的查看方法。图像窗口的显示比例可通过下拉列表框中提供的参数进行设置，或者直接输入所显示比例的数值。

Study　02　绘图页面的显示

Work ① 视图的显示方式

视图的显示方式是指图形在 CorelDRAW X4 窗口中的显示效果，共提供了 6 种常见的方式，分别为"简单线框"、"线框"、"草稿"、"正常"、"增强"以及"叠印增强"。其中"线框"方式和"简单线框"方式效果无明显差异，"增强"方式和"叠印增强"方型效果也基本相似。

执行"视图>简单线框"菜单命令，即可将图形显示为"简单线框"方式，该方式下所有矢量图形都加上外框，色彩以所在的图层颜色进行显示，所有变形对象都显示原始图形的外框，而位图则显示为灰度效果。执行"视图>草稿"菜单命令，即可将图形显示为"草稿"方式，该方式下所有页面中的图形均以分辨率形式进行显示，填充的颜色等都以基本的效果进行显示。

"简单线框"方式

"草稿"方式

"正常"方式下的图形效果会丢失很多细节，图形显示为应用的基本效果，图形的轮廓呈锯齿形，不清晰。"叠印增强"方式显示的图像效果为图像的原始效果，也是 CorelDRAW X4 中所默认的视图方式，该方式下系统会以高分辨率优化图形的方式显示所有图形，并使对象的轮廓更加光滑，过渡更加自然，得到高质量的显示效果。

"正常"方式

"叠印增强"方式

Work ❷　预览的显示方式

　　预览的显示方式是指在图像窗口中查看所绘制的图形的方式。根据图形的排列顺序和用途可以将其分为 3 种类型，分别为"页面排序器视图"、"全屏预览"和"只预览选定的对象"。

01　页面排序器视图

　　"页面排序器视图"可以查看多个页面的图形，通过按照缩略图的形式分别在图像窗口中显示出来，只需执行"视图>页面排序器视图"菜单命令即可，缩略图的下方将会显示相对应的页数名称，这种视图也可以被称为分页预览。

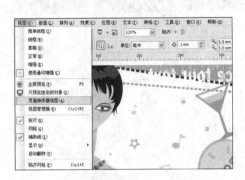

执行菜单命令

页面排序器视图

02　全屏预览

　　"全屏预览"是将所要预览的图形以全屏的方式显示出来，执行"视图>全屏预览"菜单命令，即可将图像窗口周边的标题栏、工具箱等进行隐藏，放大显示中间绘图区域中的图形。在进行全屏显示时，可以通过按 Esc 键，或者使用鼠标单击屏幕，返回到原来的视图状态。

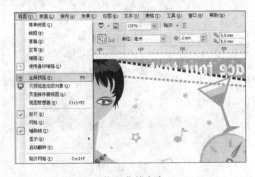

执行菜单命令

全屏预览

03　只预览选定的对象

　　"只预览选定的对象"是指预览单个的图形效果，应用这种视图方式可以将细小的图形进行放大显示。其操作方法为首先应用"挑选工具"选取所要进行预览的对象，然后执行"视图>只预览选定的对象"菜单命令，即可对选定的对象进行放大预览。

选择预览对象

预览选定的对象

Study 02　绘图页面的显示

Work ③　视图的缩放

视图的缩放可以改变视图的显示范围。在应用 CorelDRAW X4 绘制图形的过程中，可以根据需要调整视图的比例，方便查看图形细节部分。在标准栏中可以通过设置"缩放级别"的数值来设置视图的显示比例。

01　到合适大小和到选定的

"到合适大小"是指在图像窗口的绘图区域以最完整最大的显示比例进行显示，在"缩放基本"下拉列表框中选择"到合适大小"命令即可进行设置，此种显示比例通常用于查看完整的图形效果；"到选定的"是指在图像窗口中，用"挑选工具"将所选取的部分图形进行放大显示，此种显示比例通常用于查看局部的细节效果。

到合适大小

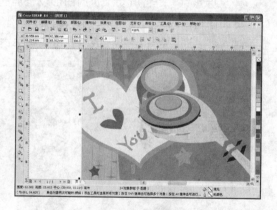

到选定的显示比例

02　到页宽和页高

"到页宽"是指在图像窗口中以页面的宽度为标准来进行显示，也就是在图像窗口中显示完整的图形宽度；"到页高"是指以页面的高度来显示，即在图像窗口中显示完整的图形高度。

到页宽显示比例

到页高显示比例

03 到页面和设置的比例

"到页面"是指在图像窗口的中心位置显示出完整的图形效果,但不是进行满屏显示,图形周围会留有空白;"设置的比例"的方法是在"缩放级别"数值框中输入所需的数值,图形将按照所输入的比例来进行显示,输入的数值越大图形放大的比例也越大。

到页面进行显示

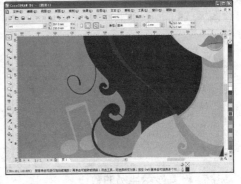
400%比例显示

Lesson 04 显示选定的图形

CorelDRAW X4矢量绘图从入门到精通(多媒体光盘版)

显示选定图形的基本操作是将没有群组的图形打开,用"挑选工具"选取所要放大显示的部分,然后在"缩放级别"下拉列表框中进行设置。

STEP 01 打开随书光盘 "Chapter 03 页面设置和辅助工具\素材\14.cdr" 图形文件。

STEP 02 按 Ctrl+A 快捷键选中全部图形，然后在标准栏中的"缩放级别"下拉列表框中选择"到选定的"选项。

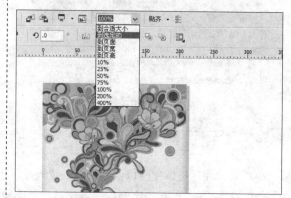

STEP 03 执行 **STEP 02** 的操作后即可将所选定的图形在图像窗口中放大显示，并且图形的高度与绘图区域的高度相同。

Tip 设置显示比例的数值

在标准栏中的"缩放级别"数值框中输入所需的数值后，图形的显示比例将会随之进行变化，当输入180%时，图形将进行满屏显示，但显示不完整，如果将数值设置为320%，图形将会进行放大显示。

180%显示图形

320%显示图形

Study

03 使用页面的辅助功能

- Work 1 辅助线
- Work 2 网格
- Work 3 标尺
- Work 4 动态导线

　　页面辅助功能的主要作用是在绘制图形时规范图形的位置和形状等，通过设置辅助线、网格以及标尺等来达到精确定位的目的，打印时，这些添加的辅助工具将会被隐藏，不会显示出来。

Study 03　使用页面的辅助功能

Work 1 辅助线

　　辅助线是直的虚线，其作用主要是对所绘制的图形进行规范，执行"视图>辅助线"菜单命令，就可以用鼠标添加辅助。经所绘制的图形向添加的辅助线上进行拖动，应用该操作可以将图形贴齐辅助线。在 CorelDRAW X4 中不仅可以创建水平或者垂直的辅助线，还可以创建旋转一定角度的辅助线。

01 添加辅助线

　　在 CorelDRAW X4 中添加辅助线的操作主要通过鼠标来完成，首先使标尺显示出来，应用鼠标在标尺处向窗口中进行拖动，即可形成一条黑色的虚线，释放鼠标后会在绘图区域的中间出现红色辅助线，在添加辅助线时要确定主要辅助线的方向，从垂直标尺处向页面区域进行拖动可以创建垂直的辅助线，而从水平标尺外向绘图区域进行拖动即可创建水平位置的辅助线。对于旋转的辅助线，则可以用鼠标将所要旋转的辅助线选取，单击鼠标，在周围出现的控制点处向所需的角度进行旋转。

应用鼠标拖动

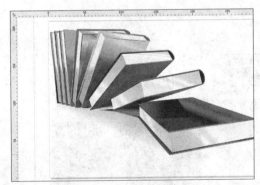
添加上辅助线

02 删除辅助线

　　删除辅助线的方法和删除图形的方法相似，应用鼠标选取将要删除的图形，按 Delete 键即可将其删除，也可以右击鼠标，在弹出的快捷菜单中执行"删除"命令。被删除的辅助线不能再通过显示辅助线的方法显示出来，只能重新创建。

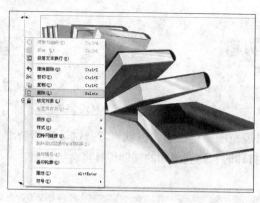

执行"删除"命令　　　　　　　　　　删除辅助线

03　隐藏辅助线

　　隐藏辅助线是指将图像窗口中创建的辅助线隐藏起来，但是辅助线并未消失，可以重新打开，这和删除辅助线是不同的。隐藏后的辅助线可以通过执行"视图>辅助线"菜单命令将其重新显示在图像窗口中，而且位置不会发生变化。

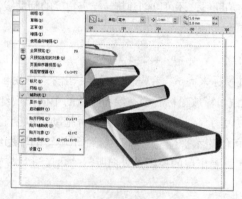

执行菜单命令　　　　　　　　　　隐藏辅助线

Lesson 05　将图形靠齐辅助线

CorelDRAW X4矢量绘图从入门到精通（多媒体光盘版）

　　应用辅助线可以将目标对象靠齐辅助线，辅助线可用于对齐多个图形，按照顺序设置图形的相

关位置即可。此处的操作就是应用对齐辅助线的方法将花朵以及人物图形对齐所创建的辅助线，使整个图形效果更整齐。

STEP 01 将随书光盘"Chapter 03　页面设置和辅助工具\素材\17.cdr"图形文件打开。

STEP 02 使用鼠标从垂直标尺处向图像窗口中拖动辅助线，释放鼠标后可以看到所新建的辅助线。

STEP 03 再创建水平位置的辅助线。用鼠标从水平标尺处向下进行拖动，释放鼠标后形成新的辅助线，连续拖动可以创建多条辅助线。

STEP 04 打开随书光盘"Chapter 03　页面设置和辅助工具\素材\18.cdr"图形文件，复制后粘贴到背景图形中，并调整到合适大小。

STEP 05 然后执行"视图>贴齐辅助线"菜单命令，使对象贴齐辅助线。

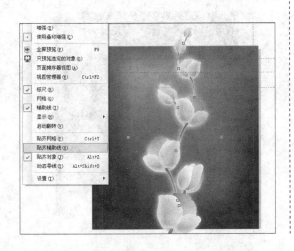

STEP 06 使用鼠标选取花朵图形，并向前面所创建的辅助线上进行拖动，创建时会显示出图形移动的形状和轨迹。

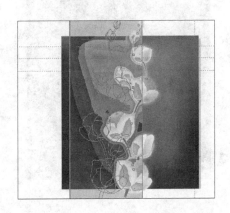

STEP 07 使图形靠齐辅助线后释放鼠标，页面图形效果如下图所示。

STEP 08 然后再复制并粘贴一个花朵图形到页面中，用同样的方法将图形靠齐右侧的辅助线。

STEP 09 打开随书光盘"Chapter 03　页面设置和辅助工具\素材\19.cdr"图形文件，通过拖动的方法，将人物图形应用到背景图像窗口中。

STEP 10 应用"挑选工具"选取人物图形，将其向左侧添加的辅助线上拖动，可以看到人物移动的轮廓以及轨迹。

STEP 11 将人物图形调整到合适大小，并向辅助线周围进行移动，贴齐辅助线。

STEP 12 执行"视图>辅助线"菜单命令，将辅助线隐藏，完成实例的制作。

Work ❷　网格

CorelDRAW X4 中的网格由水平和垂直的线条交叉组成，呈单元格排列的形状，在默认的系统中，网格不会显示在图像窗口中，要通过设置才能显示出来。网格的主要作用是让绘图者在绘制图形时目标准确地对准对象，所绘制的图形更精确。

01　显示/隐藏网格

显示网格可以通过执行"视图>网格"菜单命令来完成，如果当前的网格已经显示出来，可通过执行相同的命令，将显示出来的网格进行隐藏。

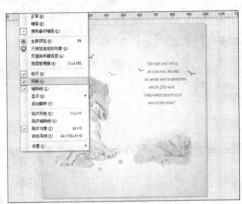

显示网格　　　　　　　　　　　　　　　　　　执行菜单命令

02　设置网格

执行"视图>设置>网格和标尺"菜单命令，打开"选项"对话框，在对话框中可以设置网格的相关参数，其中包括网格的频率和间距等，如果要在图像窗口中显示出所设置的网格，可勾选"显示网格"复选框，如果要使所绘制的图形贴齐网格，则需勾选"贴齐网格"复选框。

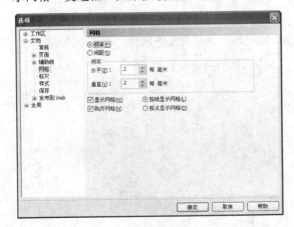

"选项"对话框　　　　　　　　　　　　　　　　设置"水平"和"垂直"均为 0.8 每毫米后的网格效果

Lesson 06 应用网格绘制标志图形

CorelDRAW X4矢量绘图从入门到精通（多媒体光盘版）

套用网格绘制图形可以准确规定集合图形的位置以及它们之间的距离等。在应用网格绘制正方形图形时，可以快速得到均匀的图形，并且在移动图形时也可以快速地移动出等比的距离。

STEP 01 启动 CorelDRAW X4 应用程序后，新建一个空白文档，并将文件的宽度和高度都设置为 200mm。

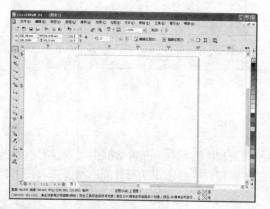

STEP 02 执行"视图>设置>网格和标尺设置"菜单命令，弹出"选项"对话框，在对话框右侧可设置网格选项，将"水平"和"垂直"的频率都设置为 0.5 每毫米，并勾选"显示网格"和"贴齐网格"复选框。

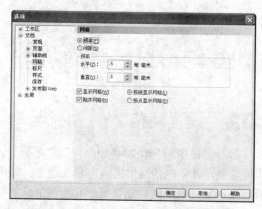

STEP 03 设置完成后单击"确定"按钮，即可在图像窗口中显示出网格图形。

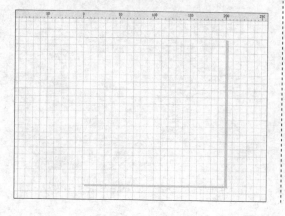

STEP 04 应用"矩形工具"沿着网格开始拖动，所绘制的图形将会贴齐网格，形成正方形。

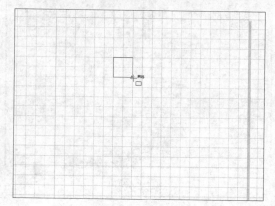

STEP 05 按照**STEP 04**所绘制图形的方法，连续应用"矩形工具"在图中拖动，绘制出多个贴齐网格的正方形，然后延着垂直方向绘制矩形，最后绘制效果如右下图所示。

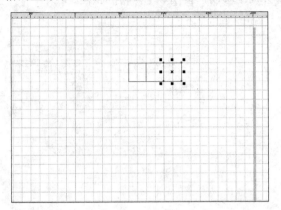
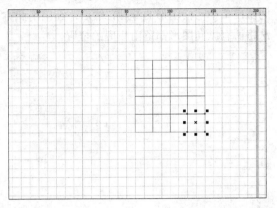

STEP 06 执行"视图>设置>网格和标尺设置"菜单命令，在打开的"选项"对话框左侧单击"网格"选项，然后在右侧选项区中进行设置，将"水平"和"垂直"的频率都设置为 0.2 每毫米，并勾选"显示网格"和"贴齐网格"复选框。

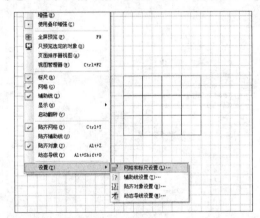
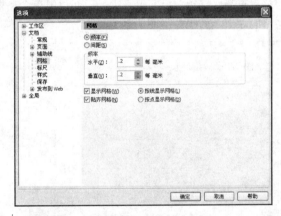

STEP 07 设置完成后单击"确定"按钮，即可将网格进行变小显示。

STEP 08 应用"挑选工具"按 Shift 键选取纵向第 1 列的图形，并向左侧进行移动，移动的距离刚好为单个网格图形的距离。

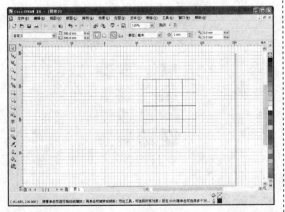
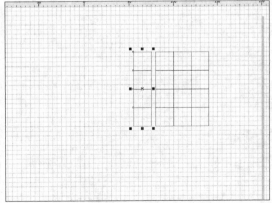

STEP 09 按照**STEP 08**所讲述的方法继续用"挑选工具"选取纵向第2列图形，并向右移动，中间留出单个网格图形的缝隙，然后连续应用此方法将所有纵向图形都留出相应的位置。

STEP 10 应用"挑选工具"选取下面3组图形，并向下移动，留出单个网格的距离。

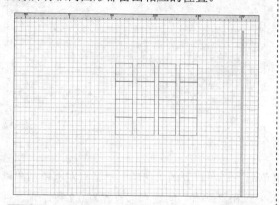

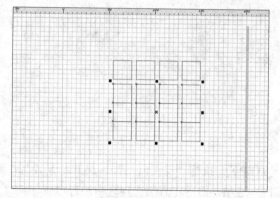

STEP 11 分别应用"挑选工具"选取所绘制的图形，将其放置到合适的位置上，中间留出单个网格的距离，效果如下图所示。

STEP 12 执行"视图>网格"菜单命令，将网格隐藏。

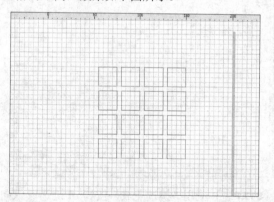

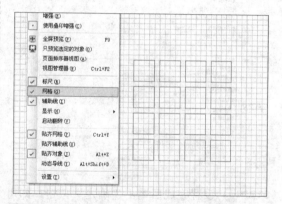

STEP 13 执行**STEP 12**的操作后，在图像窗口中可看到隐藏网格的图形效果。

STEP 14 然后为所绘制的图形填充上颜色。应用"挑选工具"选取各个图形，并单击右侧调色板中的颜色，将不同的图形填充上合适的颜色。

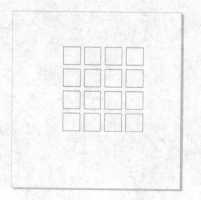

STEP 15 应用"挑选工具"选取所有填充完成的矩形，并将矩形图形的轮廓线设置为无，再应用斜切的方法将图形向右侧进行倾斜。

STEP 16 使用文本工具在图中单击，输入所需的文字，设置合适的字体，并放置到图标的下方，完成标志图形的绘制。

Study 03　使用页面的辅助功能

Work ③　标尺

"标尺"用于规范绘制的图形。从标尺中可以看出所绘制图形的位置，或者查看图形的大小，按住鼠标左键进行拖动，可以重新设置标尺的起始原点。

01　隐藏/显示标尺

隐藏标尺时首先要确认当前图像窗口中有没有显示标尺，若已显示标尺，可执行"视图>标尺"菜单命令，即可隐藏显示的标尺。如果当前图像窗口中的标尺未被显示出来，可以通过执行"视图>标尺"菜单命令，将标尺显示在图像窗口中。

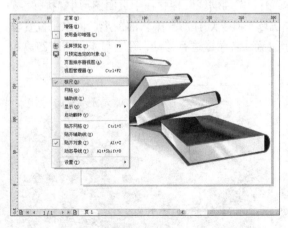

执行菜单命令

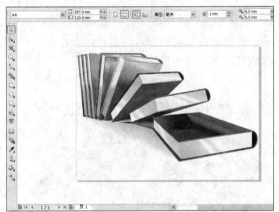

隐藏标尺

02　设置标尺

在"选项"对话框中可以设置标尺的刻度。单击"辅助线"中的"标尺"选项，即可打开"标尺"选项区，可以设置的内容包括微调、水平和垂直的单位以及原点，还可以设置刻度之间的间距数值等，若要在图像窗口中显示出标尺需勾选对话框中的"显示标尺"复选框。

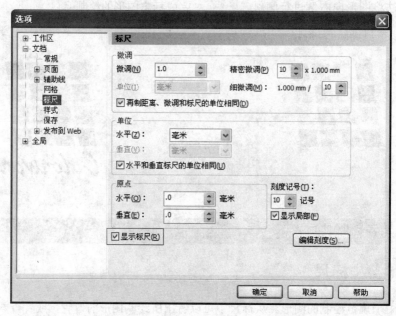

"选项"对话框

Study 03　使用页面的辅助功能

Work ④　动态导线

　　"动态导线"和前面所述的辅助线功能相同，都是可以在图像移动时对位移以及角度等进行规范，只是动态导线是在移动图形时才会显示出来，不会像辅助线一样存在于页面图形中。执行"视图>动态导线"菜单命令，即可进行应用，应用"挑选工具"选择所要编辑的图形，向水平位置移动，可以查看移动的相对距离，如果将图形向其余位置或者角度进行移动，还会显示出垂直距离和选旋转的角度等数值。

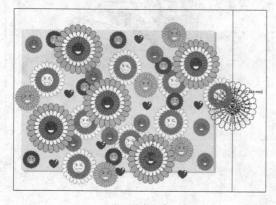

显示垂直距离

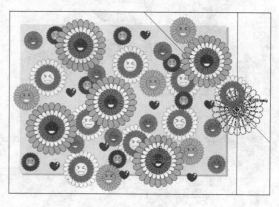

显示倾斜角度

Chapter 04

基础图形的绘制

CorelDRAW X4 矢量绘图从入门到精通（多媒体光盘版）

本 章 知 识 重 点

Study 01　矩形工具组
Study 02　椭圆形工具组
Study 03　多边形工具组

Study 04　基本形状的绘制
Study 05　手绘工具组

本 章 视 频 路 径

DVD

Chapter 04\Study 01　矩形工具组
　● Lesson 01　应用"矩形工具"制作相框.swf

Chapter 04\Study 02　椭圆形工具组
　● Lesson 02　应用"椭圆形工具"绘制简单图形.swf

Chapter 04\Study 03　多边形工具组
　● Lesson 03　应用"星形工具"绘制五角星图形.swf

Chapter 04\Study 04　基本形状的绘制
　● Lesson 04　绘制心形图形.swf
　● Lesson 05　制作图表.swf

Chapter 04\Study 05　手绘工具组
　● Lesson 06　应用"贝塞尔工具"绘制花纹图形.swf
　● Lesson 07　应用"艺术笔工具"绘制背景图形.swf
　● Lesson 08　应用"钢笔工具"绘制树枝图形.swf

Chapter 04　基础图形的绘制

　　基础图形的绘制包括常见几何图形绘制和以特殊工具绘制的不常见图形。在 CorelDRAW X4 中有多种绘制图形的工具，在隐藏工具条中选择相应的工具进行绘制即可，并可对所绘制的图形进行编辑或者填充等相关操作。

🔑 知识要点 01　几何图形

　　规则的几何图形可通过"多边形工具"、"矩形工具"以及"椭圆形工具"来进行绘制，而应用这些工具的组合可以绘制出各种形状完整的图形效果。另外，在绘制这些图形的过程中，也可以通过转换为曲线的方法，使用工具将几何图形变为其他形状。

图形组合　　　　　　　　　　　　　　　　　　　编辑后的图形

🔑 知识要点 02　不规则图形

　　不规则图形的应用范围相对来说更广，可以应用手绘工具组中的工具任意在图中进行绘制，还可以应用形状工具等对绘制的图形进行编辑，制作出复杂轮廓的图形，并利用填充工具将图形填充上颜色。对于几何图形，将其转换为曲线后，也可以将其变为不规则图形，用于各种图形的绘制。

绘制人物图形　　　　　　　　　　　　　　　　　　绘制卡通图形

矩形工具组

- Work 1 矩形工具
- Work 2 3 点矩形工具

矩形工具组的作用是绘制矩形或正方形图形，单击工具箱中的"矩形工具"按钮，将鼠标放置在按钮处，将会弹出相关的隐藏工具条，在工具条中可以选择所需的工具，矩形工具组中共包含有两种工具，分别为"矩形工具"和"3 点矩形工具"。

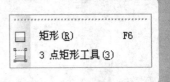

Study 01 矩形工具组

Work 1 矩形工具

"矩形工具"的主要作用是绘制矩形图形，也可以绘制正方形，单击工具箱中的"矩形工具"按钮□，即可在属性栏中显示出相关的控制参数。

"矩形工具"属性栏

① 设置圆角

圆角图形是通过在属性栏中的边角圆滑度数值框中输入数值来设置完成的，通过输入相应的数值可以将绘制的矩形变为圆角，右侧的锁型图标可以控制圆角的位置，单击"全部圆角"按钮🔒后可以将所有的角都设置为圆角，如果不单击此按钮则只会将相对应的角进行设置。设置圆角的具体操作方法为：首先应用"矩形工具"在图中拖动绘制矩形，然后在边角圆滑度中将度数设置为 30°，此时 4 个角都被设置为圆角，再应用交互式填充工具对设置后的图形进行填充，并调整图形大小

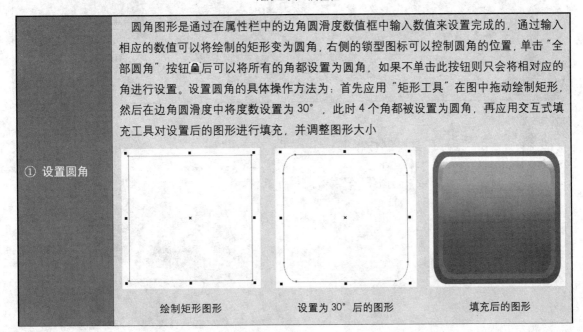

| 绘制矩形图形 | 设置为 30° 后的图形 | 填充后的图形 |

（续表）

② 设置边框	边框的设置主要是指图形轮廓的设置，在"矩形工具"属性栏中可以通过设置数值来设置图形的边框，应用"挑选工具"选取所绘制的矩形图形，并在属性栏中将边框宽度设置为3.0mm，然后在右侧的调色板中用鼠标单击蓝色，即可将矩形的边框设置为较宽的蓝色 绘制矩形　　　　　　　设置边框后的图形效果
③ 转换为曲线	在通常情况下不能直接使用其他工具对应用矩形工具所绘制的矩形进行编辑，但是可以通过将其转换为曲线的方法对转换后的图形进行编辑。选取所绘制的矩形图形，并单击属性栏中的"转换为曲线"按钮⊙，即可将其转换为曲线，然后在矩形边缘单击选取形状工具，并添加节点，调整为弯曲的边缘，其余边框也应用相同的方法进行编辑，直至都调整成为弯曲的图形为止 绘制矩形　　　　　编辑后的图形　　　　调整弯曲的图形

Lesson 01 应用"矩形工具"制作相框

CorelDRAW X4矢量绘图从入门到精通（多媒体光盘版）

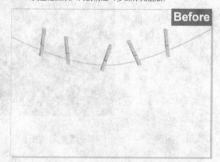

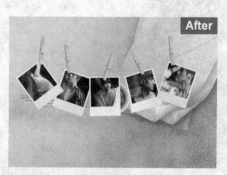

　　"矩形工具"最基本作用就是绘制矩形图形，本操作应用这一功能绘制出相框的大致轮廓，然后转换为曲线，应用"形状工具"将其编辑成不同的形状，再通过图框精确剪裁的方法将相片放置到所绘制的矩形中。在绘制背景图形时也应用了添加矩形图形后进行编辑的方法来完成，具体操作如下。

STEP 01 启动 CorelDRAW X4 应用程序后，按 Ctrl+O 快捷键打开随书光盘"Chapter 04 基础图形的绘制\素材\6.cdr"图形文件。

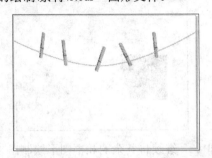

STEP 03 将图形转换为曲线。应用"挑选工具"选取所编辑的图形，单击属性栏中的"转换为曲线"按钮，应用"形状工具"对图形进行编辑。

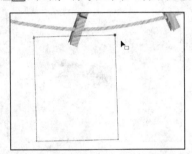

STEP 05 在 **STEP 04** 绘制的矩形底部再绘制一个小矩形，将其作为相片和背景的分界面。

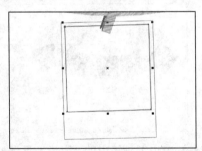

STEP 07 将随书光盘"Chapter 04 基础图形的绘制\素材\7.jpg"图形文件导入到图像窗口中。

STEP 02 单击"矩形工具"按钮，应用该工具在页面的中心位置上拖动，绘制出一个合适大小的矩形。

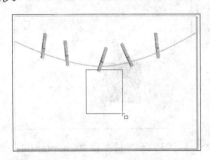

STEP 04 用 **STEP 03** 中编辑矩形的方法，绘制出另外一个矩形图形。

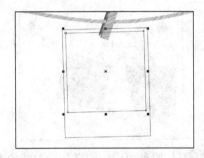

STEP 06 应用"挑选工具"分别选取矩形，并填充上自己喜欢的颜色。

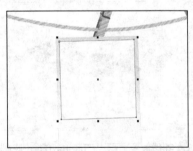

STEP 08 应用图框精确剪裁的方法，将导入的人物图像放置到绘制的矩形中，并调整人物的大小。

STEP 09 编辑完图形后，按住 Ctrl 键单击图形的空白区域，退出编辑状态，返回到图像窗口中。

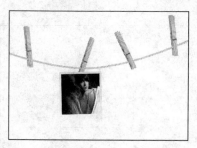

STEP 10 再绘制一个矩形相框，并应用转换为曲线后编辑的方法，制作出另外一个相框。

STEP 11 然后将随书光盘"Chapter 04　基础图形的绘制\素材\8.jpg"的图形导入到窗口中，应用将图形放置到容器中的方法，将人物图形放置到新绘制的相框中，并调整位置。

STEP 12 继续将其余的相框图形绘制出来，同样先绘制矩形，并将其转换为曲线后，应用"形状工具"将其编辑成弯曲相框图形。

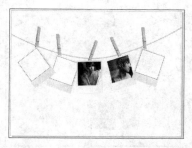

STEP 13 按照前面应用图框精确剪裁的方法，将其余的人物图像也放置到矩形框中。

STEP 14 应用"挑选工具"分别将夹子图形选取，放置到相片的上方，形成立体效果。

STEP 15 将随书光盘"Chapter 04　基础图形的绘制\素材\12.jpg"图形文件导入到图像窗口中。

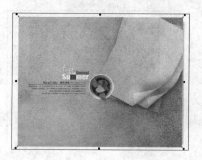

STEP 16 单击工具箱中的"矩形工具"按钮□，在图像窗口中绘制一个和页面相同大小的矩形，并应用"裁剪工具"对导入的素材图形进行调整。

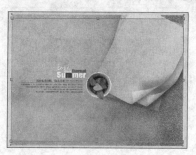

STEP 17 将裁剪框调整成和页面相同大小后，双击图形的中间位置，应用裁剪后的图形效果，并将前面绘制的图形都放置到背景图形上方。

STEP 18 应用"交互式填充工具"对图形进行填充，填充为射线渐变。

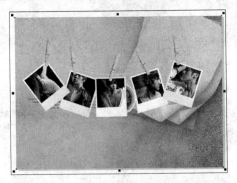

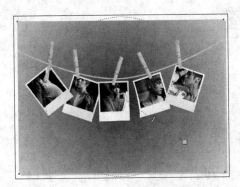

STEP 19 应用"交互式透明工具"在图中单击，将"透明度类型"设置为"射线"，"透明度操作"设置为"添加"。

STEP 20 继续设置透明效果，将"透明中心点"数值设置为 90%，设置完成后即可得到最后的效果。

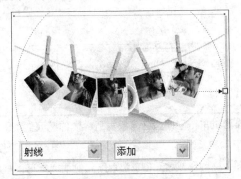

Study 01 矩形工具组

Work ② 3 点矩形工具

利用"3 点矩形工具"也可以绘制矩形图形，但是该工具所绘制的矩形都是倾斜的图形，而且使用方法和矩形工具也有很大差异。选取"3 点矩形工具"在图中拖动形成直线，然后释放鼠标向左或者向右进行拖动，即可调整矩形的宽度。还可以对所绘制的 3 点矩形进行填充等操作，最后形成综合的图形效果。

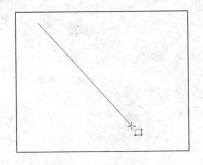

应用鼠标拖动

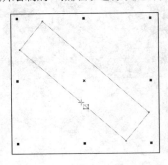

绘制矩形

绘制的图形效果

椭圆形工具组

- Work 1 　椭圆形工具
- Work 2 　3点椭圆形工具

椭圆形工具组中共包含有两种工具，分别为"椭圆形工具"和"3 点椭圆形工具"，这两种工具都可以用于绘制椭圆图形。

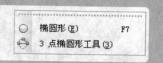

Study 02 　椭圆形工具组

Work 1 　椭圆形工具

椭圆形工具用于绘制椭圆和正圆图形，绘制正圆图形时需要按住 Ctrl 键在图中进行拖动。单击工具箱中的"椭圆形工具"按钮○，可以查看与之相关的属性栏，在属性栏中有多种选项可以控制所选择的工具。

"椭圆形工具"属性栏

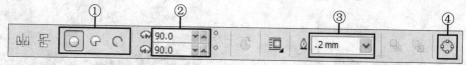

| | 在"椭圆形工具"的属性栏中可以直接通过单击不同按钮来设置所绘制的椭圆类型，共包含有 3 种类型，分别为"圆形"、"饼形"和"圆环"，单击"椭圆形"按钮○后即可应用椭圆形工具在图中拖动，所绘制的图形为椭圆形或者正圆，选取所绘制的椭圆可以直接在属性栏中设置为其他类型，单击"饼形"按钮◔ 即可将所绘制的椭圆设置为饼形，不需要重新应用椭圆形工具进行绘制，单击"圆环"按钮○ 可以将所绘制的椭圆图形变为圆弧 |
| ① 椭圆类型 | 
圆形图形　　　　　饼形图形　　　　　圆弧图形 |

（续表）

② 饼型度数	饼形默认值为270°，可以通过设置不同的数值来进行编辑，选择已经绘制的饼形，然后在数值框中将度数设置为 80°，所绘制的图形将会随之变为较小的饼形，将度数设置为 180° 后图形变为半圆效果，将度数设置为 360° 后图形将变为完整的圆，若中间有线条的轮廓，可以去除其轮廓线	
	 设置为80°后的效果　　 设置为180°后的效果　　 设置为360°后的效果	
③ 边框	对边框的设置可以直接在下拉列表框中进行，选择已经绘制的椭圆，将图形的边框设置为 2mm，从图中可以看出设置后的效果，图形的轮廓加粗了。也可以打开"轮廓笔"对话框来对椭圆的轮廓样式进行重新设置，可选择其他不同的边缘类型	
	 设置为实线的效果　　 设置为虚线的效果　　 设置为短线的效果	
④ 编辑椭圆曲线	通常要在图形转换为曲线的情况下才能编辑椭圆图形，首先选取所绘制的椭圆图形，并按 Ctrl+Q 快捷键将其转换为曲线，然后应用"形状工具"对转换后的曲线进行编辑，形成其他的形状，并最终制作成完整的人物图形效果	
	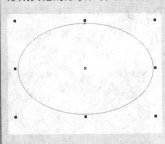 绘制椭圆图形　　 编辑后的图形　　 完成绘制的图形	

Lesson
02

应用"椭圆形工具"绘制简单图形

CorelDRAW X4矢量绘图从入门到精通（多媒体光盘版）

椭圆形工具最主要的作用是绘制椭圆，在该实例的操作中，主要应用"椭圆形工具"绘制多个椭圆，并应用焊接的方法将图形合并为一个图形，然后应用"交互式填充工具"对其进行填充，形成特殊的云朵图形，编辑后的图形还可以通过修剪的方法继续进行编辑，具体操作步骤如下所示。

STEP 01 打开随书光盘"Chapter 04 基础图形的绘制\素材\17.cdr"图形文件。

STEP 02 应用"椭圆形工具"连续在图中拖动绘制出相连接的椭圆图形。

STEP 03 应用"挑选工具"选取所有绘制的椭圆，并单击属性栏中的"焊接"按钮⬚，焊接后变为一个图形。

STEP 04 应用"交互式填充工具"对图形进行填充，填充为白色到绿色的渐变。

STEP 05 选取 **STEP 04** 所填充的图形，将其多次复制后变换不同大小并放置到页面合适位置。

STEP 06 绘制另外的图形，选取"椭圆形工具"连续在图中拖动绘制出多个椭圆图形。

STEP 07 选取 **STEP 06** 所绘制的椭圆形图形，单击属性栏中的"焊接"按钮 🔲，合并为一个图形。

STEP 08 同样地，应用"交互式填充工具"对图形进行填充，并对填充图形的颜色及角度进行设置，再将图形的轮廓设置为无。

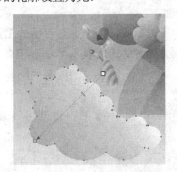

STEP 09 复制填充的图形，放置到页面中其余位置上。

STEP 10 将页面中的云朵图形和背景图形都选中应用修剪图形的方法，将多余的图形剪掉，得到最终的图形效果。

Study 02　椭圆形工具组

Work ❷　3点椭圆形工具

3点椭圆形工具可以绘制任意角度的椭圆图形，选取该工具后，在图中单击，由起点向终点进行拖动，释放鼠标后左右进行拖动即可形成有一定宽度的图形，并且连续应用此种方法在其他位置上进行拖动，可以创建不同角度的多个椭圆图形，共同组成花朵图形。

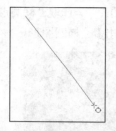

应用鼠标拖动

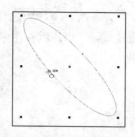

形成的椭圆图形

绘制的花朵图形

Study 03 多边形工具组

- Work 1 多边形工具
- Work 2 星形工具
- Work 3 复杂星形工具
- Work 4 图纸工具
- Work 5 螺纹工具

多边形工具组中主要包括的工具有5种,这些工具用于绘制出由多个边缘组成的图形,分别为"多边形工具"、"星形工具"、"复杂星形工具"、"图纸工具"和"螺纹工具",它们都可用于特定领域的图形的绘制,绘制出具有不同轮廓的图形。

Study 03 多边形工具组

Work 1 多边形工具

应用多边形工具可以绘制出由多个线条组成的多边形,在属性栏中可以设置多边形的边数和轮廓的宽度,还可以将所绘制的图形直接转换为曲线,其属性栏如下图所示。

"多边形工具"属性栏

① 边数

在多边形的属性栏中可以通过设置边数来设置各种类型的多边形,选取已经绘制的多边形,并在属性栏中输入所需的多边形边数,即可将图形任意地进行设置,即使对已经填充的图形也同样适用,但是对于已经转换为曲线并重新编辑后的多边形则不能直接在属性栏中设置其边数

六边形

八边形

十二边形

（续表）

② 编辑多边形	多边形图形的编辑主要包括轮廓和颜色的编辑，应用多边形工具在图中拖动后，按 Ctrl+Q 快捷键转换为曲线，然后应用"形状工具"在图中通过单击添加节点的方法调整为平滑的曲线，并对所编辑后的图形重新进行设置，填充上射线渐变颜色，并设置边缘轮廓的宽度 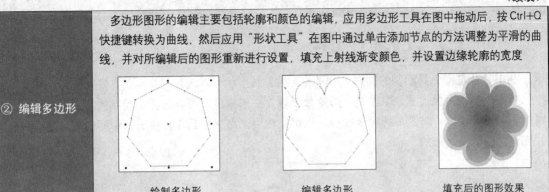 绘制多边形　　　　编辑多边形　　　　填充后的图形效果

Study 03　多边形工具组

Work ② 星形工具

星形工具的主要作用是绘制星形图形，可以绘制常见的五角星，也可以通过设置绘制出其他边数的星形图形，应用星形工具绘制图形时，主要通过属性栏来对其进行设置，如下图所示。

"星形工具"属性栏

① 边数	边数控制的是组成星形图形的轮廓数值，设置的数值越大所绘制的星形图形边缘也越多，边数主要通过属性栏中的数值框来进行设置，首先应用"星形工具"在图中绘制图形，然后通过在数值框中输入相应的数值来设置边数，新设置边数后的星形图形和未设置边数时的星形图形的锐度相同 　　　　　　 边数为 5 的图形效果　　　　　　边数为 8 的图形效果
② 锐度	锐度指的是五角星向内缩进的距离，缩进的幅度越大星形尖度将会越突出，反之图形的角度就越平滑，应用"星形工具"绘制图形时，可以对已经绘制图形的锐度重新进行设置，系统所默认的锐度为 53°，用于绘制标准五角星，也可以根据需要对锐度进行任意设置 　　　　　　 锐度为 80 的图形效果　　　　　　锐度为 20 的图形效果

Work 3　复杂星形工具

利用复杂星形工具绘制的图形具有不稳定性，其形状可以进行任意编辑，复杂星形工具属性栏中只有两个参数可供设置，即设置星形变数或设置星形锐度，可以选择所绘制的复杂星形，然后在属性栏中设置锐度，将图形的边缘减少，也可以应用"形状工具"直接选择中间的节点，向中间进行拖动，以调整星形的形状。

绘制星形

设置锐度后的图形

调整后的图形效果

Lesson 03　应用"星形工具"绘制五角星图形

CorelDRAW X4矢量绘图从入门到精通（多媒体光盘版）

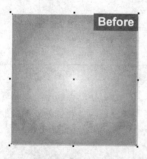

五角星图形的绘制是通过星形工具来完成的，在属性栏中设置所需的边数后，应用所设置的工具在图中拖动即可绘制五角星图形，并且通过转换曲线的方法，可以重新应用"形状工具"对转换后的曲线进行编辑，调整所需的形状，然后为图形添加上其他装饰图形，组成立体效果，具体的操作步骤如下。

STEP 01 创建一个正方形页面，并应用"矩形工具"绘制一个和页面相同大小的正方形，再将矩形的轮廓线设置为无，然后应用"交互式填充工具"将矩形填充为射线渐变。

STEP 02 下面绘制五角星。单击工具箱中的"星形工具"按钮☆，并将边数设置为 5，将锐度设置为 40，使用所设置的工具进行绘制。

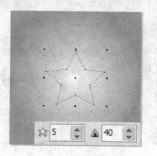

STEP 03 按 Ctrl+Q 快捷键将所绘制的图形转换为曲线，并应用"形状工具"对五角星图形进行编辑，将其调整成为不规则图形。

STEP 04 将所绘制的图形填充为白色，并去除其轮廓线。

STEP 05 将所绘制的五角星进行复制，并将复制的图形变换到合适大小后，放置到页面中其余位置上。

STEP 06 下面绘制装饰图形。应用"钢笔工具"在图中拖动，绘制出不规则图形。

STEP 07 按照 **STEP 06** 所示的方法应用"钢笔工具"绘制出星形图形延伸出去的图形，并分别填充上颜色。

STEP 08 将每个五角星都绘制上底部的装饰图形，并填充上颜色，填充后完成五角星图形的绘制。

Study 03　多边形工具组

Work 4　图纸工具

图纸工具的作用是绘制表格图形，通过在属性栏中设置相应的数值后，可以应用所选择的图纸工具绘制出表格图形，但是对于已经绘制好的表格图形，不能重新对其数值进行设置，只能通过设置绘制出新的图形。

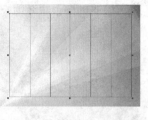

绘制新表格

设置后绘制的新表格

Study 03 多边形工具组

Work ⑤ 螺纹工具

螺纹工具的主要作用是绘制螺旋形的线条，所绘制的线条从中心向四周旋转进行发散，单击工具箱中的"螺纹工具"按钮 ，即可查看相关的属性栏，在该工具的属性栏中主要有 3 个控制参数，分别为螺纹回圈的数量、螺纹的类型和螺纹扩展参数。

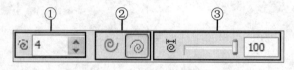

"螺纹工具"属性栏

① 螺纹回圈	螺纹回圈控制的是所环绕的螺纹的数值，数值越大所回旋的圈数越多，反之则越少，在用螺纹工具绘制图形时，可以先设置螺纹回圈的数值，然后进行设置，但是不能对已经绘制的螺纹重新设置回圈，绘制等比例的螺纹图形时要按住 Ctrl 键拖动鼠标 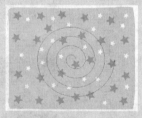 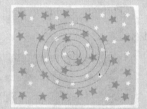 设置数值为 4 的图形效果　　　　设置数值为 6 的图形效果
② 螺纹类型	螺纹工具可以绘制两种类型的螺纹，在应用螺纹工具绘制图形之前要先单击不同的按钮，确定所要绘制螺纹的形状。单击"对称式螺纹"按钮 可以绘制出对称螺纹，此种类型的螺纹是按照均匀的距离向外进行扩散；单击"对数式螺纹"按钮 ，则可以绘制出对数式螺纹，这类图形按照不规则的距离向外进行扩散 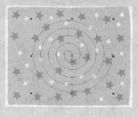  对称式螺纹　　　　　　　　　对数式螺纹

（续表）

③ 螺纹扩展参数	螺纹扩展指的是螺纹之间的距离，也就是向外扩散的明显程度，应用螺纹工具绘制图形时要先设置好扩展的参数，然后才能应用螺纹工具在图中拖动，对于已经绘制的螺纹图形，则不能再对螺纹扩展参数进行设置，设置的扩展数值越大图形越靠近中心位置旋转，数值较小则会在图形旋转时产生等距的效果
	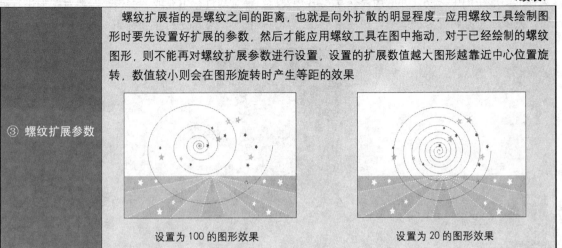 设置为 100 的图形效果　　　　　　　　　　设置为 20 的图形效果

Study 04　基本形状的绘制

- Work 1　基本形状
- Work 2　箭头形状
- Work 3　流程图形状
- Work 4　标题形状
- Work 5　标注形状

　　基本形状主要是指用一些特殊的工具来绘制常见图形，特殊工具主要包括 5 种，分别为"基本形状"、"箭头形状"、"流程图形状"、"标题形状"和"标注形状"，这些工具的使用方法都相同，要先选择不同的形状，然后才能在图中进行绘制。

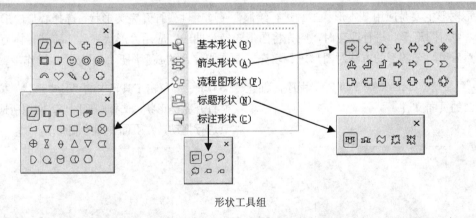

基本形状(B)	箭头形状(A)	流程图形状(F)	标题形状(N)	标注形状(C)

形状工具组

Study 04　基本形状的绘制

Work ❶ 基本形状

　　基本形状中所包含的都是常见的矢量图形形状，如心形、笑脸等图形，对于这类图形，可以用选择的图形在图中拖动，并应用"交互式填充工具"等对其进行填充或者编辑，若要对图形进行编辑，则要先将其转换为曲线后，应用"形状工具"对图形的轮廓进行重新编辑。

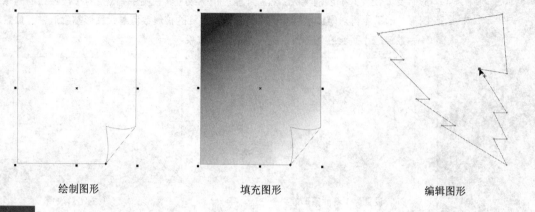

绘制图形　　　　　　　填充图形　　　　　　　编辑图形

Lesson 04　绘制心形图形

CorelDRAW X4矢量绘图从入门到精通（多媒体光盘版）

心形图形主要是应用基本形状工具进行绘制，通过属性栏打开完美形状，选择心形的形状并进行绘制，要对图形形状进行改变时，应先将图形转换为曲线，应用"形状工具"将其转换为合适的形状，然后用填充图形的方法对图形进行填充，制作成综合的心形图形效果，具体操作步骤如下。

STEP 01 启动 CorelDRAW X4 应用程序，创建一个空白的页面文件。

STEP 02 单击工具箱中的"基本形状"按钮，并打开完美形状，选择心形图形，应用所选择的工具进行拖动，在页面中间绘制图形。

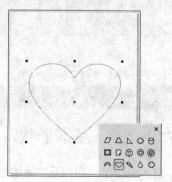

STEP 03 按 Ctrl+Q 快捷键将所绘制的心形图形转换为曲线，然后应用"形状工具"对其形状进行编辑，使图形效果更饱满。

STEP 04 填充图形，应用"交互式填充工具"在图形中拖动，将心形图形填充为射线渐变效果。

STEP 05 继续在图中绘制心形图形，并转换为曲线，应用"形状工具"对心形图形进行编辑，放置到图中合适位置上。

STEP 06 填充上颜色后应用"钢笔工具"在图中拖动，绘制出多个交叉的线条图形，放置到中间心形图形的底部。

STEP 07 应用"挑选工具"分别选取绘制的线条图形，将其转换为轮廓对象，使用"交互式填充工具"将线条图形填充上渐变色。

STEP 08 应用"矩形工具"在图中拖动，绘制出字母的大致轮廓，并设置圆角，同时也为中间添加心形，并填充上渐变颜色。

STEP 09 下面添加周围的心形图形。应用所选择的"基本形状"工具在图中绘制出心形，并将其复制成多个图形，分别填充上颜色并移动它们的位置。

STEP 10 打开随书光盘"Chapter 04 基础图形的绘制素材\26.cdr"图形文件，将前面绘制完成的心形图形放置到素材上方，调整位置，完成制作。

Work ② 箭头形状

箭头形状通常用于绘制各种类型的箭头，打开完美形状，单击相应的箭头符号，然后在页面中进行拖动，即可绘制出所选择的图形形状，并且可以将绘制的形状填充为颜色，还可以对绘制图形的轮廓等进行重新设置，方法和其他绘制矩形和椭圆形的相同。

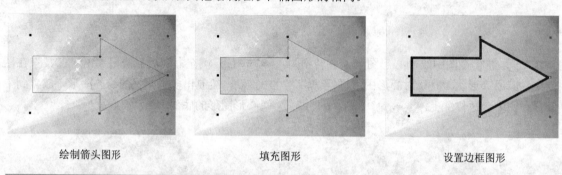

绘制箭头图形   填充图形   设置边框图形

Work ③ 流程图形状

流程图形状的主要作用是为了表述特殊流程图像效果，在 CorelDRAW X4 中可以绘制流程图形，可以根据需要选择流程图的形状，以适合所要制作的流程图效果，绘制的流程形状用于不同的流程效果，可以选取所绘制的流程图，填充上纯色或者渐变色，并用文本工具在绘制的流程图上添加上文字，指示出流程的方向和步骤。

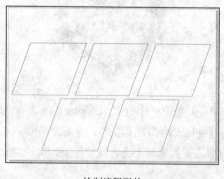

绘制流程形状

添加名字填充图形

Work ④ 标题形状

标题形状的主要作用是突出表现图像中的主题效果，在突出的图形中绘制上标题形状，并添加上颜色，突出表现部分效果。还可以应用特殊的标题形状在图中拖动，并填充上颜色，然后在上面添加文字，将其作为图像的标题，而不只是为了图像中的某部分区域。

绘制爆炸形状图形

填充后的效果

Study 04 基本形状的绘制

Work ⑤ 标注形状

标注形状是为了突出表现图像中的某个特殊区域，可以对所制作的图形添加上标注和文字来进行具体地说明，可以将绘制的标注形状填充上颜色，对于轮廓的宽度以及颜色等还可以重新进行设置，如果要移动标注形状所指示的位置，可以用"形状工具"选择形状的节点进行拖动，若将所绘制的标注形状变为文本框，可在其中输入文字。

绘制标注形状

填充图形设置边框

Lesson 05 制作图表

CorelDRAW X4矢量绘图从入门到精通（多媒体光盘版）

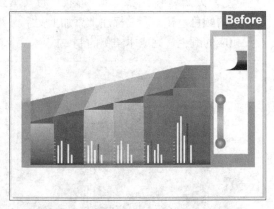

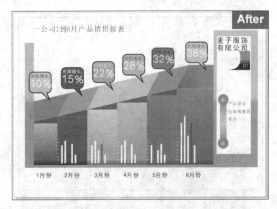

图表的制作除了要处理图形外，还包括对图表的说明文字，但是直接输入文字会显得较为突兀，可以通过添加标注图形的方法来进行操作。先选取"标注形状工具"，在属性栏中选择合适的标注

图形，应用所选择的工具在图中拖动，然后将标注图形填充上合适的颜色以及轮廓等，最后应用文本工具为标注形状上添加说明文字，形成完整的图表效果，具体操作步骤如下。

STEP 01 打开随书光盘"Chapter 04 基础图形的绘制\素材\30.cdr"图形文件。

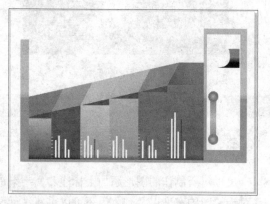

STEP 03 单击工具箱中的"标注形状"按钮，再打开完美形状选择合适的标注图形，应用选择的图形在页面中进行绘制，填充上颜色和设置边框。

STEP 05 选取绘制完成的标注形状进行复制，拖动所复制的图形，放置到图表中另外的位置上。

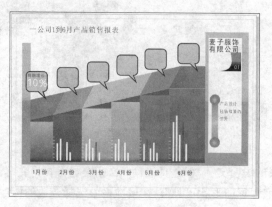

STEP 02 应用"文本工具"在图中单击并输入不同的文字，放置到页面相应位置。

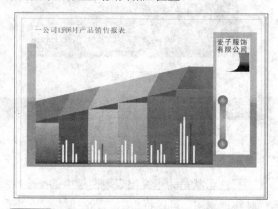

STEP 04 下面为标注图形中添加文字。用"文本工具"在图中单击后输入文字以及数值，分别设置为不同的颜色和字体大小。

STEP 06 分别选取不同的标注形状，将其填充上不同的颜色，在不同的标注上添加上文字，并设置相应的颜色，完成本实例的制作。

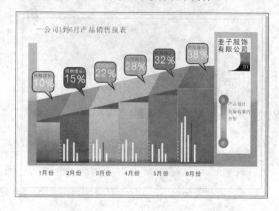

手绘工具组

- Work 1　手绘工具
- Work 2　贝塞尔工具
- Work 3　艺术笔工具
- Work 4　钢笔工具

- Work 5　折线工具
- Work 6　3点曲线工具
- Work 7　连接器工具
- Work 8　度量工具

手绘工具组中主要有 8 种工具，可以应用其中的工具绘制出多种线条效果，包含有"手绘"、"贝塞尔"、"艺术笔"、"钢笔"、"折线"、"3 点曲线"、"连接器"和"度量"。这些工具都可以被应用到特定的地方，所以在学会使用工具之前，要先了解各种工具的区别。

Study 05　手绘工具组

Work ❶　手绘工具

手绘工具的主要作用是可以绘制出随意的线条，除了可以绘制曲线之外也可以绘制直线，在使用手绘工具时，可以对闭合后的曲线进行填充和编辑，还可以调整属性栏中的平滑度，来调整绘制线条时的平滑效果。

01　自动闭合曲线

应用手绘工具可以随意地绘制线条，但是对于未将末端和起点相连的曲线，应用属性栏中相关命令可以将其制作成为闭合的路径，并且可以对闭合后的路径进行填充和编辑等。首先应用手绘工具在图中拖动，绘制出任意的线条图形，然后单击属性栏中的"自动闭合曲线"按钮 Ⓑ，即可将末端与起点相连，连接线为直线。

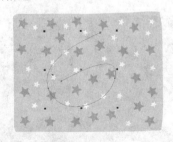

绘制线条

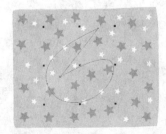

闭合后的图形

02　设置平滑度

在属性栏中可以通过设置平滑度来得到弯曲的线条，而且所设置的数值越大得到的线条越平滑，将平滑度设置为 10，然后应用手绘工具在图中拖动，所形成的线条中间有很多节点，不平滑，如果将数值设置为 100，再应用手绘工具在图中拖动即可形成平滑的线条图形。

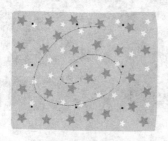

设置平滑度为 10

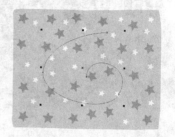

设置平滑度为 100

Study 05　手绘工具组

Work 2　贝塞尔工具

贝塞尔工具可以任意在图中单击并拖动，形成有节点的平滑曲线，通常应用贝塞尔工具来绘制轮廓较为复杂的图形，其具体操作方法为应用鼠标在图中单击后，在要绘制的方向上单击，然后按住鼠标左键拖动，即可调整控制线，继续在另外的位置上单击后，连续拖动，形成完整的线条图形，但是如果要绘制闭合的线条，就要单击起点将路径闭合。

使用鼠标拖动

绘制弯曲的图形

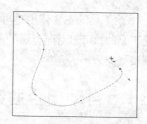

连接绘制的图形

Lesson 06　应用"贝塞尔工具"绘制花纹图形

CorelDRAW X4矢量绘图从入门到精通（多媒体光盘版）

贝塞尔工具可以绘制出多种有复杂轮廓的图形，在本实例的操作中就是应用这一特点来绘制花朵图形。先应用"贝塞尔工具"绘制出花朵的各个部分，然后将其通过焊接的方法合并为一个图形，并应用"交互式填充工具"进行填充，将绘制完成的花朵图形放置到页面中各个不同位置上，完成制作，具体操作步骤如下。

STEP 01 创建一个新的空白文档，然后单击工具箱中的"贝塞尔工具"按钮 ，使用该工具在图中单击并拖动形成有多个节点的图形。

STEP 03 反复使用此方法绘制完整的形状，如下图所示。

STEP 05 将花朵图形中其余细节部分图形也编辑完成，制作出整朵花朵图形。

STEP 07 打开随书光盘"Chapter 04 基础图形的绘制\素材\31.cdr"图形文件。

STEP 02 继续应用"贝塞尔工具"在图中拖动，直至绘制出一个完整形状的不规则图形。

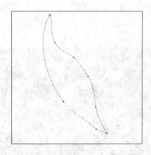

STEP 04 对于右边的图形，也应用"贝塞尔工具"进行绘制，注意，绘制的图形都为闭合的曲线。

STEP 06 选取所有绘制完成的花朵图形，将其焊接，然后应用"交互式填充工具"在花朵图形上拖动，填充上渐变色。

STEP 08 将填充完成的花朵图形变换到合适大小后，放置到所打开图形的中间位置。

STEP 09 然后在页面中复制上更多的花朵图形，并调整大小和角度。

STEP 10 沿着图形边缘绘制矩形图形，将所绘制的图形和花朵图形都选取，应用修剪图形的方法，将多余的花朵图形修剪掉，完成整个图形的制作。

Study 05　手绘工具组

Work 3　艺术笔工具

艺术笔工具是CorelDRAW X4提供的一种具有固定或可变宽度及形状的特殊的画笔工具，利用Artistic Media Tool（艺术媒体工具）可以创建具有特殊艺术效果的线段或图案，在工具箱中选取艺术笔工具后，属性栏中将会显示与之相关的参数设置。

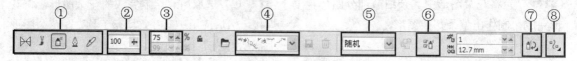

"艺术笔工具"属性栏

① 笔的类型	在"艺术笔工具"的属性栏中，提供了 5 个功能各异的笔形按钮，选择了笔形并设置好宽度等选项后，在绘图页面中单击并拖动鼠标，即可绘制出丰富多彩的图案效果。单击"预设"按钮后可以应用默认的艺术笔形式在图中进行绘制，单击"笔刷"按钮后可以应用所设置的笔刷形状在图形中进行绘制，单击"喷灌"按钮后可以在图中绘制出不同的图案

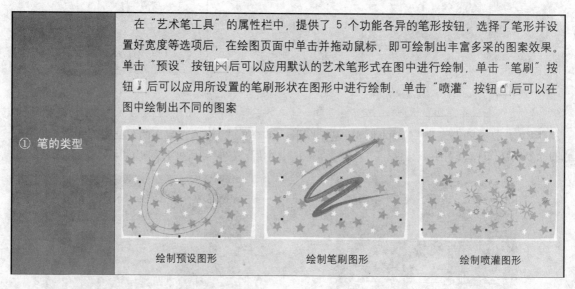

绘制预设图形　　　绘制笔刷图形　　　绘制喷灌图形

（续表）

① 笔的类型	应用喷灌绘制图形时，可以选择不同的形状进行绘制，上面第 3 幅图选择的是杂乱的花纹图形，也可以选择草地图形绘制出排列的草地形状。单击"书法"按钮 ◊ 后在图中拖动会模拟毛笔所绘制的图形，单击"压力"按钮 ∅ 可以在图中绘制出等宽度的图形  绘制草地图形 　　　　绘制书法形状 　　　　绘制压力形状
② 平滑度的设置	平滑度的设置可用于控制所绘制图形节点的多少以及图形的平滑程度，数值越大所得到的图形效果越平滑，要在绘制图形之前进行设置，才能更改图形的平滑度，将平滑度设置为 100 时图形为最平滑效果，将平滑度设置为较小的数值时，图形会变得有褶皱  平滑度为 100 　　　　　　　　　平滑度为 10
③ 喷涂对象大小的设置	喷涂对象的大小可以通过在相应的数值框中输入数值来进行控制，将数值设置为30%，应用在属性栏中所设置的喷灌图形在图中拖动，绘制出较小形状的图形，此时可以直接在数值框中输入数值来控制图形大小，将数值设置为 50%，从图中可以看出图形效果变大，继续设置不同的数值可以将图形变至更大 数值设置为 30% 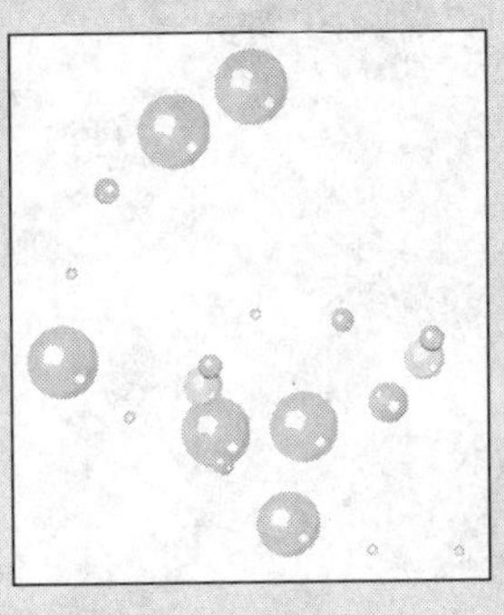　　　　数值设置为 50% 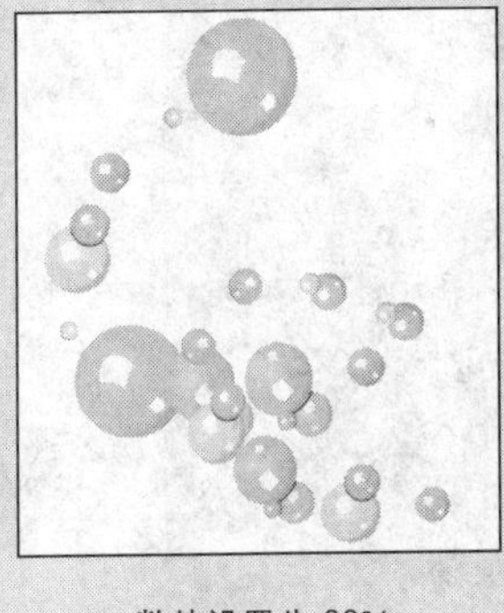　　　　数值设置为 89%

（续表）

④ 喷涂列表文件	在属性栏中的喷涂列表文件用于设置所喷涂的不同形状，可以将之前已经绘制的喷涂形状设置为另外的图形。方法是应用"挑选工具"选取所绘制的形状，并打开喷涂列表，单击另外的图形，释放鼠标后即可从图形效果看到喷涂效果随之进行改变 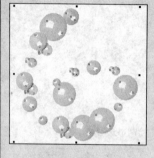 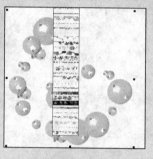  绘制喷涂图形　　　　　选择其他样式　　　　　设置后的图形
⑤ 选择喷涂顺序	喷涂顺序的设置通常有3种选项，分别为"随机"、"顺序"以及"按方向"。顺序通常针对的是喷涂的图案，对于所绘制的预设等效果不能应用此选项进行设置。选择所绘制的喷涂图案，将其喷涂顺序设置为"随机"，所绘制的图案也随之改变，依次可以设置喷涂顺序为"顺序"和"按方向"，设置不同的方向时，图案效果会有很大的差异    按"随机"顺序排列　　　　按"顺序"排列　　　　按"方向"排列
⑥ 喷涂列表 　对话框	单击属性栏中的"喷涂列表对话框"按钮，可以打开"创建播放列表"对话框，在该对话框中可以编辑所喷涂的图案种类，选择所要编辑的图案，可以通过单击"添加"按钮来设置播放列表中的效果，还可以选择要删除的图案，单击"移除"按钮，将图案从播放列表中删除 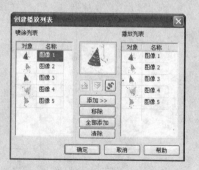 "创建播放列表"对话框

（续表）

⑦ 旋转	单击属性栏中的"旋转"按钮，即可打开"角"选项区，在其中可以设置旋转的角度，数值越大图形旋转的角度越明显，图案效果差异也就越大。选择所要编辑的图形，设置所需旋转的角度，从图中可以看出设置后图案开始变换，设置另外的角度后，所喷涂的图案将会沿着新的角度进行旋转
	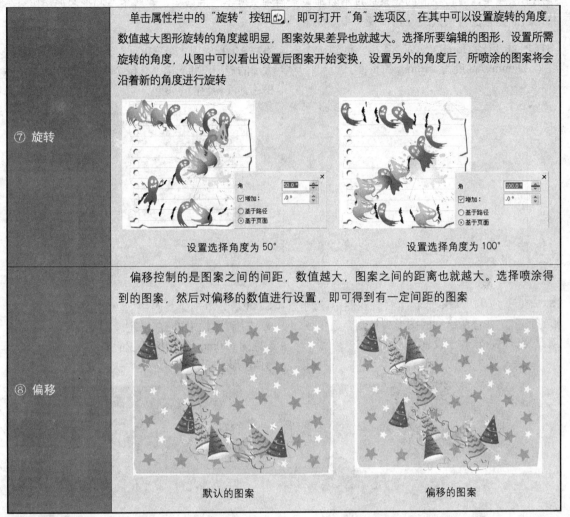 设置选择角度为 50°　　　　　　　　　　设置选择角度为 100°
⑧ 偏移	偏移控制的是图案之间的间距，数值越大，图案之间的距离也就越大。选择喷涂得到的图案，然后对偏移的数值进行设置，即可得到有一定间距的图案 默认的图案　　　　　　　　　　偏移的图案

Lesson
07　应用"艺术笔工具"绘制背景图形

CorelDRAW X4矢量绘图从入门到精通（多媒体光盘版）

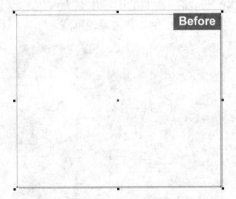

使用"艺术笔工具"可以绘制出多种艺术线条或者图案，该实例的操作是应用"艺术笔工具"

绘制书法线条，并将绘制的线条通过不断地设置得到宽度不一的效果，将线条与心形图形相组合，共同组成完整的背景效果，具体操作步骤如下。

STEP 01 启动 CorelDRAW X4 后，创建一个宽度为 254mm、高度为 210mm 的页面。

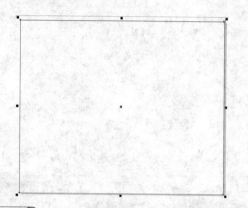

STEP 02 应用"矩形工具"绘制一个和页面相同大小的矩形，并应用"交互式填充工具"填充上淡粉色到浅粉色的渐变色。

STEP 03 应用"基本形状工具"在图中绘制出心形图形，并将所绘制的图形旋转到合适角度，填充为白色，轮廓线设置为无。

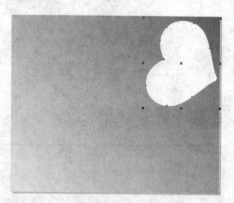

STEP 04 单击工具箱中的"艺术笔工具"按钮 ，在属性栏中单击"书法"按钮 ，并将宽度设置为 3.0mm，应用所设置的工具进行拖动，绘制弯曲图形。

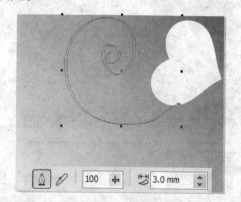

STEP 05 继续应用所选择的工具进行拖动，绘制出更多弯曲的图形。

STEP 06 将所绘制的图形填充为白色，心上的图形填充为淡粉色，并去除轮廓线。

STEP 07 应用"艺术笔工具"在其余位置上绘制线条，分别填充白色，再选取已经绘制的心形图形将其复制后调整大小，并移到相应位置上。

STEP 08 选取绘制完成的线条和心形图形，将其复制出两个图形，分别填充上不同的颜色，放置到白色线条图形的底部，完成实例的制作。

Study 05 手绘工具组

Work ④ 钢笔工具

钢笔工具可以绘制出弯曲以及垂直的线条图形，在该工具的属性栏中主要有两个按钮用于控制绘图时的操作，分别为"预览模式"按钮和"自动添加/删除"按钮。单击属性栏中的"预览模式"按钮，应用钢笔工具绘制图形时可以预览到下一步绘制图形时的效果，如果取消此按钮的选择，则不能预览所要绘制的下一步操作；单击属性栏中的"自动添加/删除"按钮，可以应用钢笔工具在已经绘制的图形中添加上节点，或者将已经创建的节点删除。

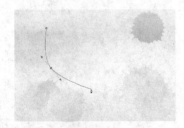

预览绘制的图形

添加节点

Lesson
08 应用"钢笔工具"绘制树枝图形

CorelDRAW X4矢量绘图从入门到精通（多媒体光盘版）

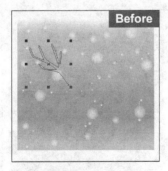

钢笔工具可以随意地在图中绘制出弯曲或者垂直的图形以及线条，利用该工具方便快捷的特点可以

绘制很多杂乱的图形，在该处的操作中，应用钢笔工具绘制出不规则的树枝图形，在绘制图形的过程中可以边绘制图形边应用钢笔工具所特有的编辑路径的方法，直接调整所绘制的路径，具体操作步骤如下。

STEP 01 首先创建一个正方形页面，再使用"钢笔工具"在图中单击后进行拖动，绘制出直线效果。

STEP 03 应用"交互式填充工具"将所绘制的图形进行填充，将起始点和末尾处分别设置为不同的颜色。

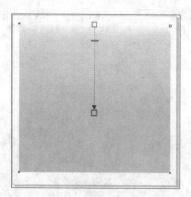

STEP 05 应用"钢笔工具"在图中合适位置上单击，并进行拖动，勾勒出树枝的形状。

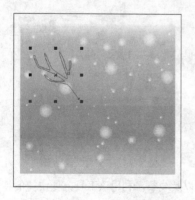

STEP 02 继续应用"钢笔工具"在图中拖动，直至绘制出其余的轮廓，最后闭合所绘制的图形。

STEP 04 绘制出另外的矩形，填充上不同的颜色，并在上面添加上圆形图形，再填充上渐变颜色，然后应用"交互式透明工具"对其进行编辑，制作成透明效果。

STEP 06 继续应用"钢笔工具"在图中拖动，绘制出右侧的树枝图形，在绘制闭合处的路径时应用"钢笔工具"单击起点，即可制作成闭合路径。

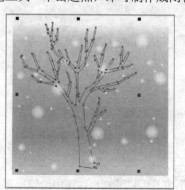

STEP 07 将 **STEP 06** 所绘制的树枝图形变换到合适大小，并放置到页面中合适位置上，填充上白色，去除轮廓线。

STEP 08 复制树枝图像，并调整大小和位置，打开随书光盘"Chapter 04　基础图形的绘制\素材\34.cdr"图形，复制并粘贴到前面所编辑的树枝图形中，并调整大小和位置，完成实例图形的制作。

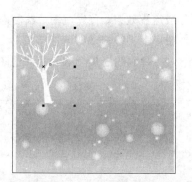

Study 05　手绘工具组

Work 5　折线工具

折线工具可以绘制出两种图形，可以应用所选择的折线工具随意地在图中拖动，形成不规则的图形，也可以应用折线工具在图中单击，然后向另外位置上单击，形成有节点的图形，而且所绘制的图形将会变换为有直线边缘的不规则图形。

绘制弯曲图形

绘制直线图形

Study 05　手绘工具组

Work 6　3点曲线工具

3点曲线工具的主要作用是绘制弯曲的线条图形，也可以将所绘制的图形进行连接，形成闭合的曲线。首先选取"3点曲线工具"，使用鼠标在图中单击后拖动，然后释放鼠标左键，图形向左或者向右进行移动，即可形成有一定弧度的线条，绘制闭合的图形时先绘制其中的弯曲图形，然后在绘制图形的起点处单击，在末尾处再单击并调整弧度，即可形成闭合的图形。

绘制杂乱线条

绘制闭合的图形

Work ⑦ 连接器工具

连接器工具的主要作用是将两个图形进行连接，从而形成流程效果。首先在图中绘制出所要连接的多个图形，再应用该工具在一个图形的中点位置向另外图形上进行拖动即可连接成功。该工具有两种不同的类型，在属性栏中单击"成角连接器"按钮┗┓，所绘制的连接形状为弯曲的图形，单击"直线连接器"按钮✎，将绘制垂直的连接图形。

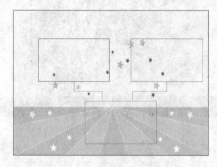

成角连接

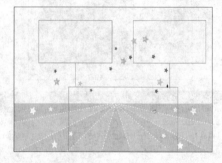

直线连接

Work ⑧ 度量工具

度量工具用于测量图形的相关数据，在 CorelDRAW X4 中提供有多种测量的方法，选取不同的测量工具将会得到相应的数据。主要通过在度量工具的属性栏中进行设置，单击属性栏中的"水平度量工具"按钮╾，然后在图中从左向右进行拖动，可以测量图形水平位置的距离；单击属性栏中的"倾斜度量工具"按钮✎，然后在倾斜的图形上拖动可以测量倾斜图形的距离；单击属性栏中的"角度量工具"按钮◺，然后在要测量的角度上拖动，可以测量图形的角度。

测量水平距离

测量倾斜距离

测量角度

Chapter 05

组织和控制对象

CorelDRAW X4 矢量绘图从入门到精通（多媒体光盘版）

本 章 知 识 要 点

Study 01 对象的顺序   Study 04 对象的群组操作

Study 02 对齐与分布对象   Study 05 结合与拆分

Study 03 对象的运算   Study 06 锁定对象

本 章 视 频 路 径

DVD

Chapter 05\Study 01 对象的顺序
- Lesson 01 调整两个图形之间的顺序.swf

Chapter 05\Study 02 对齐与分布对象
- Lesson 02 将页面中的图形对齐.swf

Chapter 05\Study 03 对象的运算
- Lesson 03 应用焊接对象制作图标.swf
- Lesson 04 应用修剪对象剪掉多余的图形.swf
- Lesson 05 应用简化对象制作条纹图形.swf

Chapter 05\Study 04 对象的群组操作
- Lesson 06 应用群组对象将图形进行群组.swf

Chapter 05　组织和控制对象

组织和控制对象主要针对的是对象的顺序、运算和群组等操作。对象的顺序变换可以根据目标对象的差异分为图形之间、图形与页面之间，以及图形与图层之间的顺序变换；对象的运算指的是应用属性栏中提供的按钮对多个图形进行修改，得到新形状图形；对象的群组操作可以整体地更改对象大小以及位置，方便快速操作由多个图形组成的对象。

🔑 知识要点　对象顺序之间的变换

对象顺序之间的变换主要包括图形与页面的关系、图形之间的关系以及图形与页面之间的顺序关系。在排列菜单中可以选择相应的命令对图形顺序进行编辑和变换，变换顺序的一般方法为选择所要设置顺序的图形，并选择相应的命令，将图形向后进行移动一层，如下图所示可以看出图形被向后移动了一层。

选择要编辑的图形

调整顺序后的图形

再次调整图形顺序后的图形

Study 01　对象的顺序

- Work 1　页面与对象的顺序
- Work 2　图层与对象的顺序
- Work 3　两个物体之间的顺序

对象的顺序主要指的是页面与对象的顺序，图层与对象的顺序以及两个物体之间的顺序，通过设置顺序可以对图形的位置等进行变换，也就是将图形显示或者隐藏到图形之后。

Study 01　对象的顺序

Work 1　页面与对象的顺序

页面与对象的顺序主要包括两种情况，分别为到页面前面和到页面后面。这两种情况都用于设置所选择图形和页面之间的关系，也就是设置对象位置顺序的变换，将所选择的图层向前或者向后进行移动，同时移动图形所在的图层位置以及顺序。

01　到页面前面

到页面前面主要是将所选择的图形从一个图层移动到另外一个图层，并且使图层位于所有图层的上方，主要操作方法为选择所要编辑的图形，右击鼠标打开快捷菜单，执行"顺序>到页面前面"菜单命令，从"对象管理器"泊坞窗中可以看出所选择的图形位于图层 1 中，执行菜单命令后可以将图层 1 中的图形移动到图层 2 中。

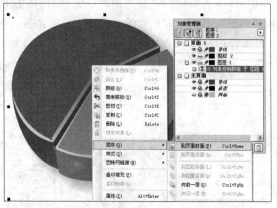

执行菜单命令

设置后的效果

02 到页面后面

到页面后面是将所选择的图形从一个图层移动到另外一个图层，从而实现图形页面位于所有页面的下方。应用"挑选工具"单击所要编辑的图形，从图中可以看出该图形位于图层 2 中，可以执行"排列>顺序>到页面后面"菜单命令，将图层 2 中所选择的图形移动到图层 1 中，完成图形页面的设置过程。

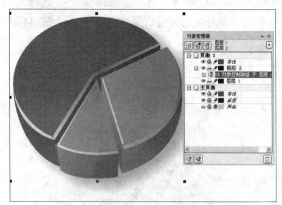

选择图层 2 中的图形

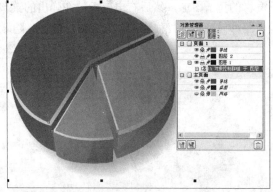

移动到图层 1 中

Study 01　对象的顺序

Work ② 图层与对象的顺序

图层与对象的顺序是将对象在同一个图层的位置进行变换，或者将图形对象移动到另外的图层，常见的设置图层与对象的顺序包括到图层前面、到图层后面、向前一层和向后一层。

01 到图层前面

到图层前面主要是指同一个图层中图形的调整和编辑，可以将所选择的图形放置到当前图层的最前面位置上，而不是移动到另外的图层中。应用"挑选工具"选取所要编辑的图形，右击鼠标在弹出的菜单中执行"顺序>到图层前面"菜单命令，执行该操作后可以将选择的图形放置到当前图层的最上方，从"对象管理器"泊坞窗中可以看到图形移动的位置变化，图形被放置到最上方，被隐藏的图形被显示出来。

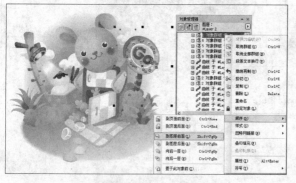

执行菜单命令   调整顺序后的图形

02 到图层后面

到图层后面是将图形放置到当前图层的最后面位置上，而不是移动到另外的图层中。选择所要编辑的兔子图形，然后右击鼠标，在弹出的菜单中执行"顺序>到图层后面"菜单命令，即可将兔子图形向后面进行移动，被天空图形遮住并隐藏不见。

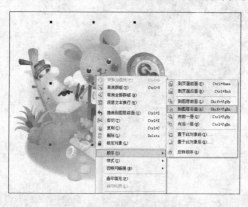

执行菜单命令

移动后的图形效果

03 向前一层

向前一层是将所选择的图形向前面移动一层。选中所要编辑的图形，然后执行"排列>顺序>向前一层"菜单命令，即可将所选择的图形向前移动，并将后面一层的图形遮住。该命令常用来对图形的位置进行变换，以调整局部的图形。

选择移动的图形

设置后的图形效果

04 向后一层

向后一层是将所选择的图形向后面移动一层，所选择的图形将会被后一层的图形遮住，其操作方法为：选择所要移动的图形，右击鼠标，弹出相应的快捷菜单，并执行"顺序>向后一层"菜单命令，即可将所选择的图形向后移动一层，人物身体图形将会被后面的椭圆图形遮住。

执行菜单命令

调整后的图形效果

Study 01   对象的顺序

Work ③ 两个物体之间的顺序

两个物体之间的顺序变换主要是指前后顺序的变换，以其中一个对象为参照物，将另外选择的图形放置到该对象的前一层或者后一层，顺序之间的变换只限于这两个图形，而不会影响其他的图形，常用的顺序变换为置于此对象前和置于此对象后。

01 置于此对象前

置于此对象前是指将所选择的图形放置到目标对象的前一层。具体操作方法为：应用"挑选工具"选择要调整顺序的图形，并执行"排列>顺序>置于此对象前"菜单命令，鼠标将会变为黑色箭头，使用该箭头单击目标对象，即可将所选择的图形移动到所单击图形的前一层。

| 选择调整的图形 | 单击设置的目标对象 | 设置后的图形效果 |

02　置于此对象后

　　置于此对象后指的是将所选择的图形放置到目标对象的后面。具体操作过程为：应用"挑选工具"选择所要调整顺序的图形，并执行"排列>顺序>置于此对象后"菜单命令，鼠标将会变为黑色箭头，应用鼠标单击目标对象，即可将前面所选择的图形放置到目标对象的后面。

| 选择调整的图形 | 单击目标对象 | 设置后的图形效果 |

Lesson 01　调整两个图形之间的顺序

CorelDRAW X4矢量绘图从入门到精通（多媒体光盘版）

　　调整两个图形之间的顺序主要是指将图形向前或者向后进行移动，选择对象后，执行相应的菜单命令，即可对图形之间的顺序进行调整，具体操作步骤如下。

STEP 01 启动 CorelDRAW X4 应用程序后，按 Ctrl+O 快捷键打开随书光盘 "Chapter 05 组织和控制对象\素材\6.cdr" 图形文件。

STEP 03 再执行 "排列>顺序>置于此对象前" 菜单命令，如下图所示。

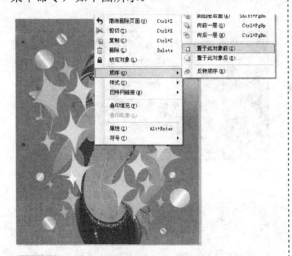

STEP 05 执行 **STEP 04** 的操作后即可将人物图形放置到不规则图形的上方。

STEP 02 然后使用 "挑选工具" 单击人物图形，如下图所示。

STEP 04 鼠标将会变为黑色箭头，使用箭头单击遮住人物的不规则图形。

STEP 06 应用 "挑选工具" 单击图形窗口中的空白区域，取消选取图形，完成后的效果如下图所示。

Study 02 对齐与分布对象

- Work 1 对象的对齐
- Work 2 对象的分布

对齐与分布对象主要用于设置页面中图形之间的对齐方式，包括图形之间的对齐方式和图形在页面中的分布位置。对齐方式要通过设置对齐选项进行设置，分布方式要通过设置分布选项进行设置，两种操作都可以在"对齐与分布"对话框中实现。

知识要点 01 对齐选项

对象对齐指的是图形之间的排列方式，可以将选择的对象按照设置的对齐方式进行对齐，将图形向指定的位置上移动。执行"排列>对齐和分布>对齐和分布"菜单命令，打开"对齐与分布"对话框，单击"对齐"标签即可设置对齐的相关选项，如下图所示。对齐选项中各项参数的具体作用如下。

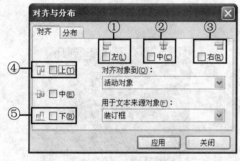

"对齐与分布"对话框

① 左	将所选择的图形向左进行对齐
② 中	将所选择的图形按照水平方向或者垂直方向居中对齐
③ 右	将所选择的图形向右进行对齐
④ 上	将所选择的图形顶部对齐
⑤ 下	将所选择的图形底部对齐

知识要点 02 分布选项

分布选项也在"对齐与分布"对话框中进行设置，在打开的"对齐与分布"对话框中打开"分布"选项卡，即可设置相关参数，常见的选项有左、中、间距、右等，要设置图形之间的分布关系时，勾选相应的复选框即可。

"对齐与分布"对话框中分布选项的各种作用如下。

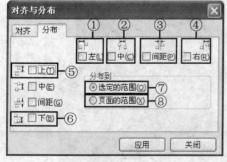

"对齐与分布"对话框

① 左	勾选该复选框后可以将图形向左进行对齐
② 中	可以将所选择的图形放置到页面的中间位置
③ 间距	用于设置所选择图形和页面的位置关系，勾选该复选框后可以将图形与页面贴齐
④ 右	将所选择的图形放置到页面右侧的位置上
⑤ 上	将所选择的图形和页面的顶部位置对齐
⑥ 下	将所选择的图形和页面的底部位置对齐
⑦ 选定的范围	用于设置选定范围内图形的分布位置
⑧ 页面的范围	用于设置图形在页面范围内的分布变化

Work ❶ 　对象的对齐

　　对象的对齐主要指的是将所选择的图形按照一定的规则进行正确排列，常见的对齐方式有 6 种，分别为"左对齐"、"右对齐"、"顶端对齐"、"底端对齐"、"水平居中对齐"和"垂直居中对齐"，各种对齐方式的效果和具体操作如下所述。

01　左对齐

　　左对齐是对齐方式中最常见的一种，应用"左对齐"命令可以将图形按左侧相对齐。首先将选择要对齐的对象，并打开"对齐与分布"对话框，在对话框中勾选"左"复选框，设置完成后单击"确定"按钮，即可将图形按照左对齐的方式进行排列。

选择所要对齐的图形

编辑后的图形效果

02　右对齐

　　右对齐的效果和左对齐相似，都是将图形向一侧对齐，只是左对齐是将图形向左边位置进行移动，而右对齐是将所有图形向右边进行移动，并且右侧的边缘都在垂直的方向上。

03　顶端对齐

　　顶端对齐是将所选择的图形进行顶部对齐，也就是图形的顶部都在一条水平线上，图形将会以首先选择的图形对象为标准进行对齐。应用"挑选工具"将所要对齐的图形都选取，然后执行"排列>对齐与分布>顶端对齐"菜单命令，即可将所有图形顶部对齐。

选择要调整的图形

对齐后的图形效果

04 底端对齐

底端对齐指的是可以将所选择的对象底部放置到一条水平线上，将底部对齐。具体操作为选取的要对齐的图形，执行"排列>对齐和分布>底端对齐"菜单命令，即可将图形底端对齐。

打开素材图形   选择要对齐的图形   对齐后的图形效果

05 水平居中对齐

水平居中对齐是指将图形在水平位置上对齐成一条直线，图形的上下位置不一定一致，但是中心点都在一条水平线上。具体操作为将所要编辑的所有图形选取，然后执行"排列>对齐和分布>水平居中对齐"菜单命令，执行该操作后即可将所有图形在水平方向上居中对齐。

打开编辑的素材   对齐后的图形效果

06 垂直居中对齐

垂直居中对齐和水平居中对齐的操作方法和原理类似，将要编辑的图形都选取后执行"排列>对齐和分布>垂直居中对齐"菜单命令，图形将在垂直方向上对齐，此时右侧的图形向左侧进行移动，使对齐后的图形在同一条垂直线上。

选择要编辑的图形   垂直居中对齐后的图形效果

同时应用多种对齐方式

同时可以应用多种对齐方式对图形进行编辑，打开所要编辑的素材图形，应用"挑选工具"将要编辑的图形同时选取，并打开"对齐与分布"对话框，在对话框中勾选多种要对齐的复选框，设置完成后单击"确定"按钮，即可将图形按照所设置的对齐方式进行排列。

| 打开素材图形 | 设置"对齐与分布"对话框 | 设置后的图形效果 |

Study 02　对齐与分布对象

Work ② 对象的分布

对象的分布指的是所选择的图形在页面中排列位置的变换，常见的变换有3种，分别为"在页面居中"、"在页面垂直居中"和"在页面水平居中"。从分布上来看，主要对图形与页面之间的关系进行设置，可以将图形按照移动的分布规律放置到页面中。

01　在页面居中

在页面居中是图形常见的分布方式，可以将页面中其他位置上的图形通过在页面居中的方法，将图形的中心点和页面的中心点重合，聚集观众的视线。具体操作为应用"挑选工具"将所要放置到中心位置的图形选取，注意要选取群组后的图形，单独的某个图形放置到中心位置后会影响原来图形的整体效果。然后执行"排列>对齐和分布>在页面居中"菜单命令，将所选择的图形放置到页面的中心位置。

| 打开素材图形 | 在页面居中后的图形效果 |

02　在页面垂直居中

在页面垂直居中指的是将图形的中心点与页面的中心点放在同一条垂直线上，但是图形的水平位置不一定在页面的中心位置，只是保持垂直方向一致。选取要移动的图形，执行"排列>对齐和分布>在页面垂直居中"菜单命令，可以将图形移动到和页面垂直的中心位置上。

打开素材图形 　　　　　　　　　　　　　　　编辑后的图形效果

03　在页面水平居中

在页面水平居中可以将所有选择的图形在水平位置上与页面对齐，并且所有图形的中心点都放在一条水平线上。具体操作过程为应用"挑选工具"选取所要编辑的图形，然后执行"排列>对齐和分布>在页面水平居中"菜单命令，将所有图形都移动到页面中合适的位置上，并且将图形的中心位置都移动到同一条水平线上。

选择编辑的图形 　　　　　　　　　　　　　水平居中后的图形效果

Lesson
02　将页面中的图形对齐
CorelDRAW X4矢量绘图从入门到精通（多媒体光盘版）

页面中的图形对齐可以将杂乱的图形通过设置摆放整齐。先将要调整顺序和位置的图形同时选取，并打开"对齐与分布"对话框，勾选相对应的复选框，设置完成后即可将图形按照所设置的位置移动，具体操作步骤如下。

STEP 01 启动 CorelDRAW X4 应用程序后，按 Ctrl+O 快捷键打开随书光盘 "Chapter 05　组合和控制对象\素材\15.cdr" 图形文件。

STEP 02 按住 Shift 键并单击天空图像和草地图像，将这两个图像都选取。

STEP 03 然后执行 "排列>对齐和分布>对齐和分布" 菜单命令，打开 "对齐与分布" 对话框，在对话框中勾选 "下" 复选框。

STEP 04 在 **STEP 03** 所示的对话框中设置完成后单击 "应用" 按钮，即可将草地图形和背景图形底部对齐，再单击 "关闭" 按钮关闭对话框，设置效果如下图所示。

STEP 05 应用 "挑选工具" 将绿色的草丛图形和背景图形同时选取，如下图所示。

STEP 06 打开 "对齐与分布" 对话框，勾选 "下" 复选框，设置完成后单击 "应用" 按钮，再单击 "关闭" 按钮，完成设置。

STEP 07 将左侧的草丛图形和蝴蝶也按照前面所示的方法进行编辑，将蝴蝶图形放置到草丛图形的上方，效果如下图所示。

STEP 08 最后对花朵图形以及蝴蝶图形的位置进行编辑，将所有蝴蝶图形都放置到花朵图形的上方，完成所有图形顺序的编辑。

- Work 1　焊接对象
- Work 2　修剪对象
- Work 3　相交对象
- Work 4　简化对象
- Work 5　创建围绕选定对象的新对象

　　对象的运算指的是通过对多个图形之间的编辑，将所绘制的图形进行焊接、修剪等操作，通过运算可以将多个图形合成一个图形，也可以将所选择的图形从一个图形中剪去，形成新的图形。

Study 03　对象的运算

Work 1　焊接对象

　　焊接对象是将所选择的矢量图形焊接为一个图形对象，焊接后的图形共用一个轮廓线，并且焊接后图形的颜色也相同。操作方法为应用"挑选工具"将多个要焊接的图形选取，并单击属性栏中的"焊接"按钮🔲，将图形焊接为一个图形，焊接后图形的边缘都添加上多个焊接的节点，添加焊接的图形越多，焊接的节点也就越多。

选取要焊接的图形

焊接后的效果

焊接其余图形

Tip　将图形与位图进行焊接

　　在将绘制的图形与位图进行焊接时，所选择的图形边缘将显示为位图的边缘，也就是无轮廓，并且填充图形的颜色也显示为无，具体操作过程为将绘制的图形和位图同时选取，然后单击属性栏中的"焊接"按钮🔲，如果后选择的是位图图像，从得到的最终效果中可以看出图形的颜色和轮廓都不再显示，变为透明，如果后选择的是为矢量图形，焊接后的图形和矢量图形相同。

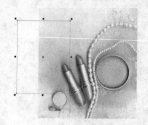
打开素材图形

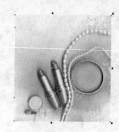
后选择矢量图形的效果

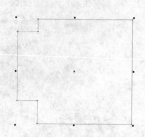
后选择位图图像的效果

Lesson
03
应用焊接对象制作图标
CorelDRAW X4矢量绘图从入门到精通（多媒体光盘版）

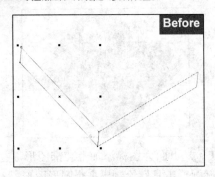

　　此操作应用焊接对象将所绘制的多个图形焊接为一个图形，制作图标上的图案，其操作过程为首先绘制图标的底部颜色，应用"钢笔工具"和"交互式填充工具"结合使用将图形填充上一个底色，然后添加上面的图案，应用焊接制作成完整的图形效果，具体操作步骤如下。

STEP 01 启动 CorelDRAW X4 应用程序后，创建一个合适大小的横向页面，并应用"钢笔工具"在图中拖动，绘制出不规则图形。

STEP 02 应用"交互式填充工具"将所绘制的图形分别填充上渐变色。

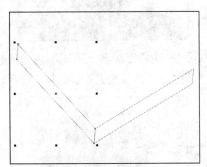

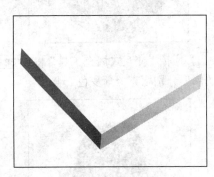

STEP 03 继续应用"钢笔工具"在图中拖动绘制出多个不规则图形，分别选取不同的图形，应用"交互式填充工具"对图形进行填充。

STEP 04 对其余边缘的轮廓也应用前面讲述的绘制图形的方法绘制出来，填充上颜色后，应用"交互式透明工具"对图形进行编辑。

STEP 05 下面在图形上添加图标效果。应用"钢笔工具"和"形状工具"结合进行绘制，将绘制的图形调整为平滑的曲线。

STEP 06 应用"挑选工具"将刚才所绘制的不规则图形都选取，并单击属性栏中的"焊接"按钮，将图形焊接为一个图形。

STEP 07 将焊接后的图形填充为白色，设置轮廓线为无，并复制该图形，填充为深红色，放置到白色图形的底部，并移动到合适位置上。

STEP 08 下面为图标添加上装饰图形。首先应用"椭圆形工具"绘制出多个圆形图形。

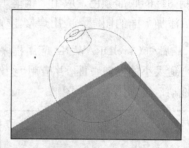

STEP 09 应用"交互式填充工具"将 **STEP 08** 所绘制的图形分别填充上渐变色。

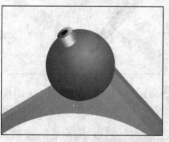

STEP 10 再在圆形图形上绘制不规则的装饰图形，并应用"交互式填充工具"对其填充射线渐变。

STEP 11 与绘制红色装饰图形的方法相同，绘制一个绿色的装饰图形，并缩放到合适大小。

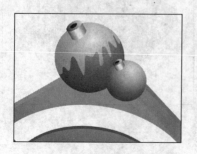

STEP 12 下面为图形添加装饰圆点图形。应用"椭圆形工具"连续在图中拖动绘制图形，并将绘制的图形进行焊接后填充上同样的颜色。

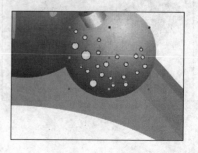

STEP 13 在其余的圆球图形上绘制上具有装饰作用的圆点图形，并分别填充上颜色。

STEP 14 选取所有绘制的圆点图形，将其转换为位图后，应用"高斯模糊"滤镜对其进行编辑，制作成模糊图形效果。

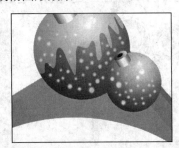

STEP 15 选取前面所绘制的球体图形的外形，将其进行复制后放置到图像中另外的位置上。

STEP 16 应用"交互式透明工具"对复制的球体图形进行编辑，制作成透明效果，完成本实例的操作。

Tip 焊接图形后颜色的变化

　　打开要编辑的图形，应用"挑选工具"选择要焊接的图形，然后单击属性栏中的"焊接"按钮，可以对图形进行焊接，焊接图形后的颜色和后选择的图形颜色相同，先选择橘黄色图形后选择柠檬黄图形，焊接后图形颜色为柠檬黄，而如果先选择柠檬黄图形后选择橘黄色图形，则焊接后图形为橘黄色效果。

选择要焊接的图形　　　　　　　　　　　　焊接后的图形效果

Study 03　对象的运算

Work ② 修剪对象

　　修剪对象是以一个目标对象为参照物，将超出此范围的图形进行修剪，修剪后的图形会沿着参照物形成新的形状，修剪的对象可以为矢量图形也可以为位图，其操作方法基本相同，首先打开所要修剪的图形，并应用"矩形工具"绘制矩形，然后选取所要修剪的圆形图形和矩形图形，单击属性栏中的"修剪"按钮，即可将圆形图形被矩形图形遮住的区域修剪掉，对于其他位置上的图形，也可以按照同样的方法进行修剪，最后得到边缘整齐的图形。

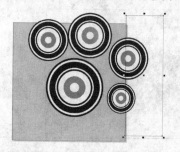

绘制矩形图形　　　　　　　　　　修剪后的图形效果　　　　　　　　　修剪其余图形效果后的效果

Lesson 04　应用修剪对象剪掉多余的图形

CorelDRAW X4矢量绘图从入门到精通（多媒体光盘版）

修剪多余图形是将所选择的图形按照参照物的形状进行修剪，将超出页面边缘的图形剪去，得到边缘对齐的新图形，具体操作是选取所要修剪的图形，并通过修剪按钮来完成该操作，最后将作为参照物的矩形图形删除，具体操作步骤如下。

STEP 01 启动 CorelDRAW X4 应用程序后，按 Ctrl+O 快捷键打开随书光盘"Chapter 05　组合组织和控制对象\素材\19.cdr"图形文件。

STEP 02 然后选取"矩形工具"，应用该工具贴齐右侧边缘进行拖动，绘制一个长方形。

STEP 03 然后将要修剪的瓶子图形和长方形图形同时选取。

STEP 04 单击属性栏中的"修剪"按钮，即可将超出边缘的瓶子图形修剪为整齐的边缘。

STEP 05 用前面所讲述的方法，将超出边缘的文字与标签图形都进行修剪。

STEP 06 然后对瓶子中的细节部分进行编辑，通过修剪图形的方法，将多余的图形修剪掉。

STEP 07 应用"挑选工具"选取右侧的矩形图形，按 Delete 键删除。

STEP 08 用修剪瓶子图形的方法，对多余的梯子图形进行修剪，完成本实例的制作，效果如下图所示。

Study 03　对象的运算

Work **3** 相交对象

相交对象可以得到两个图形相交的中间区域。首先调节两个图形之间要交叉的区域，应用"挑选工具"将两个图形都选取，单击属性栏中的"相交"按钮，即可得到相交后的新图形，新图形可应用"挑选工具"进行移动，颜色和后选择图形的颜色相同。

选择相交的对象　　　　　　相交后的效果　　　　　　移动中间图形

Study 03　对象的运算

Work ❹　简化对象

简化对象是指将图形从目标对象中减去，使图形产生镂空图形效果，对于位图图像，也可以应用简化对象的方法，将一个图像从另外一个图像中减去，得到相减后的新图像。具体操作为应用"挑选工具"将要简化的图形选取，单击属性栏中的"简化"按钮，即可对对象进行简化，删除中间多余的图形可以查看减去部分图形的新图形，简化后的图形颜色不会改变。

选择所要编辑的图形　　　　　　简化后的图形效果　　　　　　删除矩形图形后的效果

Lesson 05　应用简化对象制作条纹图形

CorelDRAW X4矢量绘图从入门到精通（多媒体光盘版）

简化对象的具体制作方法在前面已经进行了详细讲述，本实例绘制图形并将图形从另外一种图形中减去，留出空白区域，重复应用此方法将图形制作成条纹效果，然后应用"交互式填充工具"将所编辑后的图形填充为渐变色，添加上花纹以及文字，组成完整的图形效果，具体操作步骤如下。

STEP 01 启动 CorelDRAW X4 应用程序，创建一个纵向的页面，并应用"矩形工具"绘制一个和页面相同大小的矩形。

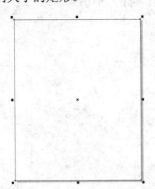

STEP 02 单击工具箱中的"3 点矩形工具"按钮 ，使用该工具在图中拖动，绘制一个倾斜的矩形图形。

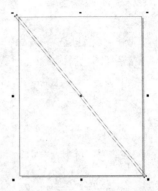

STEP 03 执行"窗口>泊坞窗>变换>位置"菜单命令，打开"变换"泊坞窗，将水平的距离设置为 8.0mm。

STEP 04 **STEP 03** 所示的泊坞窗设置完成后，单击"应用到再制"按钮，可以在右侧生产一个新的同样大小的矩形。

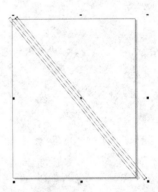

STEP 05 连续单击"应用到再制"按钮，可以在图中形成多个矩形图形，并且图形之间的间距为已设置的间距。

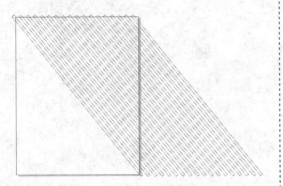

STEP 06 再应用"挑选工具"将最开始绘制的矩形图形选取，对其余位置上的矩形进行编辑。

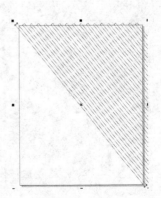

STEP 07 打开"变换"泊坞窗，对参数进行设置，将水平的距离设置为－8.0mm。

STEP 08 在泊坞窗中单击"应用到再制"按钮，在图中左侧创建同样大小的矩形，并且不断单击该按钮添加多个矩形图形。

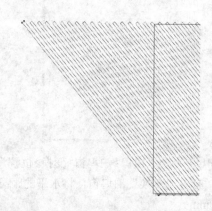

STEP 09 将应用"3 点矩形工具"绘制的矩形和背景中的矩形图形同时选取。

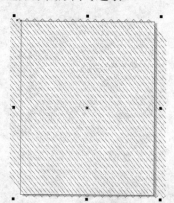

STEP 10 单击属性栏中的"简化"按钮，可以将所选择的矩形从页面图形中减去。

STEP 11 按照 **STEP 10** 所示的方法将其余的矩形图形也从背景中减去，并将矩形删除。

STEP 12 应用"交互式填充工具"为图形添加上渐变色。

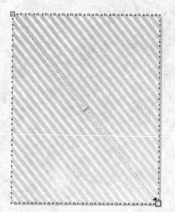

STEP 13 打开随书光盘"Chapter 05　组织和控制对象\素材\22.cdr"图形文件，复制后粘贴到前面所新建的图形窗口中。

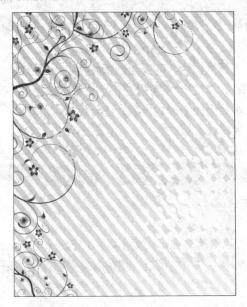

STEP 14 最后为图中添加文字。应用"文本工具"在图中单击输入文字，并将所输入的文字设置需要的字体、大小以及颜色，完成本实例的制作。

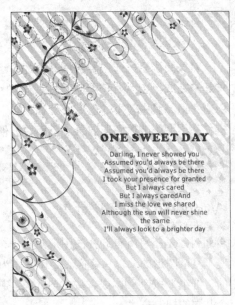

Study　03　对象的运算

Work ⑤　创建围绕选定对象的新对象

创建围绕选定对象的新对象主要是指在所选择图形的周围添加一个新的轮廓，该新生产的轮廓颜色为黑色，对于单个几何图形对象和位图，不能应用该操作进行编辑。当图形要应用该操作时，可以应用"挑选工具"将所要编辑的多个几何图形选取，然后新生成轮廓；对于群组的对象的操作方法为应用"挑选工具"将要编辑的图形选取，并解散群组，然后单击属性栏中的"创建围绕选定对象的新对象"按钮，即可在图形的边缘上新生成一个共同轮廓的图形。可以应用"挑选工具"选取新生成的轮廓，将其进行移动，而且从新生成的图形中可以看出群组对象的外轮廓效果。

选择要编辑的对象

新形成的轮廓

移动后的效果

- Work 1 群组对象
- Work 2 解散群组

对象的群组操作主要包括对象的群组编辑以及解散群组，可以通过属性栏中相对应的按钮来完成，也可以通过直接按快捷键的方法来完成，群组对象可以整体地移动变换图形，以避免遗漏其中较小的图形，而解散群组后可以对单个的图形对象重新进行编辑，这两种操作都不会影响原图形效果，反而更方便对图形的操作。

Study 04 对象的群组操作

Work 1 群组对象

群组对象是指将所有选择的图形组成一个整体，可以对整体图形的大小以及位置进行移动和编辑，便于复杂图形的编辑和变换。具体操作为使用"挑选工具"将所要群组的对象选取，单击属性栏中的"群组"按钮，或者按 Ctrl+G 快捷键将图形进行群组，对于群组的图形，在其外侧会出现一个共同的控制方块。

选择群组的月亮图形

选取群组的所有图形

Lesson
06 应用群组对象将图形进行群组

CorelDRAW X4矢量绘图从入门到精通（多媒体光盘版）

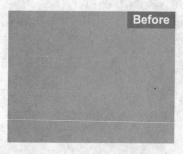

群组对象可以将所有要进行编辑的图形进行编组，并填充为共同的颜色或者轮廓颜色，有助于快速地设置图形的属性，操作过程为应用"挑选工具"将要整体编辑的图形选取，进行群组后，对图形的颜色等进行设置，该实例的具体制作方法如下所示。

STEP 01 启动 CorelDRAW X4 程序后，新建一个合适大小的横向页面，并双击工具箱中的"矩形工具"按钮，创建页面大小的矩形，填充为合适颜色。

STEP 02 下面为图中添加装饰图形。首先绘制雪花图形，应用"钢笔工具"和"椭圆形工具"结合进行绘制，并将所绘制的图形进行焊接。

STEP 03 将所绘制的雪花图形进行复制，再将复制的图形变换到合适大小并调整到合适位置上，然后选取所有图形，单击属性栏中的"群组"按钮。

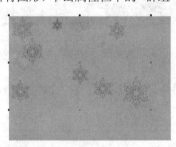

STEP 04 将群组的图形填充颜色为 C:70、M:0、Y:0、K:0，然后单击右侧调色板中的"去除轮廓线"按钮⊠。

STEP 05 应用"椭圆形工具"连续在图中拖动，并通过修剪图形的方法，制作成中间空心的圆环，然后将绘制的圆环图形进行群组。

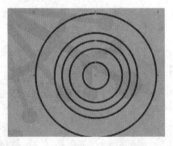

STEP 06 将绘制完成的圆环进行群组，然后用同样的方法在图中绘制出多个圆环，并将所有图形选取后群组，填充为白色后去除轮廓线。

STEP 07 将所绘制完成的圆环图形进行复制，再放置到页面中其余位置上，并旋转其角度。

STEP 08 应用"椭圆形工具"连续地在图中拖动，绘制出多个大小不一的椭圆，并将所有椭圆图形选取后进行群组，填充为白色。

STEP 09 单击工具箱中的"星形工具"按钮，在属性栏中将星形的锐度设置为35，然后在图中绘制五角星，并分别填充上不同颜色。

STEP 10 最后为图形添加文字。应用"文本工具"在图中单击后输入文字，将文字大小设置为80pt，并设置为白色，完成整个图形的制作。

Study 04　对象的群组操作

Work ❷　解散群组

解散群组是指将群组的对象变为单个图形对象，有两种不同的类型，一种为取消群组，另一种为取消全部群组。

01　取消群组

取消群组是指将最后群组后的图形解散，但是在这之前群组的图形需保持群组状态。取消群组时先应用"挑选工具"单击所打开的素材图形，从图中可以看出被选择的图形外框有 8 个控制方块，也就是被选择的图形此时是群组状态，单击属性栏中的"取消群组"按钮，将群组解散，解散群组后可以单击内部以及群组的图形对象进行单独编辑。

选择素材图形

取消群组后的图形

02　取消全部群组

取消全部群组是指将群组的对象全部解散，分散为多个单独个体，可以任意对单个对象进行移动或者编辑等操作。取消全部群组的方法是选取已经全部群组的图形，单击属性栏中的"解散全部群组"按钮，将图形解散为不同的个体对象，这些个体对象可以应用"挑选工具"选取其中任意一个图形，可以对图形的颜色以及轮廓等进行重新编辑，还可以重新移动位置。

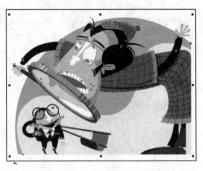

取消全部群组后的图形

选择单个图形

Tip 取消全部群组后移动单个图形

　　取消全部群组后的图形可以单独进行编辑。首先打开取消群组的图形，单击属性栏中的"取消全部群组"按钮，将所有图形变为单个的图形，应用移动工具选取单独的某个图形对象，并移动其位置，不会影响其他的图形。

打开素材图形

解散群组后的图形

移动单个图形

Study
05 结合与拆分

- Work 1 结合对象
- Work 2 拆分对象

　　结合对象是将所选择的图形进行组合，位图图像不能进行结合，只能将矢量图形进行结合，结合后对象的颜色等会发生变化；拆分是结合的相反操作，将结合后的对象拆分为原来未结合时的多个图形，但是颜色不会发生变化。

Study 05 结合与拆分

Work 1 结合对象

　　结合对象的操作方法是应用"挑选工具"选取多个要结合的对象，再单击属性栏中的"结合"

按钮█。可以将两个图形都填充为一种颜色，而且颜色和后选择图形的颜色相同，相交部分区域变为白色，新轮廓为两个图形轮廓的总和。

选择要结合的图形

结合后的图形效果

Study 05　结合与拆分

Work ❷　拆分对象

拆分对象是将结合后的图形还原，如果结合时所选择的图形为3个，拆分后的图形对象同样也为3个，图形颜色和结合时的颜色相同。拆分对象的方法是选择结合后的图形，单击属性栏中的"打散"按钮█，即可将图形进行拆分，拆分后的图形可应用"挑选工具"选取其中任意图形进行移动。

拆分后的图形

移动选择的图形

Study
06　锁定对象

　　● Work 1　锁定对象
　　● Work 2　解除锁定对象

　　锁定对象后，则不能对图形的属性、位置以及颜色等再进行编辑，可以通过解除锁定的方法重新选取图形，再对该图形进行编辑。

Study 06　锁定对象

Work ❶　锁定对象

锁定对象是将不需要编辑的图形选取后进行锁定，锁定后的图形对象不能移动也不能进行其他操作，所以锁定对象常用于暂时不被编辑的图形对象。操作方法是选择所要锁定的图形，右击鼠标打开快捷菜单，选择"锁定对象"命令，锁定后的图形周围会出现 8 个锁型图标，表示该图形已被锁定。

选择菜单命令

锁定后的图形效果

应用"挑选工具"可以对未被锁定的对象进行移动、将图形位置进行变换、脱离页面位置，还可以按 Delete 键将未锁定的对象删除，此时页面中将只会剩下已锁定的对象，图形的周围会显示出清晰的锁形图标。

拖动未锁定的对象

删除其余图形

Study 06 锁定对象

Work 2 解除锁定对象

解除锁定对象是针对锁定对象的操作，应用解除锁定后可以重新对图形进行编辑，其操作为选择锁定的图形对象，右击鼠标，在弹出的菜单中选择"解除锁定对象"菜单命令，即可解除锁定，解除锁定后可以应用"挑选工具"选取解除锁定的对象，将图形的位置进行移动。

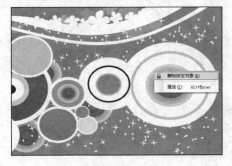

选择菜单命令

移动解除锁定的对象

Chapter 06

对象的基本编辑

CorelDRAW X4 矢量绘图从入门到精通（多媒体光盘版）

本章重点知识

Study 01　对象的常规操作

Study 02　仿制和再制对象

Study 03　撤销、重做与重复

Study 04　插入对象

Study 05　图形轮廓的设置

本章视频路径

DVD

Chapter 06\Study 02　仿制和再制对象
- Lesson 01　应用再制对象制作图形背景.swf
- Lesson 02　应用复制属性为图形填充色彩.swf

Chapter 06\Study 03　撤销、重做与重复
- Lesson 03　将图形效果返回到上一步.swf

Chapter 06\Study 04　插入对象
- Lesson 04　添加封面上的条形码.swf

Chapter 06\Study 05　图形轮廓的设置
- Lesson 05　制作多种轮廓的图形.swf

Chapter 06 对象的基本编辑

本章主要介绍对象的常规操作，仿制和再制对象，撤销、重做与重复，插入对象，图形轮廓的设置等内容。

知识要点 01 选择对象

选择对象的主要操作为使用"挑选工具"选择图形，可以将所有的图形都选取，也可以按 Ctrl+A 快捷键选取所有图形。选择单个的图形时，要应用"挑选工具"在所要选择的图形上单击，被选择图形的周围将会出现控制方块，表示该图形已经被选择。

选择所有对象

选择单个对象

知识要点 02 再制选择的图形

再制选择的图形是指将所选择的图形进行位置、角度、大小等的变换。首先打开要编辑的素材图形，然后将"变换"泊坞窗打开，在泊坞窗中设置所要设置的相关参数，以变换位置为例，将水平数值设置为 20mm，设置完成后单击"应用到再制"按钮，在所设置的位置上将会出现与一个原图形相同的新图形，除了图形的位置有少许的移动外，图形的效果大小等都没有变化。

打开再制的图形

"变换"泊坞窗

再制后的图形

Study
01 对象的常规操作

- Work 1 选择对象
- Work 2 调整对象大小

- Work 3 缩放和旋转对象

> 对象的常规操作是指对图形位置、大小、旋转角度等的基本设置，应用这些操作可以对图形基本的大小位置进行变换，但是不会影响图形的填充效果等内容。选择对象是所有操作的基础，要对图形进行操作，首先要做的就是选取图形，而图形大小可以通过使用拖动鼠标的方法来完成，缩放和旋转图形可以通过使用鼠标编辑对象的对角来实现。

Study 01 对象的常规操作

Work 1 选择对象

选择对象是图形编辑的基础，要对一个图形进行操作，首先要将其选取，主要通过"挑选工具"来完成，选择对象有选择全部图形、选取单独对象以及取消选择对象3种方式。

01 选择全部对象

选择全部对象可以应用"挑选工具"在图中拖动将所有的图形选中，也可以按 Ctrl+A 快捷键将图形全部选取，还可以双击工具箱中的"挑选工具"按钮 将所有图形选取。

打开素材图形

选择全部图形

02 选择单独对象

选择单独的对象时可以不用框选所要选择的对象，直接应用"挑选工具"在要选择的图形对象上单击即可，要更改另外的选择对象，可以应用鼠标单击其他的图形。

选择左边的人物图形

选择右边的人物图形

03　取消选取对象

取消选取对象主要指的是不选择图像窗口中的任何图形，对于已经选取的图形可以通过单击空白区域来取消选取，原来出现的控制框随之消失。

选择全部图形

取消选择后的图形

> Study 01　对象的常规操作

Work ❷　调整对象大小

调整对象大小是指将所选取的图形变大或者缩小，可以按照缩放后的效果将其分为按照等比例调整大小和任意调整图形大小，这两种效果的区别在于前一种将图形缩小后不会产生变形，而后一种调整后的图形将会产生变形。

01　等比例调整大小

等比例调整大小主要的特点是不会影响图形的效果，只会将图形的大小进行变化。应用鼠标放置在控制边框的对角点上，向内或者向外进行拖动，向内拖动可以将图形变小，向外拖动可以将图形效果变大。

调整图形

变大后的图形

02 任意调整对象大小

任意调整对象大小也是通过鼠标来进行编辑，使用鼠标在控制边缘的中间位置将图形向内进行拖动，可以产生变形后缩小的图形效果，从图中可以看出编辑后人物图形比例产生扭曲。

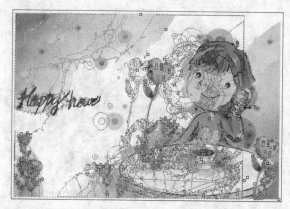

拖动中间的节点

设置后的图形效果

Study 01 对象的常规操作

Work 3 缩放和旋转对象

缩放对象的主要作用是将所选择的图形按照等比例的方法进行缩小或者变大，而旋转对象则是将所选择的对象按照所设置的角度进行任意地旋转，旋转后的图形位置就是所设置的角度，但是旋转图形对图形本身没有影响。

01 缩放对象

缩放对象是将所选择的图形按照比例进行变大或者变小，按住 Shift 键和鼠标左键并同时将选择点向内部进行拖动，即可将图形向内部进行缩放，也可以向外部进行拖动，产生等比变大的效果。

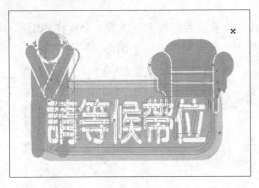

将图形向中间拖动

调整后的图形效果

02 旋转对象

旋转对象就是将所选择的图形按照设置的角度进行旋转。将所要旋转的图形选取，单击图形的中心点，形成旋转的箭头，在属性栏中直接输入选择的角度40°，然后可以看到旋转角度后的图形效果。

打开素材图形

旋转40°后的图形效果

Study
02 仿制和再制对象

● Work 1　复制对象　　　　● Work 3　复制属性
● Work 2　再制对象

仿制和再制对象是指对所选择的图形进行复制和变换，得到经过编辑后的新图形，但是图形改变的效果并不明显。常见的有复制对象、再制对象以及复制属性等3个操作，其中最主要的是再制对象，通过打开"变换"泊坞窗对所选择的图形进行位置等的编辑和调整，可节省单独操作图形的时间。

💡 知识要点　"变换"泊坞窗

执行"窗口>泊坞窗>变换>位置"菜单命令，将会弹出"变换"泊坞窗，"变换"泊坞窗的主要作用是对图形进行位置、角度等的调整，还可以在其余位置或者角度上新生成一个同样的图形，并按照所设置的距离或者角度等进行排列，连续应用此方法可以制作出多个图形。

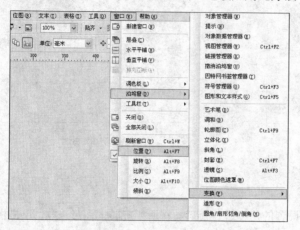

执行菜单命令

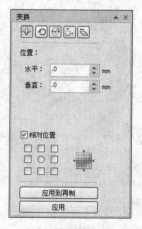

"变换"泊坞窗

01　变换位置

　　变换位置是指将所选择的图形再制或者移动到其他位置上，图形的基本属性不发生变化，移动时按照水平位置或者垂直位置进行移动。首先应用"挑选工具"选择所要编辑的图形，打开"变换"泊坞窗，将水平位置设置为40mm，设置后单击"应用到再制"按钮，在原图形的右侧将出现一个移动一定位置的图形。

选择要编辑的图形

"变换"泊坞窗

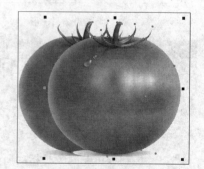

调整位置后的图形

02　旋转变换

　　旋转变换指的是将图形旋转指定的角度，可以单独对指定的图形进行旋转，也可以旋转并再制所选择的图形。选择要旋转的图形，打开"变换"泊坞窗，单击"旋转"按钮，可以设置与旋转相关的选项，将角度设置为40°，单击"应用到再制"按钮，可以在原图形的上方新建一个旋转所设置角度的图形，也可以单独对图形进行旋转，设置所需的角度后单击"应用"按钮即可。

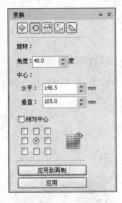

设置选择的角度

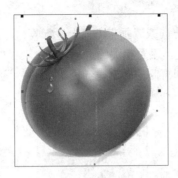

再制旋转的图形

旋转单独的图形

03　缩放和镜像

缩放图形可以将原本正常显示的图形通过变换后得到按照等比例或不按照等比例变换的图形。选取所要编辑的图形，打开"变换"泊坞窗，单击"缩放和镜像"按钮，设置相应的炫色，将"水平"设置为50%，完成后单击"应用到再制"按钮，得到水平位置缩放后的效果，如果同时将水平和垂直都设置为50°，则可以得到等比例缩放的新图形。

设置变换的数值

变换后的图形

等比例缩放后的图形

镜像图形也可以在"变换"泊坞窗内实现，镜像后可以得到向水平位置或者垂直位置翻转的新图形。首先选择要镜像的图形，并在"变换"泊坞窗中单击　按钮，可以得到在水平位置上翻转后的图形，如果单击　按钮，则会得到在垂直方向上翻转后的图形。

选择打开的图形

水平镜像后的图形

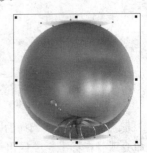

垂直镜像后的图形

04 变换大小

变换大小是指将图形在水平方向或者垂直方向上进行收缩，得到变换后的新图形。在"变换"泊坞窗中单击"变换大小"按钮，设置相关的选项，将"水平"的大小设置为100mm，单击"应用到再制"按钮，可以在图中看到再制的图形已经设置了水平方向上的长度。

选择变换大小

选项设置

变换的水平位置

05 倾斜变换

倾斜变换是指将所选择的图形按照水平和垂直方向进行倾斜，输入的数值指定了倾斜的度数。打开"变换"泊坞窗，并将"水平"的度数设置为20°，然后单击"应用到再制"按钮，得到向左边倾斜的图形，如果"垂直"的度数设置为20°，则得到向右倾斜的图形。

设置倾斜的数值

水平倾斜后的数值

垂直倾斜后的图形

Study 02 仿制和再制对象

Work 1 复制对象

复制对象是指将所选择的图形通过复制的方法复制出同样的图形效果，可以通过编辑菜单中的相关命令或者在标准栏中使用相应的按钮来复制对象。首先应用"挑选工具"将要编辑的图形选取，单击标准栏中的"复制"按钮，然后单击标准栏中的"粘贴"按钮，在原图形的位置上将会粘贴上一个同样大小的图形，可将所复制的新图形位置进行旋转和编辑，放置到页面中合适的位置上。继续应用同样的方法可复制出更多的图形，并排列成合适形状。

选择复制的对象

将复制对象进行移动

设置完成后的图像效果

Study 02　仿制和再制对象

Work ② 再制对象

再制对象是通过打开"变换"泊坞窗在所设置的位置上显示出另外相同的图形，主要是对图形的位置或角度等进行编辑。具体操作为应用"挑选工具"选择要再制的对象，打开"变换"泊坞窗，将"水平"距离设置为−20mm，将"垂直"距离设置为 50mm，设置完成后单击"应用到再制"按钮，可以在图中显示出再制的新图像。

选择要再制的对象

设置水平和垂直的距离

再制后的图形效果

Lesson 01　应用再制对象制作图形背景

CorelDRAW X4矢量绘图从入门到精通（多媒体光盘版）

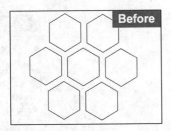

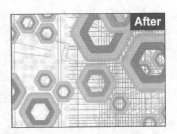

使用再制对象的方法可以制作多个相同大小、属性的图形，应用这些特点可以制作出由相同图

形所组成的背景图形。首先绘制出单个图形，通过变换的方法制作出整体图形，然后布满整个画面，最后添加上图形效果中的线条和主体图形，具体操作步骤如下。

STEP 01 启动 CorelDRAW X4 应用程序后，创建一个空白的页面文件，并应用"多边形工具"在图中绘制一个六边形。

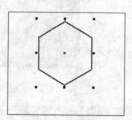

STEP 02 按＋键将所绘制的图形进行复制，并应用"挑选工具"将复制的图形放置到另外的位置上。

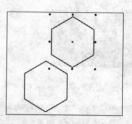

STEP 03 双击所选择的多边形，并将中间的中心点向另外一个多边形上进行移动，打开"变换"泊坞窗，将"角度"设置为60°，然后单击"应用到再制"按钮。

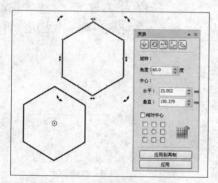

STEP 04 执行 **STEP 03** 的操作后可以将所选择的图形位置进行变换。

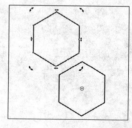

STEP 05 连续单击"应用到再制"按钮，可以在图中添加上多个相同的多边形。

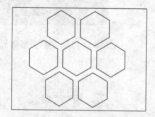

STEP 06 分别选取各个多边形将其填充上合适的颜色。

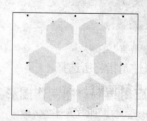

STEP 07 将填充后的图形都选取，并按 Ctrl+G 快捷键进行群组，然后打开"变换"泊坞窗，将"水平"设置为40mm，单击"应用到再制"按钮，可以再制一个相同的图形。

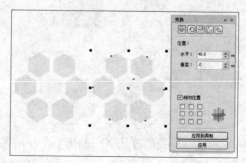

STEP 08 连续应用多次"变换"泊坞窗在页面中再制出多个组合多边形，并排列各个图形的位置。

STEP 10 下面为图中添加多边形镂空图形。应用"钢笔工具"和"形状工具"结合进行绘制，并通过修剪的方法制作出层叠的圆环效果。

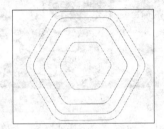

STEP 12 将填充后的图形都选取，去除轮廓线，并应用修剪图形的方法，将超出页面边缘的图形修剪掉，完成实例的制作。

STEP 09 应用"钢笔工具"随意地在图中拖动，绘制出垂直、水平以及杂乱的线条，并分别设置上不同的轮廓颜色。

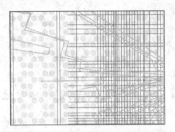

STEP 11 分别选取所绘制的图形，填充上不同的颜色，并将所填充的图形进行复制和变换，放置到页面中合适的位置上。

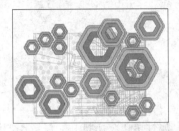

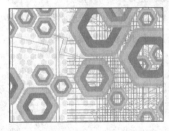

Study 02　仿制和再制对象

Work 3　复制属性

复制属性是指将所选择的图形填充为和目标对象相同的颜色、轮廓等，对于文字对象，则可以应用目标文字对象的颜色、字体以及大小等。复制属性主要在"复制属性"对话框中完成，执行"编辑>复制属性自…"菜单命令，即可将该对话框打开，勾选不同的复选框可以复制不同的属性，如下图所示。

"复制属性"对话框

① 轮廓笔	勾选"轮廓笔"复选框后可以将所选择的图形轮廓设置为与目标对象相同的轮廓样式和宽度
② 轮廓色	勾选"轮廓色"复选框后可以将所选择的图形轮廓设置为和目标对象相同的轮廓颜色
③ 填充	勾选"填充"复选框后可以将所选择的图形填充为和目标对象相同的颜色
④ 文本属性	勾选"文本属性"复选框可以将所选择的文字属性设置为和目标文字的一样，包括文字的颜色和字体

Lesson
02　　应用复制属性为图形填充色彩

CorelDRAW X4矢量绘图从入门到精通（多媒体光盘版）

　　复制属性可以将所打开的任意图形属性应用到目标对象中，包括颜色、轮廓等，本实例就是应用这一特性将所打开的图形应用目标对象中的颜色，将图形的各个部分填充上不同的颜色，完成图形的填色，具体操作步骤如下。

STEP 01 首先打开随书光盘"Chapter 06　对象的基本编辑\素材\10.cdr、11.cdr"图形文件。

STEP 02 应用"挑选工具"选取所要填充的图形，从图中可以看出该图形未被填充颜色，轮廓为黑色。

STEP 03 将素材文件夹中的图形 11.cdr 复制到 10.cdr 的图形窗口中，然后选取星形图形，执行"编辑>复制属性自..."菜单命令，打开"复制属性"对话框。

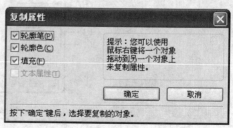

STEP 04 在对话框中勾选"轮廓笔"、"轮廓色"和"填充"复选框，鼠标将会变为黑色箭头，用箭头指向粘贴的图形的红色区域。

STEP 06 应用填充复制属性的方法，将其余位置上红色图形也填充上颜色。

STEP 08 将蓝色的图形区域也填充上前面粘贴后的图形上的相同颜色。

STEP 10 选取中间的未填充区域，分别应用复制属性的方法填充上另外的颜色，完成实例制作。

STEP 05 执行 **STEP 04** 的操作后可以将所选择的星形图形填充为和目标对象相同的颜色，并且轮廓线消失不见。

STEP 07 下面将其余纯黄的颜色图形也通过复制属性的方法填充上颜色。

STEP 09 然后选取人物的外形图形，应用复制属性的方法将其填充为黑色。

Study

03 撤销、重做与重复

- Work 1　撤销、重做和重复动作
- Work 2　自定义撤销

撤销、重做与重复都是针对图形所做的基础操作，撤销与重做是指在绘制图形时将操作的步骤向前或者向后调整，并重做图形效果；重复动作可以有效地节省时间，对于已经应用过的动作，可以应用重复动作的方法反复对图形进行编辑。

Study 03　撤销、重做与重复

Work 1　撤销、重做和重复动作

撤销可以将图形返回到上一步的操作，如果持续应用此操作，可以将图形返回到最原始的状态，即未编辑时的状态。重做是将已经撤销的操作进行取消，将制作的效果留在图像窗口中。在学习时要体会这两种操作的不同。

01　撤销

撤销是指返回刚才对图形所做的操作，下面简单叙述一下撤销命令的基本操作。首先应用"挑选工具"将要删除的图形选取，按 Delete 键将其删除，然后单击标准栏中的"撤销"按钮，在弹出的选项中单击删除图形时的操作，即可将图形返回到选择图形时的状态，已被删除的图形将重新显示出来。

选择相应的操作

撤销后的操作

Tip　撤销多步操作

撤销多步操作可以通过打开撤销选项来进行设置，以绘制图形为例，应用所选择的"星形工具"连续在图中拖动，绘制出多个图形，然后打开撤销选项区域，使用鼠标单击所要返回时的操作，如果单击最开始创建图形的操作，可以将图形窗口返回到最开始的状态。

（续上）

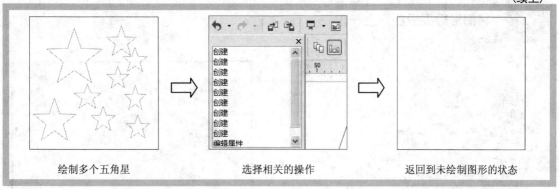

| 绘制多个五角星 | 选择相关的操作 | 返回到未绘制图形的状态 |

02 重做

重做是将返回所撤销的相关操作，在前面已经返回删除后的图形，可以通过重做的方法再次将所选择的图形进行删除，单击标准栏中的"重做"按钮，在弹出的选项中单击需要重做的选项，即可返回到删除后的图形效果。

选择要进行的操作

调整后的图形

03 重复动作

重复动作就是将所记录的动作重复进行操作，可以连续对图形进行编辑和操作，以前面以及删除图形的效果为例，应用"挑选工具"重新选取一个要删除的图形，然后执行"编辑>重复删除"菜单命令，即可将新选择的图形删除，此处的重复动作已经记录了删除图形的操作，所以可以重复进行使用，还可以选取另外的图形，执行相同的菜单命令，将不需要的图形删除。

执行菜单命令

重复动作后的效果

　　将图形效果返回到上一步主要用于对本步制作的图形效果不满意的情况时，所有图形效果均可返回到前一步。在本实例中，首先对图形效果进行编辑，然后添加轮廓图形，制作轮廓颜色，如果对添加的轮廓颜色不满意，可以返回到前一步，只留下图形的轮廓，具体制作步骤如下。

STEP 01 启动 CorelDRAW X4 应用程序后，打开随书光盘 "Chapter 06 对象的基本编辑\素材\14.cdr" 图形文件。

STEP 02 应用 "矩形工具" 在图中拖动，绘制一个合适大小的矩形。

STEP 03 将图形轮廓的宽度设置为 2.0mm，设置后可以从图中看出轮廓变宽。

STEP 04 然后单击右侧调色板中的蓝色色标，将轮廓颜色设置为深蓝色。

STEP 05 打开撤销选项区，单击所设置轮廓时的操作"笔/轮廓"命令，将图形返回一步。

STEP 06 设置后，图形效果返回到未设置轮廓时的效果，完成该实例的制作。

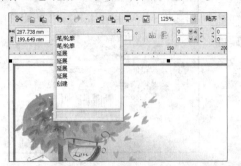

Study 03 撤销、重做与重复

Work ② 自定义撤销

自定义撤销是根据需要自己选择所要返回的操作，在撤销选项区中可以看出有多种相关的操作，单击要返回的操作，即可将图形返回到未编辑时的状态。

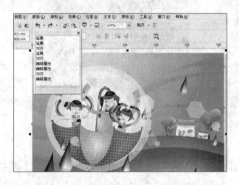

选择相关操作

返回到最开始的状态

Study 04 插入对象

- Work 1 插入条形码
- Work 2 插入新对象

插入对象是指在图像窗口中添加上其他程序的图标或者图形，以丰富画面效果，最主要的内容包括插入条形码和插入新对象，插入条形码是指为所制作的图形添加上不同行业的条形码，对商品进行区别。

Study 04 插入对象

Work ① 插入条形码

条形码技术是在计算机应用和实践中产生并发展起来的一种广泛应用于商业、邮政、图书管理、仓储、工业生产过程控制、交通等领域的自动识别技术，具有输入速度快、准确度高、成本低、可靠性强等优点，在当今的自动识别技术中占有重要的地位，鉴于条形码的重要作用，在 CorelDRAW X4 中可以通过插入条形码的方法，在图形中添加上条形码，此操作主要通过打开"条码向导"对话框进行设置。

"条码向导"对话框

Lesson
04 添加封面上的条形码

CorelDRAW X4矢量绘图从入门到精通（多媒体光盘版）

条形码的添加是通过"条码向导"对话框来完成的，本实例将为杂志封面添加条形码。主要操作方法为首先将创建的新文件制作人物图像和文字的组合，制作成完整的杂志封面，然后为制作的封面添加出版后便于识别的条形码，主要通过"条码向导"中的相关提示来完成设置，具体操作步骤如下。

STEP 01 创建一个新的图形文件，并使用"矩形工具"绘制一个和页面大小相同的矩形。

STEP 02 导入随书光盘"Chapter 06 对象的基本编辑\素材\15.jpg"图形文件。

STEP 03 应用图框精确剪裁的方法将人物图像放置到所绘制的矩形中。

STEP 05 应用"文本工具"在图中单击后输入文字，并分别设置为不同的颜色和大小，为封面图形添加说明文字。

STEP 07 下面添加条形码。执行"编辑>插入条形码"菜单命令，打开"条码向导"对话框，选择所添加条形码的行业以及条码上的数值。

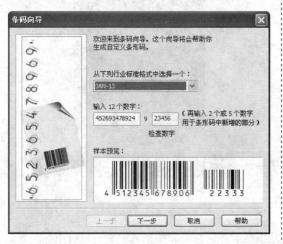

STEP 04 为封面添加主题，将所输入的文字设置为较大的字体，并设置为所需的颜色。

STEP 06 继续应用相同的方法在图中单击后输入文字，将输入的文字设置为所需的颜色和大小。

STEP 08 设置完成后，单击"下一步"按钮，可对条码的粗细等参数进行设置，并预览样本的效果。

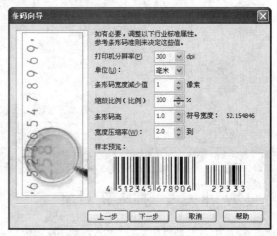

STEP 09 继续在"条码向导"对话框中设置参数，如下图所示。

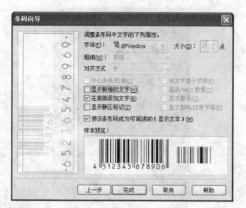

STEP 11 选取所添加的条形码，将其变换到合适大小，放置到页面底部的左侧位置上。

STEP 13 最后将所绘制的心形图形分别填充上颜色后放置到页面中合适的位置上，完成本实例的制作。

STEP 10 设置完成后单击"完成"按钮，即可在页面中添加上所设置的条形码。

STEP 12 应用工具箱中的"基本形状工具"在图中绘制出心形图形，并将所绘制的图形放置到不同位置上。

Study 04　插入对象

Work ❷　插入新对象

插入新对象是指在CorelDRAW X4窗口中显示出其他程序，可以将所插入的新对象以图标的方式在窗口中显示出来，具体操作为首先执行"编辑>插入新对象"菜单命令，打开"插入新对象"对话框，在对话框中选择所要插入的对象名称，或者选中"由文件创建"单选按钮，选择创建文件的路径。

选择插入的新对象 选择创建文件的路径

在"插入新对象"对话框中可以将另外存储的文件导入，选中"由文件创建"单选按钮后，可以选择要创建文件的路径。勾选对话框中的"显示为图标"复选框后，单击"更改图标"按钮，可以打开"更改图标"对话框，对添加的图标进行重新设置。

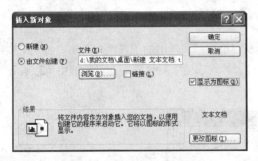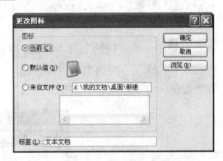

勾选"显示为图标"复选框 更改图标

Study 05 图形轮廓的设置

> Work 1 轮廓工具组 　　　　Work 3 "轮廓色"对话框
> Work 2 "轮廓笔"对话框

图形轮廓的设置主要包括 3 个方面，分别为图形轮廓样式的设置、轮廓宽度的设置以及轮廓颜色的设置。在 CorelDRAW X4 中可以通过打开"轮廓笔"对话框来对轮廓的样式以及颜色等进行设置，而且"轮廓色"对话框也可以用于设置图形的轮廓颜色。

Study 05 图形轮廓的设置

Work 1 轮廓工具组

轮廓工具组中包含了多种对图形轮廓的操作，单击工具箱中的"轮廓工具"按钮 ，然后按住鼠标左键不放，即可弹出该工具组中的其他工具，其中包括设置画笔和颜色的相关工具，也可以直接选择设置宽度的工具，如下图所示。

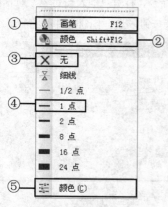

轮廓工具组的选项

① 画笔 🖉	可以打开"轮廓笔"对话框对图形的轮廓进行编辑
② 颜色 🖫	可以打开"轮廓色"设置图形轮廓的颜色
③ 无 ✕	去除所选择图层的轮廓
④ 1点	将图形轮廓设置为1点的细线
⑤ 颜色 🗒	可以打开"颜色"泊坞窗

Study 05　图形轮廓的设置

Work 2　"轮廓笔"对话框

在工具箱中单击"轮廓工具"按钮，并按住鼠标左键不放，在弹出的工具组中单击"画笔"按钮🖉，可打开"轮廓笔"对话框，也可以通过按F12键打开"轮廓笔"对话框，在对话框中可以设置图形轮廓的颜色、宽度以及样式等。

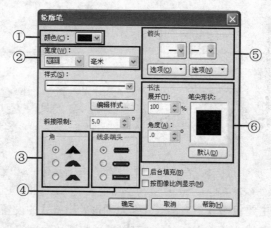

"轮廓笔"对话框

① 颜色	颜色用于设置轮廓的纯色，可以通过单击"颜色"下拉列表框右侧的下三角按钮∨来选择系统自带的颜色，也可以自定义新的颜色
② 宽度	宽度用于设置图形轮廓的宽度，可直接通过设置数值的方法进行编辑
③ 角	角用于设置轮廓节点处的形状，有3种选项可供选择
④ 线条端头	线条端头用于设置线条的起始端点样式，有3种选项可供选择
⑤ 箭头	箭头用于为所绘制的线条的末端或者起始处添加上箭头图形，可以选择任意所需的箭头形状
⑥ 书法	书法主要用于将轮廓设置为书法效果，并对笔尖的形状重新进行设置

Work ❸　"轮廓色"对话框

　　"轮廓色"对话框主要用于对轮廓设置颜色，但所选择的图形必须已经添加上图形轮廓，这样才能应用"轮廓色"对话框重新对轮廓的颜色进行设置，如果图形没有轮廓，则不能用"轮廓色"对话框对轮廓颜色进行设置。首先选取要设置的图形，从图中看出选择图形的轮廓颜色为黑色，然后打开"轮廓色"对话框，对颜色进行重新设置，设置为 C:100、M:66、Y:16、K:24，设置完成后单击"确定"按钮，即可从图形效果中看到设置轮廓色后的效果。

选择所要编辑的图形

"轮廓色"对话框

设置轮廓颜色后的效果

Lesson 05　制作多种轮廓的图形

CorelDRAW X4矢量绘图从入门到精通（多媒体光盘版）

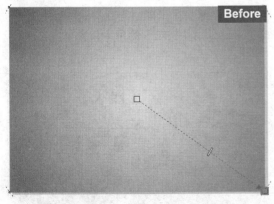
Before

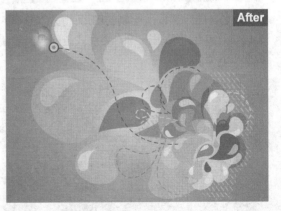
After

　　制作轮廓图形主要应用设置轮廓的"轮廓笔"对话框，通过绘制线条或者图形的工具在页面中的合适位置绘制图形，然后对图形轮廓的颜色、样式等进行设置，制作出各种样式和颜色的图形轮廓，具体的操作步骤如下。

STEP 01 首先创建一个新的图形窗口，并绘制和页面大小相同的矩形，应用"交互式填充工具"为其填充上射线渐变。

STEP 02 应用"钢笔工具"和"形状工具"结合绘制出弯曲的图形。

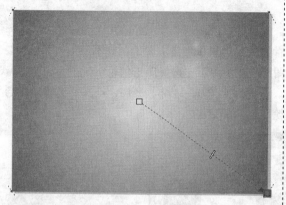

STEP 03 将所绘制的图形分别填充上不同的颜色，再绘制出更多的图形。

STEP 04 继续应用"挑选工具"选取所绘制的图形，分别为其填充上不同的颜色。

STEP 05 同时选取所绘制的图形，按 Ctrl+G 快捷键进行群组，然后应用"交互式透明工具"将透明度设置为 30。

STEP 06 继续在图形中绘制其他位置上弯曲的图形，并分别变换图形的角度和大小。

STEP 07 分别选取**STEP 06**所绘制的图形，将其填充上不同的颜色，放置到页面中合适的位置上。

STEP 09 焊接**STEP 08**步所绘制的图形，然后绘制中间的线条图形，应用图框精确剪裁的方法，将绘制的线条放置到焊接的椭圆图形中。

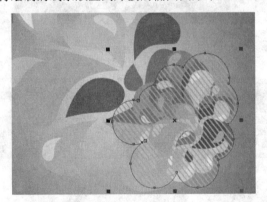

STEP 11 设置完成后单击"确定"按钮，并将焊接的椭圆图形的轮廓线去除。

STEP 08 下面为页面中添加椭圆图形。选取"椭圆形工具"在图中连续拖动，绘制出多个椭圆图形。

STEP 10 按 F12 键打开"轮廓笔"对话框，在对话框中设置需要的轮廓宽度及样式。

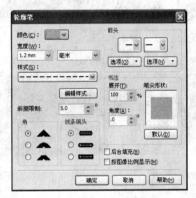

STEP 12 继续用"钢笔工具"在图形中其余位置上绘制线条，分别将线条设置为不同的颜色和样式，完成本实例的操作。

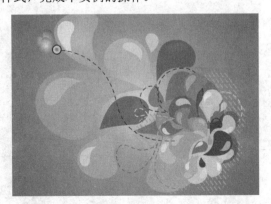

Chapter 07

图形的高级编辑

CorelDRAW X4 矢量绘图从入门到精通（多媒体光盘版）

本章重点知识

Study 01　形状工具组　　　　　Study 03　裁剪工具组

Study 02　节点的编辑　　　　　Study 04　封套工具

本章视频路径

DVD

Chapter 07\Study 01　形状工具组
- Lesson 01　应用"形状工具"制作花纹图形.swf
- Lesson 02　应用"涂抹笔刷"工具制作镂空图形.swf

Chapter 07\Study 02　节点的编辑
- Lesson 03　应用编辑节点绘制复杂的图形.swf

Chapter 07\Study 03　裁剪工具组
- Lesson 04　应用"裁剪工具"制作壁纸图像效果.swf
- Lesson 05　应用擦除工具擦除多余图形.swf

Chapter 07\Study 04　封套工具
- Lesson 06　应用"封套工具"制作弯曲的文字.swf

Chapter 07　图形的高级编辑

　　使用图形的高级编辑可对图形轮廓进一步延伸，通过变换和设置将其制作成复杂的轮廓图形。本章主要学习形状工具组的应用、节点的编辑、裁剪工具组和封套工具，从工具的用途上来说，形状工具组会被经常使用，可以应用该工具组中的工具对图形轮廓进行编辑，而节点的编辑是图形调整时的基础，应该将其作为学习的重点。

💡 知识要点　编辑图形形状

　　对图形形状的编辑主要是通过设置图形的节点来完成，应用"形状工具"选取所要编辑的节点后，应用属性栏中的相关操作，对节点进行编辑，如果所选择的图形为曲线，可以单击"转换曲线为直线"按钮，将曲线转换为直线，然后制作出直线边缘的图形效果。

选择编辑的节点

设置为直线后的效果

设置另外的节点

Study

01　形状工具组

- Work 1　形状工具
- Work 2　涂抹笔刷
- Work 3　粗糙笔刷
- Work 4　变换工具

　　形状工具组中包含有 4 种工具，这些工具都可以对图形进行编辑，使图形的轮廓、形状等发生巨大的变化，分别为"形状工具"、"涂抹笔刷"、"粗糙笔刷"和"变换工具"。其中"形状工具"和"变换工具"可以对位图图像进行编辑，但是"涂抹笔刷"工具和"粗糙笔刷"工具则不能对位图图像进行编辑。

Study 01　形状工具组

Work 1　形状工具

　　形状工具的主要作用是对绘制的图形进行形状和轮廓等的编辑和调整，该工具不仅可以应用于矢量图形，还可以对位图的形状进行编辑和调整，应用形状工具编辑未转换为曲线的图形时可以直接对其轮廓进行设置，选取所绘制的矩形图形，然后应用形状工具按住鼠标左键拖动图形的边缘，即可将图形变为有弧度的图形。

选择绘制的矩形 应用"形状工具"拖动边缘 调整后的图形效果

Lesson 01 应用"形状工具"制作花纹图形

CorelDRAW X4矢量绘图从入门到精通（多媒体光盘版）

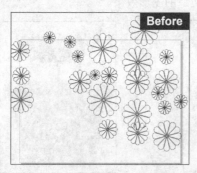

　　形状工具的主要作用是可以任意调整图形的形状，将图形在直线和曲线中进行设置。本实例通过变换的方法制作出完整的花瓣图形，分别将所绘制的花瓣选取后填充上颜色，在绘制心形和线条图形时也应用同样的方法，对绘制的线条和图形应用形状工具进行编辑，得到弯曲的图形和形状，具体操作如下所述。

STEP 01 首先启动 CorelDRAW X4 应用程序，创建一个新的空白文档，使用"钢笔工具"在图中拖动绘制一个不规则三角形。

STEP 02 然后选取"形状工具"，应用该工具在顶部的边缘上单击将曲线转换为可执行状态，并将图形调整为弯曲的图形。

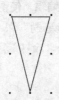

STEP 03 将图形的旋转中心点设置到图形的底部位置，打开"变换"泊坞窗将旋转的角度设置为30°，单击"应用到再制"按钮，在图中添加上多个花瓣形状。

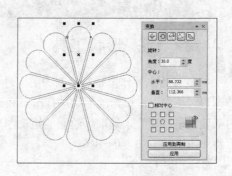

STEP 04 选取绘制的花瓣图形，单击属性栏中的"焊接"按钮，然后将制作的图形进行复制，放置到页面中其余位置上，并变换为不同的大小。

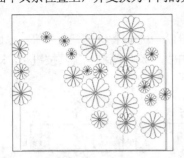

STEP 05 双击工具箱中的"矩形工具"按钮□，创建和页面相同大小的矩形，并应用"交互式网状填充工具"将其填充上合适的颜色。

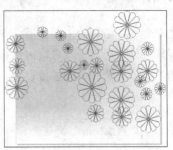

STEP 06 应用修剪图形的方法在图中绘制多个矩形图形，对花瓣图形进行修剪，使所有的花瓣图形都在页面中。

STEP 07 导入随书光盘"Chapter 07 图形的高级编辑\素材\3.psd"图形文件，调整大小后放置到和页面底部平行的位置上。

STEP 08 分别应用"挑选工具"选取前面所绘制的花瓣图形，并为其填充上所需的颜色。

STEP 09 应用"贝塞尔工具"继续为页面中添加其他花纹图形，绘制形状后，应用"形状工具"对图形进行编辑，调整为弯曲的形状。

STEP 10 分别选取 **STEP 09** 所绘制的图形，打开"颜色"泊坞窗填充上颜色，然后应用"文本工具"在图中单击并输入文字，再将输入的文字设置为需要的字体、大小和颜色，完成本实例的绘制。

Work ② 涂抹笔刷

"涂抹笔刷"工具的主要作用是在图形中间通过拖动的方法形成特殊的镂空效果，并且可以将图形的轮廓向外进行延伸或者向内进行收缩。单击工具箱中的"涂抹笔刷"工具按钮 ◢，即可在属性栏中查看与该工具相关的参数设置，如下图所示。

"涂抹笔刷"工具属性栏

① 笔尖大小	用于设置涂抹笔刷工具直径的大小
② 添加水份浓度	用于设置涂抹时模拟出画笔的形状，由粗变细
③ 设置斜移固定值	用于设置涂抹时的角度设置，可以根据需要设置不同的角度
④ 设置关系固定值	用于设置所编辑图形和涂抹笔刷工具之间的距离

Lesson 02 应用"涂抹笔刷"工具制作镂空图形

CorelDRAW X4矢量绘图从入门到精通（多媒体光盘版）

本实例应用的是"涂抹笔刷"工具可以在图形中随意拖动形成特殊的纹理效果，其制作过程中要不断设置涂抹笔刷的大小，形成树枝的形状。首先绘制要编辑的矩形图形，然后应用"涂抹笔刷"工具对图形进行编辑，并在矩形图形底部添加上底色，以突出树枝的形状，具体操作步骤如下所述。

STEP 01 启动 CorelDRAW X4 应用程序后，创建一个新的纵向页面，绘制两个大小不一的矩形。

STEP 02 将矩形图形都选取，按 Ctrl+Q 快捷键转换为曲线后选取"涂抹笔刷"工具在图中绘制。

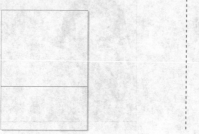

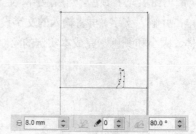

STEP 03 使用"涂抹笔刷"工具连续在图中拖动，直至绘制出树枝的大致形状。

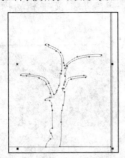

STEP 04 将树枝中较小部分的图形也绘制出来，调整这部分形状时需要将涂抹笔刷调小进行拖动。

STEP 05 按照前面所示的方法，继续应用"涂抹笔刷"工具在矩形中连续拖动，制作另外的树枝图形。

STEP 06 选取应用涂抹笔刷工具编辑后的图形，应用"交互式填充工具"对图形进行填充，将图形填充为渐变颜色。

STEP 07 绘制一个和编辑后图形相同大小的矩形，并填充为黑色，放置到最底层，突出树枝的形状。

STEP 08 应用"涂抹笔刷"工具对页面中另外的图形也进行编辑，绘制出树枝的形状，并为底部的矩形填充上颜色。

STEP 09 绘制中间分界点的图形后绘制杂草的形状，再应用"涂抹笔刷"工具绘制出杂乱的形状。

STEP 10 应用"钢笔工具"连续在图中拖动，绘制出多条斜线，并设置为白色。

STEP 11 将所绘制的斜线都选取，应用工具箱中的"交互式透明工具"对图形进行编辑，将透明度设置为50%。

STEP 12 使用"艺术笔"工具在图中拖动绘制出线条图形，再添加上文字和动物图形，完成本实例的制作。

Study 01　形状工具组

Work 3　粗糙笔刷

粗糙笔刷的主要作用是可以将图形的边缘变为锯齿形状，通过设置，使图形边缘形成锯齿形状的轮廓。

01　"粗糙笔刷"属性栏

选取粗糙笔刷工具后，可以在属性栏中查看该工具的设置选项，其中常见的选项包括笔尖大小、尖突频率、添加水份浓度和斜移的固定值，属性栏如下图所示。

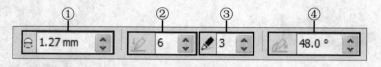

"粗糙笔刷"属性栏

① 笔尖大小	用于设置粗糙笔刷的笔尖大小
② 尖突频率	用于设置绘制图形时尖突的数值，数值越大角越大
③ 添加水分浓度	用于模拟出花瓣的形状，由粗变细，数值越大所变化的效果越明显
④ 设置斜移固定值	用于设置笔刷和图形之间的角度，数值越大偏移越明显

02　粗糙笔刷的应用

粗糙笔刷的使用方法为首先选择要编辑的图形，然后在"粗糙笔刷"工具的属性栏中设置合适的参数，使用"粗糙笔刷"工具在要编辑的图形边缘拖动，从图中可以看出拖动后的运动轨迹，释放鼠标后图中会出现粗糙边缘的图形效果。

选择编辑的图形

应用"粗糙笔刷"拖动图形

编辑后的图形效果

Study 01   形状工具组

Work ④   变换工具

变换工具主要是对图形的形状、大小、角度等进行调节，在其属性栏中可以选择工具组中所包含的其他工具，常见的变换工具有4种，分别为"自由旋转工具"、"自由角度镜像工具"、"自由调节工具"和"自由扭曲工具"。不同的工具用于图形不同方面的编辑，各个工具的使用方法和操作后的效果如下所述。

01   自由旋转工具

自由旋转工具的主要作用是将图形进行旋转。单击属性栏中的"自由旋转工具"按钮 ↻，然后选取所要编辑的图形，并按住鼠标左键在图中拖动，释放鼠标后可以将图形放置到所旋转的角度上，旋转后的图形只是角度会产生变化，图形效果不会产生变化。

打开素材图形

旋转后的图形

02   自由角度镜像工具

使用自由角度镜像工具镜像后的图像效果不产生变化，只是以鼠标位置为圆心将图像进行翻转，和原图像在一条水平线上，操作方法为首先选取"自由角度镜像工具"，然后在图中单击后拖动图形，图形会以所单击的点为对称点，在另外一边产生镜像后的图像。

指定镜像角度

镜像后的图形

03 自由调节工具

自由调节工具可以使所选择的图形产生形状的变化，使用该工具对图形进行调整时可以将所选择的图形向左或向右任意拖动，产生变形后的新图形效果，但是调整的图形只能在水平位置和垂直位置上进行变化。

拖动图形

变形后的图形

04 自由扭曲工具

自由扭曲工具可以将所选择的图形进行扭曲。选取将要编辑的图形，单击属性栏中的"自由扭曲工具"按钮 ✐ ，使用该工具在原图四周的位置上随意按住鼠标左键进行拖动，生成变形后的新形状。

拖动图形

扭曲后的图形

Study **02** 节点的编辑

Work 1 转换节点类型   Work 3 节点的连接与分割

Work 2 直线与曲线的转换   Work 4 移动、添加和删除节点

节点的编辑主要包括转换节点的类型，直线与曲线的转换，节点的连接与分割，移动、添加、删除节点，其中重要的是掌握节点的不同类型。在绘制图形过程中，不会一次性地绘制出所需的形状，可以通过添加节点的方法应用形状工具对图形进行编辑，但是在应用形状工具对节点进行编辑时要选择最合适的节点类型，以找到最合适的调整方式和形状。

💡 **知识要点** 添加节点

节点编辑的基础是要先了解添加节点的相关操作，这样才能对添加的节点进行编辑，添加节点主要通过形状工具来完成，选取所要添加节点的图形，使用形状工具在图形的边缘上单击，即可添加上新的节点，添加新节点后，可以使用形状工具选取、拖动并编辑，然后调整图形轮廓和形状。

调整鼠标位置

添加后的节点

在其余位置添加节点

Study 02　节点的编辑

Work 1　转换节点类型

转换节点有助于在调整图形时得到准确的轮廓图形，主要是通过形状工具来进行编辑，可以将节点在不同的类型之间进行相互转换，这些节点类型主要有平滑节点、尖突节点和生成对称节点，每种节点都被用于图形中特殊的区域中，可通过设置节点来编辑图形形状。

01　平滑节点

平滑节点可以将有角度的节点变为左右方向上平滑的节点，应用此种变换节点的方法可以将直线转换为曲线。应用"形状工具"选取所要编辑的节点，单击属性栏中的"平滑节点"按钮，从图中可以看出被选择节点已经发生了变换，所编辑的形状也随之发生了变化。

选择编辑的节点

平滑后的节点

02　使节点成为尖突

使节点成为尖突是指节点变为突出的形状或者边缘，可以将扩张的节点向内进行收敛，并调整为向内缩进的形状。选择要编辑的节点，然后单击属性栏中的"使节点成为尖突"按钮，即可将原节点转换为尖突的节点。

选择编辑的节点

编辑后的节点

03　生成对称节点

生成对称节点主要用于使原图形成左右平行的形状。单击属性栏中的"生成对称节点"按钮，可以将所选择的节点左右都生成相同长度的控制线，使用这种调整方式能得到圆滑的曲线。

选择编辑的节点　　　　　　　　　　　　　　　　　　对称节点效果

Work ② 直线与曲线的转换

直线与曲线的转换可以将所绘制的直线通过设置调整为曲线，同样也可以将曲线调整为直线，具体的操作方法是选取所绘制的图形，使用"形状工具"在要编辑的图形边缘上单击，然后单击属性栏中的"转换为曲线"按钮，再按住鼠标左键拖动图形边缘，将其调整为弯曲的形状，对于图形的其他边缘也可应用同样的方法进行编辑。

选择要编辑的图形　　　　　　　　转换为曲线　　　　　　　　调整后的图形

Work ③ 节点的连接与分割

对于没有闭合的图形，可以应用将闭合处的节点同时选取的方法来对节点进行连接，并可以对连接后的图形进行填充或者编辑轮廓；分割节点则可以将完整的图形进行分割，图形分割后，可以单独对线条和节点进行选取，并设置单独的轮廓样式和颜色。

01　节点的连接

节点的连接是将未闭合的曲线进行闭合，对于已经填充上颜色的图形，闭合后将会显示出所填充后的图形效果。应用"形状工具"将要闭合处的两个节点同时选取，并单击属性栏中的"连接两个节点"按钮![图标]，执行该操作后可以将图形进行闭合，显示出完整的图形效果。

选择要连接的节点

连接后的图形效果

02 节点的分割

分割节点可以将闭合的曲线分割为不闭合的曲线，分割后，原本填充上颜色的图形将会显示为无填充效果，如果图形没有轮廓颜色，将会显示为透明，只显示出节点的大致位置和连接线，具体操作方法为应用节点工具选择所要分割的节点，然后单击属性栏中的"分割曲线"按钮![图标]，即可将所选择的节点进行分割，分割后的图像将不显示相关颜色，其他的图形也可以应用同样的方法进行分割。

选择要分割的节点

分割后的图形

分割其他图形

Study 02　　节点的编辑

Work ④　移动、添加和删除节点

移动、添加和删除节点都是对节点的基础操作，移动节点是指将所选择的节点位置进行移动，可以移动节点以调整图形，也可以只移动节点而不调整图形形状；添加和删除节点都是为了更好地编辑图形形状。

01 移动节点

移动节点可以将整个图形轮廓进行移动，而不影响图形效果，也可以单独选择某个节点将其移动，移动单个的节点将会改变图形的形状，如果要选择全部节点，要应用形状工具在所选择的图形中拖动框选，直至将所有的节点都选取，然后拖动所选择的节点。从图中可以看出应用这种方法可以将所有的节点进行移动。

框选图形

选择衣服节点

移动后的节点

02 添加节点

添加节点是指应用鼠标在图形的边缘上单击，在图形上添加上节点，然后拖动节点以调整图形边缘，具体操作方法为选取"形状工具"后使用鼠标单击图形边缘即可添加上节点，选取所添加的节点进行拖动或者调整，可以编辑图形的新形状。

使用鼠标选择位置

单击添加节点

添加后的节点

03 删除节点

删除节点的主要作用是可以删除图形中过渡的节点，只留下关键的节点，便于对图形边缘轮廓进行调整。使用鼠标单击选中需要删除的节点，再按 Delete 键，即可删除节点。在删除节点后，与删除节点相连的节点自动地进行连接。若删除了图形关键位置的节点，将会对图形的外形产生较大程度的变化。

选择要删除的节点

删除节点后的图形

删除重要节点后的图形

Lesson 03 应用编辑节点绘制复杂的图形

CorelDRAW X4矢量绘图从入门到精通（多媒体光盘版）

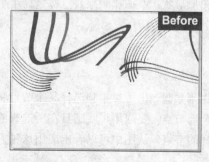

通过编辑节点可以将图形调整为任意的形状，这主要通过应用形状工具编辑节点的方法来完

成。首先应用"钢笔工具"绘制出直线图形，然后将图形变为平滑的曲线，并对其进一步调整使之成为想要的形状，组成文字以及线条形状，具体操作步骤如下。

STEP 01 首先在创建的页面上使用"钢笔工具"绘制出曲折的直线。

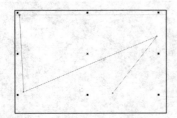

STEP 02 然后应用"形状工具"在图形的边缘上单击，转换直线为曲线，再应用"形状工具"对图形进行编辑，制作成平滑的曲线。

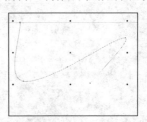

STEP 03 按 F12 快捷键打开"轮廓笔"对话框，参照下图所示设置参数，设置完成后单击"确定"按钮。

STEP 04 在 **STEP 03** 所示的对话框中设置轮廓笔的形状后，图中可以看出设置的图形效果，如下图所示。

STEP 05 应用同样的方法在页面中绘制出多个弯曲的图形，并设置相关的轮廓宽度。

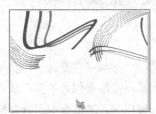

STEP 06 使用"钢笔工具"和"形状工具"结合为图中添加文字，将绘制的图形填充为渐变色。

STEP 07 下面制作立体文字效果。选取 **STEP 06** 填充后的文字，应用"交互式立体化工具"在文字上拖动，制作成立体效果，并将阴影颜色设置为 R:93、G:172、B:31。

STEP 08 将其余的文字应用同样的方法进行编辑，制作不同形态的立体效果。

STEP 09 下面添加其余阴影图形和文字。首先绘制阴影，应用"钢笔工具"绘制图形的轮廓后，使用"形状工具"对图形进行编辑，将绘制的阴影填充上颜色后，转换为位图，再应用模糊滤镜对图形进行编辑，然后添加其余的文字。

STEP 10 最后为图中添加底部的线条图形。使用"手绘工具"连续在图中拖动，绘制出多个卷曲的图形，并将图形的轮廓设置为红色，宽度设置为 5.0mm，完成本实例的绘制。

Study 03 裁剪工具组

- Work 1 　裁剪工具
- Work 2 　刻刀工具
- Work 3 　擦除工具
- Work 4 　虚拟段删除工具

　　裁剪工具组用于对图形以及图像的轮廓和颜色进行编辑，通过拖动的方式得到不一样的图形以及轮廓。裁剪工具组中共包含有 4 种工具，分别为"裁剪工具"、"刻刀"工具、"擦除"工具和"虚拟段删除"工具，其中"刻刀"工具和"虚拟段删除"工具不能用于位图图像。

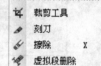

Study 03 　裁剪工具组

Work 1 　裁剪工具

　　裁剪工具的主要作用是将图像中多余的区域裁剪掉，裁剪后的区域不能还原，并且没有在裁剪选取框中的内容将一并被裁剪，所以在应用裁剪工具裁剪图像时要将需要保留的图形或者图像都放置到裁剪选取框中。使用该工具时，首先将要裁剪的图像导入窗口中，选取裁剪工具并应用该工具在图像窗口中拖动，裁剪选取框将为黑色，设置完成后双击选取框，即可对图像进行裁剪。

导入素材文件　　　　　　　　　　调整裁剪框　　　　　　　　　　裁剪后的图像

Tip 裁剪群组后的矢量图形

矢量图形也可以用裁剪工具进行裁剪。首先打开所要裁剪的矢量图形，并使用裁剪工具在图像窗口中拖动，将图形设置为所要裁剪的区域，调整裁剪选取框的大小，完成后双击裁剪框中的内容，即可完成裁剪，应用这种方法可以更改图形的构图类型，将竖构图变化为横构图的图形。

打开矢量图形　　　　　　　调整裁剪选取框　　　　　　　裁剪后的图形

Lesson 04　应用"裁剪工具"制作壁纸图像效果

CorelDRAW X4矢量绘图从入门到精通（多媒体光盘版）

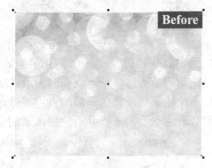

"裁剪工具"可以将图像裁剪为所需的长宽比例，该工具的使用范围很广泛，不仅可以应用于裁剪矢量图形，也可以裁剪位图图像，本实例就是应用这一特性对位图图形进行裁剪，并制作出壁纸图像效果，具体操作步骤如下。

STEP 01 首先导入随书光盘"Chapter 07　图形的高级编辑\素材\16.jpg"图形文件。

STEP 02 应用"矩形工具"绘制一个和页面相同大小的矩形，再使用"裁剪工具"裁剪所导入的素材图像，将其裁剪编辑框设置为和页面相同大小。

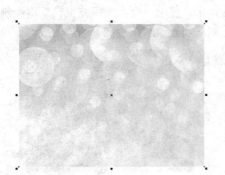

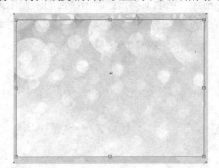

STEP 03 调整到合适大小后双击裁剪选取框中的内容，即可完成裁剪，然后按 P 键将裁剪后的图像放置到页面中心位置，将绘制的矩形删除。

STEP 04 用同样的方法创建一个新的图形文件，将本章素材文件夹中名为 17.jpg 的人物图形也导入到窗口中，并使用"裁剪工具"在人物图像中拖动，调整裁剪框的大小。

STEP 05 将裁剪后的人物图像复制到前面所导入的背景图像中，并将人物图形调整到合适大小。

STEP 06 应用前面所讲述的设置裁剪选取框的方法对新导入的 18.jpg 人物图像进行编辑。

STEP 07 将裁剪后的图像复制到背景图像所在的窗口中，变换到合适大小，继续对新导入的 19.jpg 人物图像应用同样的方法进行编辑。

STEP 08 然后添加背景图形。应用"钢笔工具"在图中拖动，绘制出多个不规则的图形，填充为白色后去除轮廓线，将裁剪后的人物图像选取，变换到合适大小后，放置到所绘制图形的上方。

STEP 09 下面为所编辑后的图形添加上阴影。同样也应用"钢笔工具"绘制出底部的阴影图形，将其转换为位图后应用"模糊滤镜"对其进行编辑。

STEP 10 在图像窗口中绘制一个和页面相同大小的矩形，使用"交互式填充工具"将绘制的矩形选取后填充上从白色到黑色的射线渐变色。

STEP ⑪ 然后设置填充图形的透明度。将"透明度操作"设置为蓝色,将"透明中心点"设置为36,调整后效果如下图所示。

STEP ⑫ 最后为图像中添加文字。应用"文本工具"在图中单击输入所需的文字,并为不同位置的文字设置上不同的颜色和字体,完成本实例的制作。

Study 03 裁剪工具组

Work ② 刻刀工具

刻刀工具的主要作用是将图形划分为多个区域,划分后可以重新为图形设置颜色,并且组成几个不同的形状。常见的形式有两种,分别为将划分的图形合并成为一个单独的对象,此时需要将图形重新闭合后,再进行编辑;或者剪切时自动闭合并填充上颜色,这两种形式的操作方法如下所述。

01 成为一个对象

首先选取所要编辑的图形,然后单击工具箱中的"刻刀工具"按钮 ,使用该工具在矢量图形的中心位置单击,然后在另外的图形边缘上也单击,可以将图形的轮廓和颜色都去除,只留下其他图形形状,应用"挑选工具"选取划分后的图形,并单击属性栏中的"自动闭合曲线"按钮 ,可以将划分后的图形填充为和前面未编辑时相同的图形。

应用鼠标在中点单击　　　　　　去除颜色后的图形　　　　　　重新焊接后的图形

02 剪切时自动闭合

剪切时自动闭合方式可将图形从一个完整的图形中进行分离,并且分离后的图形填充的颜色和原图形相同,具体操作为选取刻刀工具后,单击属性栏中的"剪切时自动闭合"按钮 ,然后应用刻刀工具在图中拖动,将图形分割。可以应用挑选工具移动所切割后的图形,从图中可以看出剪切后的图形填充颜色和原图形相同。

应用鼠标拖动　　　　　　　　切割后的图形　　　　　　　　移动切割的图形

Work ③ 擦除工具

擦除工具可以将图形所选取的区域擦除，可以使用该工具连续在图中拖动来擦除图像区域，也可以使用该工具在要擦除的区域上单击后拖动鼠标，在另外一层单击，两点相连的区域将会被擦除。

01 擦除时自动减少

使用"挑选工具"选取所要擦除的图形，然后应用擦除工具在图中拖动，即可将所选取的区域擦除，被擦除的图像将会填充上另外的颜色，并且擦除区域的节点的数量较少，如果在属性栏中单击"擦除时自动减少"按钮，应用擦除工具在图中拖动后，被擦除的图像将会显示为较多的节点。

选择要编辑的图形

擦除后的效果

形成较多的节点

02 圆形/方形

圆形/方形控制的是橡皮擦工具的笔尖形状，可以在圆形和方形图形之间进行切换，如果当前用圆形笔尖，则擦除图形时的笔尖为圆形形状，如果选择的是方形形状，擦除图形时的笔尖为正方形轮廓和边缘。两者都可以设置擦除工具的直径大小，设置的直径越大擦除的区域也越大。

应用圆形擦除图形

应用方形擦除图形

设置较小的直径

Lesson 05 应用擦除工具擦除多余图形

CorelDRAW X4矢量绘图从入门到精通（多媒体光盘版）

橡皮擦工具可以擦除图像的任意部分，应用这一功能可以将图形上方的图像擦除，露出下方的

图像效果，本实例中应用"橡皮擦工具"将图像的白色区域擦除，使风景图像通过编辑在窗口中显示出来，形成一种特殊视角的效果，具体操作步骤如下。

STEP 01 首先导入随书光盘"Chapter 07 图形的高级编辑\素材\22.jpg"图形文件，并调整到合适大小。

STEP 02 再将素材文件夹中名为 23.jpg 的图形文件导入，也变换到合适大小。

STEP 03 将导入的风景图像放置到纸图像的底部，使图像隐藏不见。

STEP 04 选取纸图像，对其进行编辑，并使用"橡皮擦工具"在图像中拖动，擦除图像区域。

STEP 05 继续应用"橡皮擦工具"在图中单击，直至将纸图像中间的白色区域全部擦除，露出底部的风景图像。

STEP 06 应用"挑选工具"选取风景图像，并将图像移动到合适位置，使擦除的区域中显示出风景图像，完成本实例的操作。

Work 4　虚拟段删除工具

　　虚拟段删除工具可以将所框选区域的颜色和轮廓都去除，拖动后的图形部分区域被全部从图像中减去，留下未被删除后的区域，主要操作方法为单击工具箱中的"虚拟段删除工具"按钮，使用该工具在要删除的图形上拖动，释放鼠标后即可将不需要的区域删除，虚拟段删除工具不能对位图图像进行编辑，只能用于矢量图形。

应用鼠标框选

删除部分图形

04 封套工具

- Work 1 添加封套
- Work 2 复制封套效果

　　封套工具是交互式工具组中的一种工具，应用该工具可以任意地对图像进行编辑和调整，将图形以设置的形状进行变换，生成一种特殊的图像效果。封套工具不仅可以对矢量图形进行编辑，也可以编辑位图图像和文字。

知识要点　"封套工具"属性栏

　　"封套工具"属性栏主要是应用封套工具对图形的形状等进行编辑，单击工具箱中的"封套工具"按钮，即可在属性栏中查看与之相关的参数设置，各项设置中的含义如下所述。

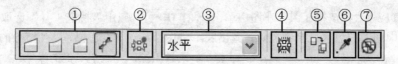

"封套工具"属性栏

① 封套的模式	单击"封套的直线模式"按钮，可以创建图形的直线效果，单击"封套的单弧模式"按钮，可创建有一定弧度的封套效果，单击"封套的双弧模式"按钮，可以创建两段弧线的封套效果，单击"封套的非强制模式"按钮，可以创建任意形状的封套效果	
② 添加新封套	添加新封套的主要作用是可以在已经添加过封套效果的图形上再次添加新封套，操作方法为选择所要添加新封套的图形，然后单击属性栏中的"添加新封套"按钮	
③ 映射模式	映射模式用于设置封套外形的变换效果，单击属性栏中"映射模式"下拉列表框右侧的下三角按钮，在弹出的下拉列表框中选择其他的选项来对其进行设置，其中包含的选项共有4种，分别为"水平"、"原始的"、"自由变形"和"垂直"	
④ 保留线条	保留线条是指对应用封套工具编辑后的封套形状不做任何改变，和所编辑的封套效果相同，但是图形的效果会产生变化	
⑤ 复制封套属性	复制封套属性指的是可以将一个图形中所应用的封套效果应用到另外的图形中，这一操作可以通过属性栏中的"复制封套属性"按钮来完成	

（续表）

⑥ 创建封套自	创建封套自的主要作用是将应用封套工具进行变换后的图形效果进行复制，可以将新绘制的图形调整为已经应用封套工具编辑后的图形轮廓形状，选择所要设置封套效果的图形，单击属性栏中的"创建封套自"按钮 🖊️，再单击已经应用了封套效果的图形，即可完成封套的重新应用
⑦ 清除封套	清除封套用于去除已经应用了封套的图像效果。将已经添加上封套效果的图形选取，单击属性栏中的"清除封套"按钮 ⊗，即可将添加的封套删除。但是对于已经添加上多个封套的图形效果，清除封套时只能返回到上一步添加的封套效果，而不能直接去除全部封套，要重复单击"清除封套"按钮来去除封套效果

Study 04 封套工具

Work ❶ 添加封套

添加封套就是应用封套工具对图形进行编辑，通过调整节点的方法来编辑图形的轮廓以及形状，主要操作为选取所要编辑的图形，然后应用"封套工具"在图形中单击，并调整封套的边缘，若将其向内进行拖动，图形效果也将随封套进行变换。

添加封套　　　　　　　　　　编辑封套弧度　　　　　　　　　调整其余位置封套

Study 04 封套工具

Work ❷ 复制封套效果

复制封套效果的作用是将已经应用封套的图像复制到另外的图像上，产生同样封套的图像效果。首先将要编辑的图形选取，再选取工具箱中的"封套工具"，并单击属性栏中的"复制封套属性"按钮 📑，使用黑色箭头单击已经应用封套效果的图形，即可将封套进行复制，从图形效果可以看出这两个图形的封套轮廓都相同，所产生的变形等也都相同。

选择添加有封套的图形　　　　　　　　　　　　　　　复制封套后的其他图形

Lesson 06　应用"封套工具"制作弯曲的文字

CorelDRAW X4矢量绘图从入门到精通（多媒体光盘版）

封套工具可以编辑群组后的文字，将其按照所设置的形状进行扭曲和变换，人物图形也可以应用同样的方法进行调整，本实例中就应用这一特性制作了弯曲的文字和人物效果，具体操作步骤如下。

STEP 01 首先创建一个纵向的页面，并应用"文本工具"连续在图中单击，输入横排的文字。

STEP 02 选取所输入的文字，打开"变换"泊坞窗，输入"垂直"的数值为－6.0mm，并在图中绘制出多个文字图形。

STEP 03 将前面所输入的文字都选取，按 Ctrl+Q 快捷键将它们转换为曲线，并填充为灰色。

STEP 04 将所有文字选取，按 Ctrl+G 快捷键进行群组，并选取封套工具对图形进行编辑。

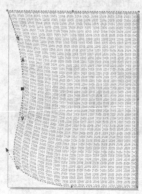

STEP 05 将文字其他几个边缘都调整成为弯曲的形状，从图中查看预览效果。

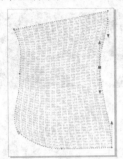

STEP 06 打开随书光盘"Chapter 07　图形的高级编辑\素材\27.cdr"图形文件。

STEP 07 将人物图形选取，复制到文字窗口中，并填充上不同的渐变色。

STEP 08 将背景图形也选取，复制后分别放置到图形中不同的位置上。

STEP 09 使用"封套工具"对人物图形进行扭曲，注意设置边缘弧度。

STEP 10 应用"文本工具"在图中单击后输入文字，并将文字填充为渐变色。

STEP 11 复制文字并设置为较粗的边框，再填充为白色，然后执行"位图>转换为位图"菜单命令，在"转换为位图"对话框中设置参数。

STEP 12 最后应用"模糊滤镜"对白色文字进行编辑，将模糊半径设置为 10 像素，完成本实例的制作。

Chapter 08

图形的颜色和填充

CorelDRAW X4 矢量绘图从入门到精通（多媒体光盘版）

本章重点知识

Study 01　调色板	Study 03　图形的填充
Study 02　着色工具组	Study 04　交互式填充工具组

本章视频路径

DVD

Chapter 08\Study 01　调色板
- Lesson 01　应用调色板填充图形.swf

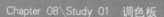

Chapter 08\Study 03　图形的填充
- Lesson 02　应用"渐变填充"设置背景颜色.swf
- Lesson 03　应用"图样填充"绘制插画.swf
- Lesson 04　应用"颜色"泊坞窗填充图形.swf

Chapter 08\Study 04　交互式填充工具组
- Lesson 05　应用"交互式填充工具"填充图形.swf
- Lesson 06　应用"交互式网状填充工具"绘制图标.swf

Chapter 08　图形的颜色和填充

图形的颜色和填充是绘制图形最关键的步骤，要对所绘制的图形轮廓填充上相应的颜色来突出图形的效果，CorelDRAW 中提供了多种填充方法。在填充图形时要先了解不同填充工具之间的区别和各种用途，这样在填充图形时可以根据需要选择最合适的填充方法。本章主要要掌握的重点填充方法为交互式填充工具组，常应用该工具组中的工具来填充图形，可以填充出最接近图形效果的颜色，应熟练掌握这部分知识。

Study

01　调色板

- Work 1　调色板的类型
- Work 2　调色板浏览器

调色板主要用于对图形进行颜色的填充，CorelDRAW 中提供有多种调色板，可以根据所绘制图形的不同选择相应的调色板为图形填充上合适的颜色。对于调色板的认识要从两个方面入手，分别为调色板的类型以及调色板浏览器。

💡 知识要点　调色板编辑器

调色板编辑器的主要作用是对调色板中的颜色重新进行设置。执行"窗口>调色板>调色板编辑器"菜单命令，即可打开"调色板编辑器"对话框，在对话框中将会显示出相对应调色板中的各种颜色，也就是选择不同的调色板，它们的颜色色标也不相同，在"调色板编辑器"对话框中单击相应的颜色色标，将会打开"选择颜色"对话框，可重新设置新的颜色。

"调色板编辑器"对话框

"选择颜色"对话框

Study 01　调色板

Work 1　调色板的类型

常见的调色板类型有 4 种，分别为 CMYK 调色板、RGB 调色板、标准色调色板和 SVG 调色板，各个调色板中所包含的颜色类型以及设置的参数数值种类都不相同，具体作用如下。

01　CMYK 调色板

　　CMYK 调色板是 CorelDRAW X4 系统中默认的调色板，通常应用该调色板来填充所绘制的任意图形。该调色板中设置的颜色数值用 CMYK 来进行表示，其中 CMYK 分别代表青色、洋红色、黄色和黑色，可以通过设置滑块的方法在"均匀填充"对话框中设置相应的数值。

02　RGB 调色板

　　在 RGB 调色板中不同颜色都以特殊的名称进行显示，应用鼠标在色标中拖动，将会显示出不同的名称，各个名称代表不同的颜色，要查看应用这种调色板填充的颜色参数，可以应用滴管工具在填充的图形中单击，在"颜色"泊坞窗中将会显示颜色名称和相关的颜色数值。

CMYK 调色板

RGB 调色板

03　标准色调色板

　　标准色调色板中显示的是按照色相进行排列的各种颜色色标，标准色调色板中会直接显示出各种颜色的 RGB 数值，应用鼠标在调色板中单击不同的颜色色标，可以查看不同的 RGB 数值，对于特定的颜色，将会显示出相关的颜色名称。

04　SVG 调色板

　　SVG 调色板中显示的是颜色的英文名称，不会直接显示出颜色的 RGB 数值，应用该调色板可以将所选择的图形填充为合适的颜色，从图中可以观察颜色之间的变换，但是这种调色板中的颜色也是通过 RGB 数值来进行表示的，应用滴管工具在填充了颜色的图中单击，从"颜色"泊坞窗中可以看出该颜色的 RGB 数值。

标准色调色板

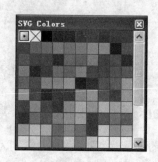

SVG 调色板

Work ❷ 调色板浏览器

执行"窗口>调色板>调色板浏览器"菜单命令，即可打开调色板浏览器，应用该浏览器可以将调色板进行隐藏、显示以及保存等操作，并且可以通过单击其中的快捷按钮来对调色板进行编辑，以及展开相关选项，勾选复选框。

01 快捷按钮

在调色板浏览器中有多个快捷按钮，单击不同的按钮可以打开不同的对话框进行设置。前 3 个按钮分别为"创建一个新的空白调色板"按钮▣、"使用选定的对象创建一个新的调色板"按钮▣和"使用文档创建一个新调色板"按钮▣，任意单击其中一个按钮均可以打开"保存调色板为"对话框，在对话框中可以设置保存的调色板名称，单击"打开调色板编辑器"按钮▣，则会打开"调色板编辑器"对话框，在该对话框中双击色标可以打开"选择颜色"对话框来重新设置新的颜色。

"保存调色板为"对话框

"调色板编辑器"对话框

单击调色板浏览器中的▣按钮，可以弹出"打开调色板"对话框，在对话框中可以将所自定义的调色板进行保存，以方便下次进行使用。

"打开调色板"对话框

02 打开相应调色板

在调色板浏览器中勾选相应的复选框，即可在图像窗口中显示出相关名称的调色板，将"固定的调色板"选项展开，使用鼠标勾选需要的复选框，将会在打开的调色板中显示出相应的颜色色标，应用这些色标可以将所绘制的图形进行填充。

调色板浏览器

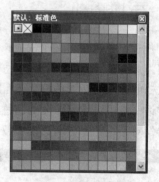

标准色调色板

03 自定义调色板

自定义调色板可以对当前所绘制图形的颜色进行重新设置。在打开的调色板浏览器中将自定义调色板展开，勾选需要的复选框，即可在图像窗口中打开相应的调色板，例如勾选"256级灰度梯度"复选框，即可打开"256级灰度梯度"调色板，从中可以查看不同层级的灰度变换效果。

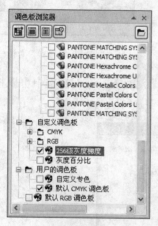

调色板浏览器

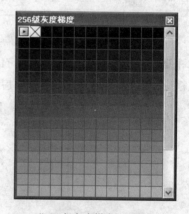

"256级灰度梯度"调色板

04 用户的调色板

用户的调色板中主要包括的是当前所使用的相关调色板，主要包括两种类型，分别为自定义专色调色板和默认的 CMYK 调色板，在调色板浏览器中勾选相对应于的复选框，即可在图像窗口中显示出该调色板。

勾选相应的复选框

打开定义的专色调色板

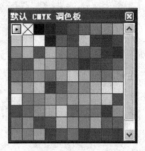

打开默认的 CMYK 调色板

应用调色板填充图形

CorelDRAW X4矢量绘图从入门到精通（多媒体光盘版）

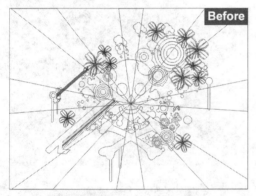

应用调色板填充图形的主要操作是先选取所绘制的图形，并在调色板中单击不同的颜色色标，将图形整体填充上不同的颜色，再针对不同区域选择不同的颜色色标，填充颜色后应用调色板中的按钮将轮廓线去除，具体操作步骤如下。

STEP 01 打开随书光盘"Chapter 08　图形的颜色和填充\素材\1.cdr"图形文件。

STEP 02 使用"挑选工具"选取背景图形，再单击调色板中的深黄色色标，将图形填充上颜色。

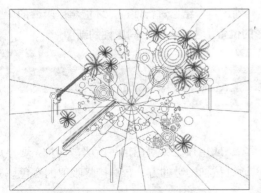

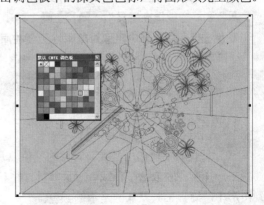

STEP 03 打开调色板，选择柠檬黄色标，将背景图形填充上所选择的颜色，制作成条纹效果。

STEP 04 选择背景图形，单击"去除轮廓线"按钮⊠，将图形轮廓线去除。

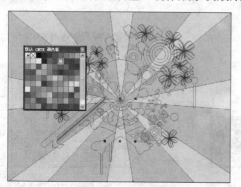

STEP 05 应用"挑选工具"将花朵图形选取，单击调色板中的桔黄色色标，将花朵填充上颜色，再将中间骷髅图形和周围修饰图形填充为黑色。

STEP 06 将图形中其余的图形选取，应用前面所讲述的填充图形的方法，将不同图形填充上合适的颜色，完成实例制作。

Study 02 着色工具组

- Work 1 滴管工具
- Work 2 颜料桶工具
- Work 3 智能填充工具

　　着色工具组主要用于一般图形的填充，共有 3 种工具，分别为"滴管工具"、"颜料桶工具"和"智能填充工具"。"滴管工具"要和"颜料桶工具"结合进行使用，才能将所吸取的颜色进行应用，其中吸取对象属性后会在原图形的位置上生成一个相同属性的新图形。

Study 02 着色工具组

Work 1 滴管工具

　　滴管工具的主要作用是吸取对象的颜色以及属性等，应用该工具对图形进行吸取之前，要在属性栏中选择所要吸取的颜色或者对象属性，并且可以通过按辅助键的方法，直接将吸取的颜色填充到图形中，滴管工具默认的是示例颜色。

01 "滴管工具"属性栏

"滴管工具"属性栏主要用于设置所吸取的颜色或者对象属性。可以在属性栏中的下拉列表框中进行选择，然后在后面的选项中设置相关的属性，如下图所示。

"滴管工具"属性栏

① 对象属性	用于吸取所选择对象的颜色填充、轮廓、位置变换或者应用的效果，可以通过选择后面选项区中不同的复选框来吸取相应的属性对象
② 示例颜色	示例颜色显示的是所吸取单击点的颜色数值，可以将所吸取的颜色填充到其他的图形中

Tip "对象属性"的选项设置

应用"滴管工具"吸取图像时，在属性栏中勾选相应的复选框即可对属性进行设置。常见的吸取属性类型有 3 种，分别为"属性"、"变换"以及"效果"。

"属性"选项中有"轮廓"、"填充"和"文本" 3 个复选框，主要用于吸取对象的轮廓、填充和文本。

"属性"选项

"变换"选项中也包含有 3 种选项，分别为"大小"、"旋转"和"位置"。

"变换"选项

"效果"选项中主要包括使用交互式工具对图形进行编辑的效果，此处常见的选项都与交互式工具相关，分别为"透视"、"封套"、"调和"、"立体化"、"轮廓图"、"透视"、"图框精确剪裁"、"阴影"和"变形"。

"效果"选项

02 应用"滴管工具"吸取颜色

在应用"滴管工具"吸取颜色时，单击不同区域所吸取的颜色是不同的，可以从"颜色"泊坞窗中进行查看。应用"滴管工具"在花朵图形中单击，在"颜色"泊坞窗中可以看出该花朵填充的颜色数值为 C:4、M:44、Y:92、K:0，如果单击背景图形，则在"颜色"泊坞窗中将会显示出新的颜色数值，参数为 C:4、M:7、Y:30、K:0。

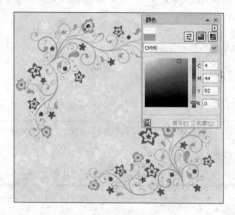

吸取花朵的颜色

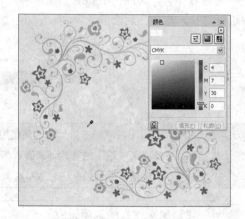

吸取背景的颜色

Study 02　着色工具组

Work 2　颜料桶工具

颜料桶工具的主要作用是对图形进行填充。设置当前要填充的颜色后，才能应用"颜料桶工具"。可以在"颜料桶工具"和"滴管工具"之间进行变换，应用"滴管工具"吸取颜色，并按住 Shift 键在要填充颜色的图形上单击，将图形填充上所吸取的颜色。也可以通过打开"颜色"泊坞窗进行颜色的设置，再应用"颜料桶工具"将所设置的颜色应用到图形中。

Tip　"颜料桶工具"不能填充渐变色

颜料桶工具可以将所吸取的纯色填充到图形上，但是不能为所要填充的图形填充渐变色。具体操作为首先选取所要填充的图形，并应用"滴管工具"在另外的位置上单击，吸取颜色，然后按住 Shift 键在要填充的图形上单击，将图形填充上吸取的颜色。

单击吸取颜色

填充后的效果

Work ③　智能填充工具

智能填充工具可以针对细小的图形区域进行填充,对于交错的图形效果特别有用,应用智能填充工具对图形进行填充后,在页面中将会形成一个与所填充区域相同大小的图形,对于相交的区域,应用该工具进行填充后,将会使相交部分的区域单独形成一个图形,并且该图形颜色为设置智能填充工具填充选项时的颜色。

01　"智能填充工具"属性栏

单击工具箱中的"智能填充工具"按钮🖌,可以在属性栏中查看与该工具相关的设置选项,其中主要包括两种选项,分别为"填充选项"和"轮廓选项",用于设置填充图形轮廓颜色以及轮廓宽度等,如下图所示。

"智能填充工具"属性栏

① 填充选项	"填充选项"用于设置指定图形的颜色,可以在"填充选项"下拉列表框中选择所填充的颜色类型,包括"指定"、"使用默认值"和"无填充"3 种选项,如果将轮廓设置为 0.2mm,轮廓颜色设置为黑色,应用"智能填充工具"对图形进行填充,可以形成一个有轮廓的图形,但是颜色未发生变换,也可以通过指定选项栏设置新的颜色,例如将颜色设置为红色 使用默认值　　　　　　　　指定后的效果
② 轮廓选项	"轮廓选项"用于设置轮廓的宽度和颜色等,应用"智能填充工具"对图形进行填充之前,要先设置属性栏中的轮廓宽度和颜色,然后应用该工具在图形中单击,即可将图形轮廓设置为所需的宽度 选择编辑的图形　　　　　　填充边框后的图形效果

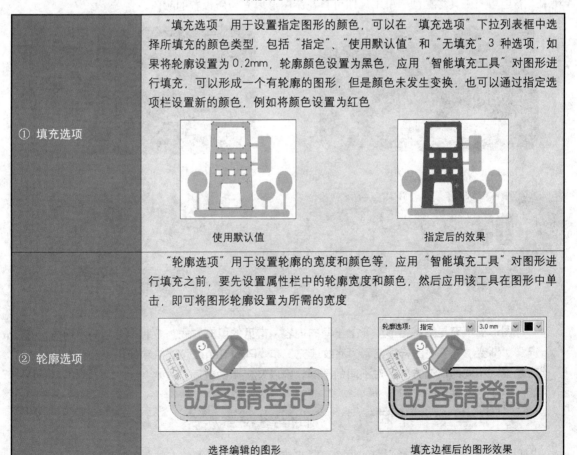

（续表）

③ 轮廓颜色	应用"智能填充工具"可以对图形的轮廓颜色重新进行设置。选取已经设置好的图形轮廓，并选择"智能填充工具"，在其属性栏中将所要填充的轮廓设置为绿色，设置完成后应用"智能填充工具"在图形上单击，即可更改图形的轮廓颜色 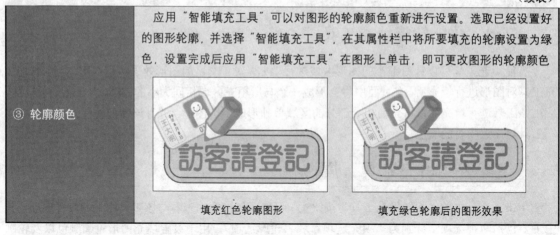 填充红色轮廓图形　　　　填充绿色轮廓后的图形效果

02　应用"智能填充工具"填充图形

使用"智能填充工具"可以对单独形成的图形轮廓进行填充，并形成新的图形。具体操作方法为打开所要填充的图形，并选择"智能填充工具"，在其属性栏中将要填充图形的颜色设置为蓝色，使用"智能填充工具"在图中单击，即可将花朵图形填充为所设置的颜色。

打开所要填充的图形

填充为蓝色后的效果

Study 03　图形的填充

- Work 1　均匀填充
- Work 2　渐变填充
- Work 3　图样填充
- Work 4　底纹填充
- Work 5　Post Script 填充
- Work 6　使用"颜色"泊坞窗填充

图形的填充是指将图形填充上不同的内容，常见的填充方式为 6 种，分别为"均匀填充"、"渐变填充"、"图样填充"、"底纹填充"和"Post Script 填充"和使用"颜色"泊坞窗填充，不同的填充方式针对不同的图形轮廓以及应用的范围。

🔑 知识要点　不同填充对话框的设置

图形的填充主要通过选择不同的填充工具来进行填充，如果要填充纯色，则要打开"均匀填充"

对话框；如果要填充渐变色，则要打开"渐变填充"对话框；如果要填充图样，则要打开"图样填充"对话框。

"均匀填充"对话框

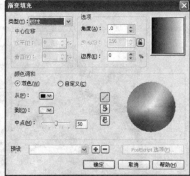
"渐变填充"对话框

"图样填充"对话框

Study 03　图形的填充

Work ❶　均匀填充

均匀填充是将图形填充上纯色，图形中的各个区域颜色相同，没有颜色变换，主要通过打开"均匀填充"对话框进行填充，在对话框中可以根据需要对图形设置多种纯色，并且可填充为不同的颜色模式。

01　"均匀填充"对话框

在"均匀填充"对话框中可以选择不同的设置颜色的类型，主要有3种，可以通过模型颜色进行设置，可以在混合器中选择相关的渐变类型颜色，还可以打开调色板选择已经设置好的颜色。

模型填充颜色

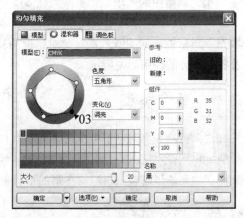
混合器填充颜色

02　填充图形为纯色

填充图形为纯色的方法很简单，直接选择要填充的图形，打开"均匀填充"对话框设置合适的颜色，即可将图形填充上颜色。应用调色板也可以将图形填充上纯色，并且方法更简便，直接单击相应的色标，即可将图形填充上颜色。

打开素材图形

填充头发图形

填充全身后的效果

Study 03　图形的填充

Work ❷　渐变填充

渐变填充就是将所绘制的图形填充上由多种颜色过渡所组成的渐变色，主要通过打开"渐变填充"对话框来对图形进行填充，在该对话框中可以设置所填充图形的渐变类型，并设置相关的渐变选项，如角度和边界等，其中"颜色调和"选项组用于设置渐变的颜色，可以将多种颜色组成渐变色，也可以应用系统所自带的预设值来对图形进行填充。

单击工具箱中的"填充工具"按钮，按住鼠标左键不放，在弹出的工具条中单击■按钮，即可打开"渐变填充"对话框，如图所示，有关对话框中详细的设置以及各个部分的作用如图所示。

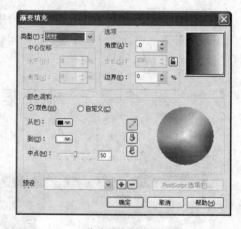

"渐变填充"对话框

01　渐变类型

在"渐变填充"对话框中单击"类型"右侧的下三角按钮，在弹出的下拉列表框中有多种渐变类型可供选择，常用的类型有4种，分别为"线性"渐变、"射线"渐变、"圆锥"渐变和"方角"渐变，在填充图形时根据所绘制图形的形状来选择最合适的渐变类型。

02　渐变选项

渐变选项主要包括3种，分别为"角度"、"步长"和"边界"。"角度"用于控制填充图形时颜色的倾斜数值；"步长"用于设置过渡的效果，数值越大过渡效果越自然，反之过渡效果的界限越明显，但是应用该选项时，要先应用鼠标单击右侧的锁型图标，才能设置数值；"边界"用于设置中心点和边缘效果之间的距离，设置的数值越大越能凸显出边缘的颜色。

03　颜色调和

　　"颜色调和"组用于设置渐变的颜色，可以由双色组成，也可以自定义颜色，通过单击"双色"或者"自定义"单选按钮来选择。通过单击按钮▓▓☑打开调色板，可重新设置颜色。还可以设置所填充颜色的旋转方向，选择不同的方向所得到的图形将会相同。

04　渐变预设

　　在"渐变填充"对话框中提供了多种预设的渐变效果，可以将要填充的图形填充上最合适的渐变类型，并且还可以对预设的渐变值进行重新设置。

Lesson 02　应用"渐变填充"设置背景颜色

CorelDRAW X4矢量绘图从入门到精通（多媒体光盘版）

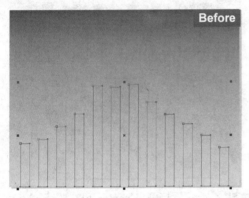

　　应用渐变填充对图形进行填充的主要方法是通过"渐变填充"对话框设置所需要填充的渐变颜色以及填充的角度，再对图形进行填充。渐变填充只能用于填充矢量图形，不能填充位图图形。

STEP 01 创建一个空白的文档，然后使用鼠标双击"矩形工具"按钮▫，创建一个和页面相同大小的矩形。

STEP 02 打开"渐变填充"对话框，将渐变类型设置为"线性"，"角度"设置为−90°。

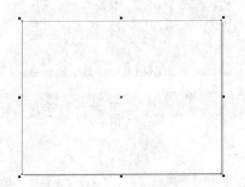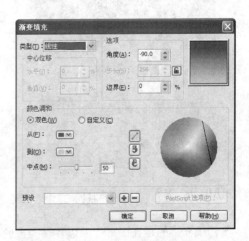

STEP 03 在 **STEP 02** 所示的对话框中设置完成后单击"确定"按钮，即可将背景填充上渐变色。

STEP 05 应用"钢笔工具"和"形状工具"结合进行绘制，绘制出多个不规则的矩形图形。

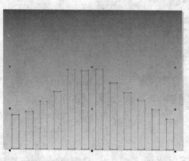

STEP 07 在 **STEP 06** 所示的对话框中设置完成后单击"确定"按钮，即可将所绘制的图形填充上合适颜色，再去除其轮廓线。

STEP 04 选取背景图形，应用鼠标右键单击调色板中的"去除轮廓线"按钮☒，将轮廓线去除。

STEP 06 打开"渐变填充"对话框来设置所要填充的颜色，将"角度"设置为－90°，设置颜色为橘黄色到柠檬黄。

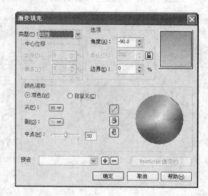

STEP 08 然后打开 Chapter 08 图形的颜色和填充\素材\8.cdr 图形文件，并复制到所绘制图形的窗口中，调整到合适位置，完成本实例的制作。

Study 03 图形的填充

Work 3 图样填充

图样填充指的是在图形中间以各种类型的图案或者位图进行填充，可以通过设置来调整所填充内容的颜色、高度等，使之最符合所绘制的图形。应用图样填充对图形进行编辑和填充后，还可以应用"交互式透明工具"重新设置图形的透明度效果。

01 图样填充类型

图样的填充类型一共有 3 种，分别为"双色"、"全色"以及"位图"。其中"双色"是使用两种颜色共同组成不同的图案进行填充；"全色"填充由多种交错的图案进行组合，这些图案由各种颜色所组成；"位图"填充是以位图为单位来对图形进行填充，可以对位图的高度以及宽度等进行重新设置。这 3 种填充类型主要通过单击不同的单选按钮来进行切换。

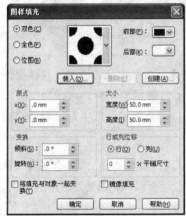
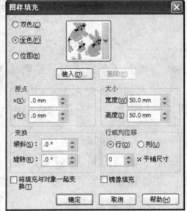
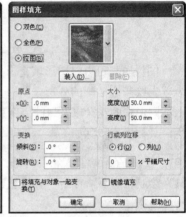

单击"双色"单选按钮　　　　　单击"全色"单选按钮　　　　　单击"位图"单选按钮

02 应用"图样填充"设置背景颜色

应用图样填充图形的方法主要通过打开"图样填充"对话框来完成，选择所要填充的图形，并打开"图样填充"对话框，在对话框中单击"全色"单选按钮，然后选择合适的图案，并设置图像的宽度和高度，设置完成后单击"确定"按钮，从图像中可以看出填充图样后的效果。

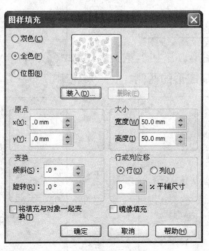

选择填充的图形　　　　　　"图样填充"对话框　　　　　　填充后的效果

应用"图样填充"绘制插画

CorelDRAW X4矢量绘图从入门到精通（多媒体光盘版）

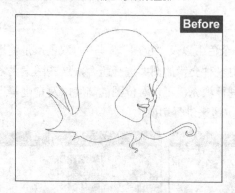

图样填充可以将图形填充为各种位图效果，突出图形的明暗关系，得到特殊的图像。具体操作为首先绘制出插画的外形（图中主要是人物头部外形），并添加上五官等细节图形，再在周围添加上不同形状的花朵以及树叶等图形，然后选取各部分图形应用"图样填充"对话框填充上合适的颜色，具体操作步骤如下。

STEP 01 首先绘制人物的外形，应用"钢笔工具"绘制轮廓后，使用"形状工具"将其调整为平滑效果。

STEP 02 绘制人物五官。应用"钢笔工具"和"形状工具"结合进行绘制，调整为平滑的效果。

STEP 03 继续绘制窗口中的图形。添加上花朵图形以及树叶图形，放置到头部图形的两侧。

STEP 04 应用"挑选工具"选取所要填充的图形轮廓。

STEP 05 打开"图样填充"对话框,在对话框中单击"位图"单选按钮,将"宽度"和"高度"都设置为 70mm。

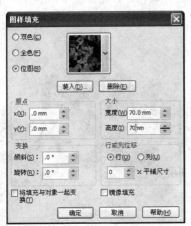

STEP 06 在 **STEP 05** 所示的对话框中设置完成后单击"确定"按钮,将人物图像填充为图样。

STEP 07 选取人物的脸部图形,并填充为白色,头顶上的花朵图形也填充为白色。

STEP 08 选取所绘制的五官图形,将其分别填充上不同的颜色。

STEP 09 将其余的花朵图形选取,并焊接为一个图形,再填充图样。

STEP 10 打开"图样填充"对话框,单击"位图"单选按钮,然后选择所需的图案,将"宽度"和"高度"设置为 200mm。

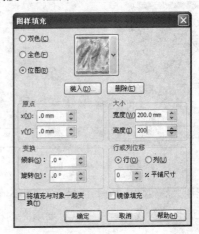

STEP 11 在 **STEP 10** 所示的对话框中设置完成后单击"确定"按钮，填充后的背景图案就是前面所设置的效果。

STEP 12 应用"裁剪工具"对背景图形进行裁剪，并设置到合适大小，使用"交互式透明工具"对图像进行编辑，再添加文字，制作出完整的图像效果。

Study 03　图形的填充

Work ④　底纹填充

底纹填充也叫纹理填充，它是随机生成的填充，用来赋予对象自然的外观，可以将模拟的各种材料底纹、材质或纹理填充到物件中，同时，还可以修改、编辑这些纹理的属性。在 CorelDRAW 中通过打开"底纹填充"对话框来对图形进行填充。选择不同的名称，将会显示出不同的底纹效果，在右侧的选项区中，可以对底纹组成的底色等进行重新设置。

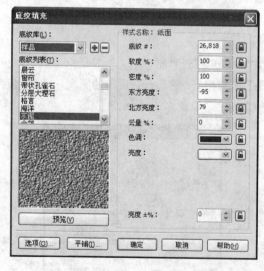

"底纹填充"对话框中的样品

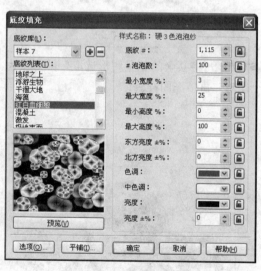

"底纹填充"对话框中的样本 7

应用"底纹填充"时，可以在底纹库中选择合适的底纹样式对图像进行编辑，可以对系统默认的颜色进行重新设置，还可以对要填充的样品进行预览。具体操作为：打开要编辑的图形，并挑选要填充的区域，再打开"底纹填充"对话框，选择所要填充的底纹样式及各项参数，设置完成后单击"确定"按钮，即可将图形填充上底纹效果。

打开素材图形　　　　　　　　　设置"底纹填充"对话框中的参数　　　　　　填充后的效果

Study　03　图形的填充

Work ⑤　Post Script 填充

Post Script 填充是指将图形填充上由单个元素所排列组成的整体效果，可以对单个元素之间的排列方式、间距等重新进行设置。在对话框中勾选"预览填充"复选框后，可以预览选择当前名称后的效果，若在"参数"选项区中对相关参数进行设置，需单击"刷新"按钮才能对设置后的填充效果进行预览。

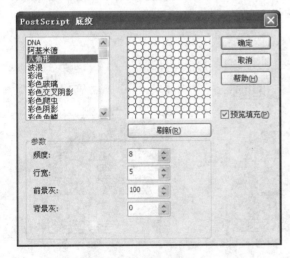

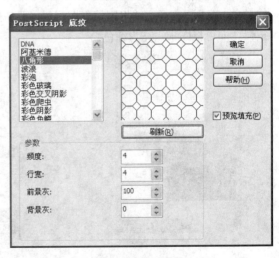

选择填充的底纹样式　　　　　　　　　　　　　　　设置后的填充样式

应用 Post Script 填充图形的基本操作和过程与应用其他填充方法相同，选择所要填充的图形对象，然后打开"Post Script 填充"对话框，在对话框中选择合适的填充类型名称，并勾选"预览填充"复选框，对填充的内容进行预览，满意后单击"确定"按钮，即可应用所设置的填充效果。

选择要填充的图形　　　　　　设置"Post Script 底纹"对话框中的参数　　　　　　填充后的效果

Study 03　图形的填充

Work ⑥　使用"颜色"泊坞窗填充

"颜色"泊坞窗主要用于设置纯色，执行"窗口>泊坞窗>颜色"菜单命令，即可打开"颜色"泊坞窗，在该泊坞窗中有 3 种可以设置纯色的方法，可以通过使用鼠标在颜色查看器中单击，直接设置颜色，可以通过设置颜色滑块来设置新的颜色，还可以通过打开调色板的方法来选择已经定义的颜色。应用"颜色"泊坞窗填充图形时，要先选择填充的图形，然后设置颜色，最后单击"填充"按钮，即可将图形填充为纯色。

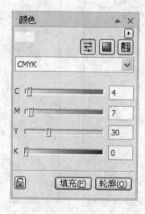

颜色查看器　　　　　　　　　颜色滑块　　　　　　　　　　调色板

CoreIDRAW X4矢量绘图从入门到精通（多媒体光盘版）

Lesson 04 应用"颜色"泊坞窗填充图形

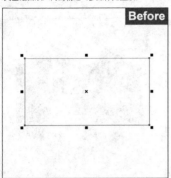

Before

After

科析建设
KEXI CONSTRUCTION

在"颜色"泊坞窗中可以使用所设置的颜色为图形添加渐变颜色，方法为应用"颜色"泊坞窗设置所需要的颜色，然后使用"交互式填充工具"在图中进行拖动，将所设置的颜色应用到填充的图形中，具体操作步骤如下。

STEP 01 首先创建一个空白文档，然后应用"矩形工具"在图形中间位置进行拖动。

STEP 02 下面对图形进行填充。应用"交互式填充工具"在图形中拖动，并打开"颜色"泊坞窗，设置颜色后将色标向填充的图形边缘上进行拖动。

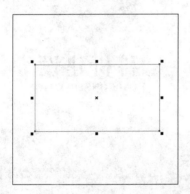

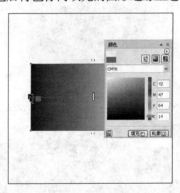

STEP 03 释放鼠标后，即可查看设置新颜色后的渐变效果。

STEP 04 应用"钢笔工具"和"形状工具"结合进行绘制，绘制出图形中其余部分的形状。

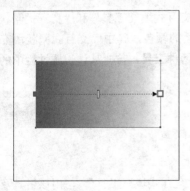

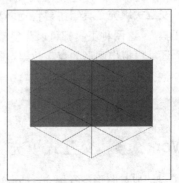

STEP 05 应用"交互式填充工具"在图形中拖动，然后打开"颜色"泊坞窗并设置所需的颜色，将所设置的颜色向要填充的图形上拖动。

STEP 06 应用"交互式填充工具"对另外区域的图形也进行填充。

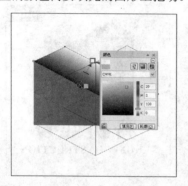

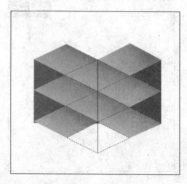

STEP 07 选取其他部分的图形，同样地也应用"交互式填充工具"进行填充，使用"颜色"泊坞窗来设置边缘的渐变颜色。

STEP 08 然后为绘制完成的图形添加上文字，组成完整的标志图形。应用"文本工具"在图中单击后输入文字，设置字体和大小，完成标志的制作。

Study 04 交互式填充工具组

- Work 1 交互式填充工具
- Work 2 交互式网状填充工具

　　交互式填充工具组主要包括两种工具，分别为"交互式填充工具"和"交互式网状填充工具"。这两种工具都可以为复杂的图形填充上合适的颜色，其中"交互式网状填充工具"还能模拟出图形的真实效果进行填充。要掌握这两种工具，首先从认识属性栏中的相关参数开始，然后逐步掌握工具的使用方法。

Study 04 　交互式填充工具组

Work 1　交互式填充工具

　　为了灵活地对图形进行填充，CorelDRAW 中添加了"交互式填充工具"，使用该工具及其属性栏，可以完成在对象中添加各种类型的填充。

01 "交互式填充工具"属性栏

单击工具箱中的"交互式填充工具"按钮 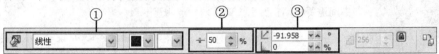，可以在属性栏中查看与该工具相关的属性，如下图所示。属性栏中主要包括的内容有填充类型、渐变填充中心点等。

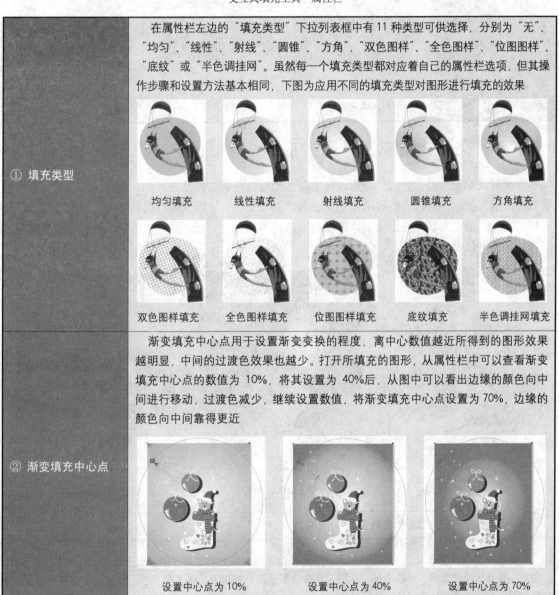

"交互式填充工具"属性栏

① 填充类型	在属性栏左边的"填充类型"下拉列表框中有11种类型可供选择，分别为"无"、"均匀"、"线性"、"射线"、"圆锥"、"方角"、"双色图样"、"全色图样"、"位图图样"、"底纹"或"半色调挂网"。虽然每一个填充类型都对应着自己的属性栏选项，但其操作步骤和设置方法基本相同，下图为应用不同的填充类型对图形进行填充的效果 均匀填充　　线性填充　　射线填充　　圆锥填充　　方角填充 双色图样填充　全色图样填充　位图图样填充　底纹填充　半色调挂网填充
② 渐变填充中心点	渐变填充中心点用于设置渐变变换的程度，离中心数值越近所得到的图形效果越明显，中间的过渡色效果也越少。打开所填充的图形，从属性栏中可以查看渐变填充中心点的数值为10%，将其设置为40%后，从图中可以看出边缘的颜色向中间进行移动，过渡色减少，继续设置数值，将渐变填充中心点设置为70%，边缘的颜色向中间靠得更近 设置中心点为10%　　设置中心点为40%　　设置中心点为70%

（续表）

③ 渐变填充角和边界

渐变填充角和边界用于设置渐变节点的位置,设置的数值越大节点之间的距离越近, 过渡色越明显。图像颜色会向中间靠拢,如果从颜色色标贴齐图形轮廓,边界数值为0,但是设置不同的边界数值对图形会产生很大的影响,设置数值后节点会向中间进行移动,颜色亮部区域会越明显

| 打开填充的图形 | 设置边界为9 | 设置边界为30后的效果 |

02 "交互式填充工具"的应用

"交互式填充工具"的应用是通过在中间添加过渡色的方法来进行的,首先应用该工具在所要填充的图形上拖动,可以将图形填充上默认的黑白渐变色。使用鼠标将调色板中的色标选取,并拖动到"交互式填充工具"的边缘上,可以对填充的图形进行更改。在"颜色"泊坞窗中设置所需的颜色后,也可以设置渐变色。

应用工具进行拖动

填充默认的颜色

设置后的新颜色

Tip 添加"交互式填充工具"中的过渡色

添加"交互式填充工具"的过渡色时,主要通过鼠标向填充的图形中间区域拖动。打开填充的图形,应用"交互式填充工具"单击图形,从图中看出该图形已经被填充上渐变色,在"颜色"泊坞窗中设置所需的颜色后,使用鼠标将颜色拖动到中间位置上,释放鼠标后,即可在中间添加上过渡色,应用这种方法,可以设置其余图形的过渡色。

（续上）

选取填充的背景　　　　　拖动设置的颜色　　　　　填充后的效果

Lesson 05　应用"交互式填充工具"填充图形

CorelDRAW X4矢量绘图从入门到精通（多媒体光盘版）

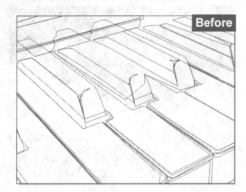

使用"交互式填充工具"对图形进行填充主要是通过添加过渡色以及旋转图形来进行填充，首先应用"挑选工具"选取所要填充的部分图形，用"交互式填充工具"在图形上拖动，将其填充上渐变色，对于不同区域，可调整填充颜色的角度，具体操作步骤如下。

STEP 01 首先打开随书光盘"Chapter 08　图形的颜色和填充\素材\16.cdr"图形文件。

STEP 02 然后对图形边缘进行填充。应用"挑选工具"选取要填充的图形，使用"交互式填充工具"填充上渐变色。

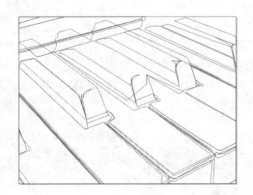

STEP 03 下面对渐变图形进行填充。分别挑选不同的颜色，填充上有变化的颜色。

STEP 04 对白键进行填充。选取各个区域的白键，并使用"交互式填充工具"填充上渐变色。

STEP 05 将其余键盘上的细节图形都填充上颜色，以突出图形立体效果。

STEP 06 应用"挑选工具"选取图形，对细节的图形进行填充，完成本实例的制作。

Study 04　交互式填充工具组

Work ❷　交互式网状填充工具

在交互式工具组中还有一种复杂对边的网状填充工具，可以轻松地应用该工具填充网状效果，根据所绘制图形的方向和轮廓调整不同的图形效果。

01　"交互式网状填充工具"属性栏

"交互式网状填充工具"的主要控制参数来自于该工具的属性栏，单击工具箱中的"交互式网状填充工具"按钮▦，即可在属性栏中查看与该工具相关的选项，其中包括设置网格大小、添加删除节点、调整节点类型等，如下图所示。

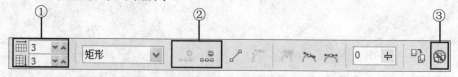

"交互式网状填充工具"属性栏

① 网格大小	网格大小用于设置所添加的网格数量,设置的数值越大网格数量越多,网格也越小,如果设置的网格数量较少,网格也就越大,通常在应用"交互式网状填充工具"进行编辑时,可以通过设置网格大小的方法来添加网格 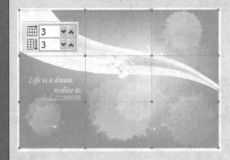 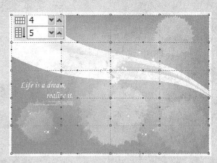 网格为 3 的图形　　　　　　　　添加多个网格数量
② 添加/删除节点	添加节点就是应用"交互式网状填充工具"在图中添加关键点,使填充的图形效果更接近图形的外形效果,删除节点是将该节点周围的横向和纵向节点都一起被删除。首先应用"交互式网状填充工具"单击选取所要删除的节点,然后单击属性栏中的"删除节点"按钮,从删除后的效果可以看出中间添加的颜色都消失不见了 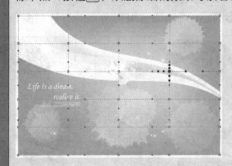 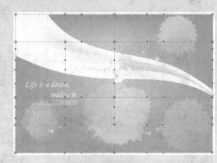 选择删除的节点　　　　　　　　删除节点后的效果 单击网状填充后的图形,然后单击属性栏中的"添加节点"按钮,即可为图形中添加节点,添加的节点也具有与其他节点相同的属性,可以对节点位置以及形状等重新进行设置   选择填充的图形　　　　　　　　添加节点后的图形

（续表）

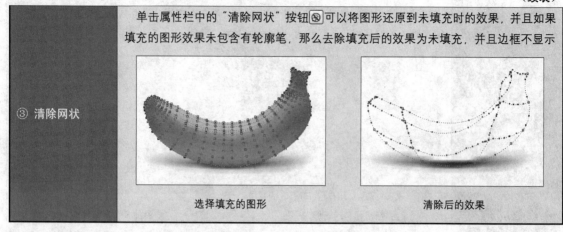

③ 清除网状 ｜ 单击属性栏中的"清除网状"按钮 ⊠ 可以将图形还原到未填充时的效果，并且如果填充的图形效果未包含有轮廓笔，那么去除填充后的效果为未填充，并且边框不显示

选择填充的图形　　　　　　　　清除后的效果

02　　"交互式网状填充工具"的应用

　　交互式网状填充工具和交互式填充工具的使用方法相同，首先为图形添加上网状以及节点，然后选择所要填充的节点，在"颜色"泊坞窗设置所需的颜色后将其拖动到节点上，即可为节点填充上设置的颜色，如果对填充的图形形状不满意，可以通过编辑节点的方法对图形形状进行重新编辑。

打开设置的节点　　　　　　　填充边缘颜色　　　　　　　填充后的效果

Lesson 06　应用"交互式网状填充工具"绘制图标

CorelDRAW X4矢量绘图从入门到精通（多媒体光盘版）

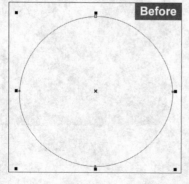　　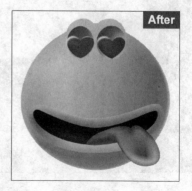

　　使用"交互式网状填充工具"可以按照图形的轮廓进行填充，划分出图形明暗之间的关系，本

实例就是应用这一特性，将各个部分填充上颜色，并突出表现图标的立体效果。制作过程从轮廓开始，先为图形填充上基本的颜色，然后应用"交互式网状填充工具"对图形的细节部分进行填充和编辑，具体操作步骤如下。

STEP 01 首先创建一个新的文件窗口，然后应用"椭圆形工具"在图中拖动，绘制一个椭圆。

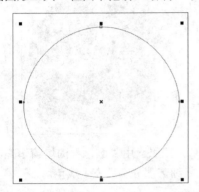

STEP 02 然后绘制出图形中其他部分的图形，包括眼睛和嘴部等。

STEP 03 下面对图形进行填充。首先选取椭圆图形，应用"交互式填充工具"为其填充上射线渐变。

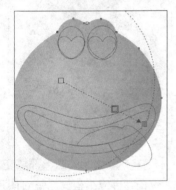

STEP 04 然后使用"交互式网状填充工具"在图形中单击，并添加上边缘的节点。

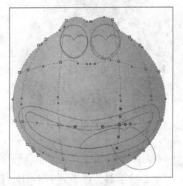

STEP 05 添加上节点后，在"颜色"泊坞窗中设置所需的颜色，选择相应的节点，对图形进行填充。

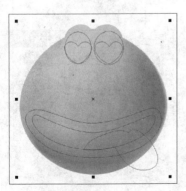

STEP 06 选取眼睛位置的图形，分别应用"交互式填充工具"将其填充上不同的颜色。

STEP 07 对嘴部和舌头图形也进行填充，应用"交互式填充工具"填充上初步的颜色。

STEP 08 应用"交互式网状填充工具"单击嘴部图形，并在边缘和中间填充上不同的颜色，调节细节的图形效果。

STEP 09 对于嘴部图形中其余部分的图形也使用同样的方法，使用"交互式网状填充工具"进行填充。

STEP 10 按照应用"颜色"泊坞窗填充节点的方法，将细节部分都填充上颜色。

STEP 11 下面绘制眼睛上的高光区域。使用"钢笔工具"和"形状工具"结合进行使用，绘制出高光图形。

STEP 12 将 **STEP 11** 绘制的图形都填充上颜色，然后转换为位图，再应用模糊滤镜对图形进行编辑，完成整个实例的制作。

Chapter 09

文本的处理

CorelDRAW X4 矢量绘图从入门到精通（多媒体光盘版）

本章重点知识

本章视频路径

DVD

Chapter 09 文本的处理

文本是 CorelDRAW X4 中不可缺少的一部分，所以在学习图形的绘制方法时，也应该学会应用"文本工具"在图中输入文字。对于文本的处理主要分为 3 个部分进行学习：美术文字、段落文字以及路径中的文字。本章重点学习"文本工具"的使用方法，以及路径和文本之间的关系和设置。

知识要点 01 应用文本框输入文字

在文本框中输入文字的一般步骤为首先应用"文本工具"在图中拖动，然后在创建的文本框中输入文字，如果对于输入的文字效果不满意，可以重新在"文本工具"属性栏中重新进行设置。

在文本框中输入文字

设置后的文字效果

知识要点 02 旋转文本框

旋转文本框指的是将文本框整体进行旋转，包括文本框中所输入的文字。旋转文本框和旋转图形的方法相同，应用鼠标在所旋转的文字中间单击，然后将鼠标放置到文本框的边缘上，将其向合适位置上进行旋转，旋转图形时可以预览旋转后的图形效果，释放鼠标后即可查看旋转后的效果，而且在"文本工具"属性栏中也可以通过在"旋转角度"中直接输入数值来旋转文本框。

选择文本框边缘

旋转后的效果

01 文本工具

- Work 1 美术文字
- Work 2 段落文字

文本工具的主要作用是在图中输入文字。在绘制图形时不能单独绘制图形效果,适当地添加说明文字以及文字效果,可以丰富图像画面。文本工具一般用于输入美术文字以及段落文字,这两类文字的创建方法不同,但是都可以应用"文本工具"属性栏中的相关按钮来对输入的文字重新进行编辑和设置。

Study 01 文本工具

Work 1 美术文字

美术文字是用文本工具创建的一种文本类型,它可以用于设置标题文字或者图形效果,如使文本适合路径以及创建所有其他特殊效果。

01 "文本工具"属性栏

"文本工具"属性栏中所提供的相关操作都是针对输入的文字进行设置,其中包含的内容主要有文字字体设置、文字大小设置、字体形状设置以及对齐方式的设置等,如下图所示。

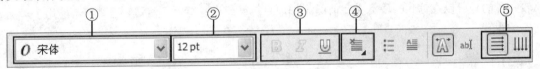

"文本工具"属性栏

① 字体列表	在属性栏中单击"字体列表"下拉列表框右侧的下三角按钮☑,打开下拉列表框,使用鼠标单击所需的字体名称,即可完成文字字体的设置
② 文字大小	单击下三角按钮☑,在弹出的下拉列表框中选择相应的数值,即可设置文字的大小,也可以直接在文本框中输入数值
③ 字体形状	字体形状用于设置字体的形状,单击"粗体"按钮Ⓑ,可以将文字边缘加粗;单击"斜体"按钮Ⓘ,可以制作成斜体效果;单击"下划线"按钮Ⓤ,可以在文字底部加上下划线
④ 对齐方式	单击属性栏中的"水平对齐"按钮🗐,可以打开相关文本对齐的方式,其中共包含有6种,分别为"无"、"左"、"居中"、"右"、"全部对齐"和"强制调整",可以将输入的文字设置为其中任意一种对齐方式
⑤ 文字方向	文字方向指的是文字在水平或者垂直方向上的排列,单击按钮☰可以输入横排的文字,单击按钮‖‖则可以输入纵向的文本

02　输入文字并设置

　　应用"文本工具"输入文字后可以任意对文字大小进行设置。首先应用"文本工具"在图中进行单击，然后在属性栏中分别将文字设置为合适的大小以及字体，同时，可以将文字设置为另外的颜色。

输入并设置文字

设置文字颜色后的效果

Study 01　文本工具

Work ❷　段落文字

　　段落文字和美术文字在文本属性中都不相同，段落文字具有美术文字所不具有的某些特征，比如段落文字之间可以设置间距、行距、首行缩进等参数，段落文字一般用于表述主体的说明性文字，比较特殊的是可以在输入的段落文字前面添加项目符号或进行首字下沉等，这些都不能用于对美术文字的设置。

01　创建文本框

　　文本框主要用于输入段落文字，可以根据需要创建大小不同的文本框，并且对于已经创建的文本框还可以继续调整其大小、长度以及宽度等，具体操作方法为，应用"文本工具"在页面中的空白区域上拖动，释放鼠标即可创建出新的文本框，并且该大小就是前面应用文本工具拖动时的大小，且根据需要还可以对文本框的大小和位置重新进行设置。

打开素材图像

拖动鼠标

形成文本框

02 显示/隐藏文本框

　　文本框中显示的是段落文字，而且通过文本框可以查看文字的边框文字以及显示是否完成。应用"挑选工具"将未隐藏的文本框选取，执行"文本>段落文本框>显示文本框"菜单命令，即可将所选择的文本框进行显示，而隐藏后的文本框中还是会显示出段落文本。

| 选择文本框 | 执行相关命令 | 隐藏文本框后的文字 |

03 设置段落文字字体

　　设置段落文字字体和设置美术文字的方法相同，应用"挑选工具"选取输入的段落文字，然后打开"字体列表"下拉列表框，使用鼠标选择最合适的字体样式，并且在图像窗口中根据所选择的字体不同，会预览到应用不同字体后的效果。

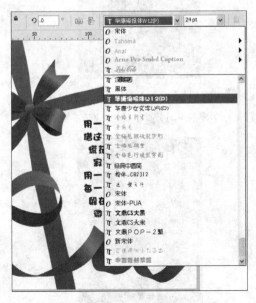

选择字体样式

设置后的效果

设置另外字体后的效果

Lesson
01

应用"文本工具"添加杂志内页文字

CorelDRAW X4矢量绘图从入门到精通（多媒体光盘版）

　　添加杂志内页文字主要是添加美术文字，通过文本工具在图中单击后直接输入文字，并将所输入的文字设置为所需的字体以及文字大小，根据文字的不同作用来区别文字的颜色和字体，较大的文字作为图像中的标题，较小的文字作为说明文字，具体操作步骤如下。

STEP 01 首先打开随书光盘"Chapter 06　文本的处理\素材\4.jpg"图形文件。

STEP 02 下面为图形添加文字。应用"文本工具"在图中单击后输入所需的文字。

STEP 03 设置输入文字的字体和大小，并填充为白色。

STEP 04 使用输入文字的方法，在另外的文字区域输入文字，并设置字体和颜色。

STEP 05 然后输入活动举办的地点等相关文字，并放置到页面的左侧，设置为黑色。

STEP 06 最后为图形添加上装饰图形，应用"标注形状工具"绘制出所需形状，并添加边框。

Study 02 字符与段落格式化泊坞窗

- Work 1 "字符格式化"泊坞窗
- Work 2 "段落格式化"泊坞窗

字符与段落格式化泊坞窗对于设置美术字和段落文本有重要的作用，应用这两种泊坞窗可以分别对输入的美术字和段落文本进行设置，其中所设置的主要内容包括字体设置、文字大小设置、间距设置、字符效果设置等。

Study 02 字符与段落格式化泊坞窗

Work 1 "字符格式化"泊坞窗

"字符格式化"泊坞窗主要用于对美术字进行调整，执行"文本>字符格式化"菜单命令，即可打开"字符格式化"泊坞窗，如下图所示，从图中可以进行文字字体、文字大小、字符效果以及字符位移等的设置。

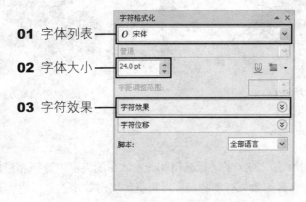

01 字体列表

02 字体大小

03 字符效果

"字符格式化"泊坞窗

01 字体列表

可以在"字符格式化"泊坞窗中进行字体设置。单击字体列表中的下三角按钮☑，在弹出的下拉列表框中选择合适的字体，即可对文字的字体进行设置，还可根据需要将输入的文字设置为其他的字体。

设置方正字体后的文字

设置华康字体后的文字

02 字体大小

在"字符格式化"泊坞窗中进行文字大小的设置时，可以得到正常比例大小的文字，但是也可以使用鼠标将文字选取后，向四面进行拖动，形成不规则的文字效果，如果要将这类型的文字变为正常的文字效果，可以在设置大小的文本框中输入整数数值来设置文字大小，并且所输入的数值越大文字也越大，如下图所示的设置为 50pt 和 80pt 的文字效果。

文字大小设置为 50pt 的文字效果

文字大小设置为 80pt 的文字效果

03 字符效果

字符效果指的是对所输入的文字进行编辑和变换，在泊坞窗中选择相应的选项，即可打开下拉列表框进行选择，其中包含的效果有 5 种，可以根据需要对其中的选项进行设置，这些选项分别为"下划线"、"删除线"、"上划线"、"大写"、"位置"。如果要对下划线进行设置，可以单击该选项右侧的下三角按钮⊡，在弹出的下拉列表框中进行选择，如选择"双细字"选项，即可在文字底部添加上两条下划线。

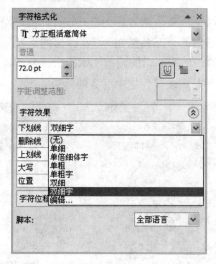

选择下划线类型

设置后的文字

Work ② 　"段落格式化"泊坞窗

　　"段落格式化"泊坞窗的主要作用是设置段落文字中的对齐方式、间距以及文本方向等，通过对泊坞窗相应选项的展开，并在数值框中输入相应的数值来设置相关参数，执行"文本>段落格式化"菜单命令，即可打开"段落格式化"泊坞窗，其中所包含的选项如下图所示。

01 对齐
02 间距
03 缩进量
04 文本方向

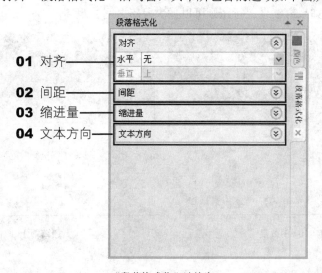

"段落格式化"泊坞窗

01 对齐

对齐用于设置段落文本的对齐方式，分别可在水平以及垂直两个方向上进行设置，也可以只对其中一种进行设置。单击"水平文本对齐"下拉列表框右侧的下三角按钮，在弹出的下拉列表框中，水平文本对齐有7种方式，垂直文本对齐方式有4种，将所编辑的段落文本选取，然后在要设置的文本中选择样式即可，如下图所示为将默认的左对齐方式设置为居中对齐的效果。

左对齐后的效果 　　　　　　　　　　　　居中对齐后的效果

02 间距

间距用于控制段落文本行之间的距离，设置的数值越大，行与行之间的距离也就越大，为了能更仔细地阅读清楚其中的文字，使文字之间空出些许距离，可在"间距"选项区中使用鼠标单击右侧的按钮，弹出相关的设置选项，在"段落前"数值框中将数值设置为 110%，设置间距后文本框中文字间距拉大，如果继续设置行距则可以加大段落之间的距离。

段落前 110%的效果 　　　　　　　　　　段落前 150%的效果

03 缩进量

缩进量控制的是段落文本移动的距离，其中包括首行缩进、左缩进和右缩进，在相对应的数值框中输入一定的数值即可对缩进量进行设置，如下图所示为在"首行"数值框中输入 70mm 后的设置与效果,从设置后的段落文本可看出文字向右侧进行移动,如果将数值设置为负值,可以将段落向左侧进行移动;设置左缩进时,也可以应用同样的方法,在数值框中输入数值即可将文字向左缩进。

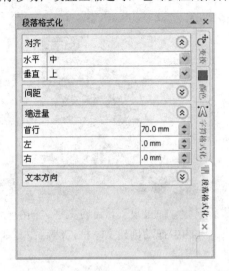

设置首行缩进

设置后的文字效果

04 文本方向

文本方向的设置可以在"文本方向"选项区中进行选择,在"方向"下拉列表框右侧单击下三角按钮,在弹出的下拉列表框中有两种选项可供选择,分别为"水平"和"垂直",如果选择"垂直"选项,文字将调整为垂直方向排列。

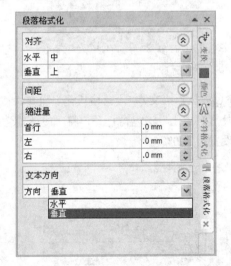

设置文本方向

设置垂直方向后的文字效果

Lesson
02 调整段落文字间距
CorelDRAW X4矢量绘图从入门到精通（多媒体光盘版）

　　段落文字的间距主要通过"段落格式化"泊坞窗来进行设置，通过设置，可将文字之间的行距加大，留出空隙的区域。具体制作过程为应用"文本工具"在图中拖动创建文本框，然后在文本框中输入文字，再进行设置。

STEP 01 打开随书光盘"Chapter 09　文本的处理\素材\7.cdr"图形文件。

STEP 02 然后选取"文本工具"，并应用该工具在页面中拖动，创建一个新的文本框。

STEP 03 在文本框中输入所需的段落文字，从图中看出输入的文字向左对齐。

STEP 04 执行"文本>段落格式化"菜单命令，将"段落格式化"泊坞窗打开，将"段落前"的数值设置为200%。

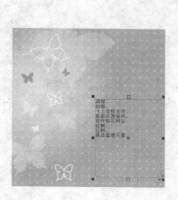

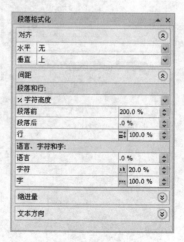

STEP 05 通过对文字段落的设置，可以将段落之间的间距加大。

STEP 06 然后在"文本工具"的属性栏中将文字的字体设置为"方正粗活意简体"，大小设置为20pt。

STEP 07 下面对文本框的大小进行设置。选择文本框的边缘，并按住鼠标左键进行拖动，即可调整文本框大小。

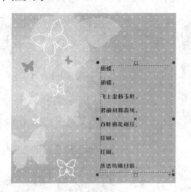

STEP 08 然后在属性栏中将文本的对齐方式设置为"右"，将文本向右对齐，并将文字的颜色设置为白色，完成段落文本的设置。

Tip 设置文本框大小

　　设置文本大小主要通过选择文本框边缘向外或者向内进行拖动，将文本框变大或者缩小，文本框的缩放决定了是否可以将其中的文字显示完全，所以应该调整合适大小的文本框。也可以只对文本框的宽度进行设置，用鼠标在文本框的两边向左或者向右进行拖动，即可调整文本框的宽度。

拖动文本框边缘

调整后的文本框

● Work 1 设置文字字体
● Work 2 设置文字颜色

文字字体和颜色的设置要在属性栏中完成，将文字设置为所需的大小以及颜色，并且要注意区分设置部分文字字体和颜色与设置全部字体和颜色的方法。

💡 知识要点　设置字体和颜色

字体是在"文本工具"属性栏中的字体列表中进行设置，而对于颜色的设置则有多种方法，可以通过调色板、"颜色"泊坞窗等多种方法进行设置，可以应用"挑选工具"将所有要编辑的文字选取，在字体列表中选择最合适的字体效果，然后单击调色板中的色标，为文字设置最合适的颜色。

打开素材图形

设置字体后的效果

设置颜色后的效果

Study 03　文字的字体和颜色

Work ❶　设置文字字体

字体的设置主要在字体列表中进行，在 CorelDRAW X4 中可以将所有输入的文字设置为同一种字体，也可以根据需要将部分文字设置为另外的字体，这两种设置字体的方法不同，学习时要注意其中的区别和操作要点。

01　设置所有文字字体

设置所有文字字体，需要将所有文字选取，并在"字体列表"下拉列表框中选择合适的字体，CorelDRAW X4 提供了字体预览功能，在选择不同的字体时，可以从图像窗口中预览所选字体的效果，根据所制作的图像效果，来选择最合适的文字效果。

选择要编辑的文字

设置字体后的效果

02　设置部分文字字体

设置部分文字的字体时，要先将所要设置的部分文字选取，然后再设置字体。具体的操作为首先选取所输入的文字，并应用文本工具在所输入的文字中单击，按住鼠标方向进行拖动，将要编辑的部分文字选取，在字体列表框中选择最合适的字体，从完成的图形效果中即可看到该部分文字已被设置了新的字体。

选择部分文字

设置后的效果

Study 03　文字的字体和颜色

Work 2　设置文字颜色

设置文字颜色指的是将所输入的文字进行颜色变换，为文字设置颜色的方法有多种，最常应用的是通过调色板中的色标对文字颜色进行填充，可以将文字填充为纯色，打开"均匀填充"对话框，结合"颜色"泊坞窗对文字进行纯色填充，而通过交互式填充工具则可以为文字设置渐变色。

01　设置所有文字颜色

设置所有文字的颜色，与设置部分文字颜色的方法是有一定区别的，设置所有文字颜色时首先将所有文字都选取，在图像窗口右侧调色板中应用鼠标单击相应的色标，即可对文字颜色进行设置，也可以通过打开"均匀填充"对话框来对文字颜色进行设置。

打开编辑的素材图像

设置文体后的效果

02　设置部分文字颜色

在设置部分文字颜色的方法时，首先应用"挑选工具"将所输入的文字选取，然后应用"文本工具"在文字中单击后拖动，将所要设置颜色的文字选取，被选取的部分文字以灰色的背景进行显示，再单击右侧调色板中相应的颜色色标，即可将文字的颜色设置为白色，可以用此种方法设置其他文字的颜色。

选择部分文字

设置颜色后的效果

03　设置文字渐变色

文字除了可以设置为纯色外，也可以为其填充上渐变色，应用"交互式填充工具"在已经输入的文字上拖动，然后与一般填充图形的方法相同，在调板中选择相应的色标后，直接拖动到渐变中，设置新的渐变色，同时也可以应用"颜色"泊坞窗来重新设置渐变的过渡色。

使用"交互式填充工具"拖动

设置新的渐变颜色

Tip　将文本填充上图样

　　为文本填充上图样与为图形填充上图样的方法相同，应用"挑选工具"选取所要填充的文本图形，然后单击工具箱中的"填充工具"按钮 ，按住左键不放，在弹出的工具条中单击 按钮，即可打开"图样填充"对话框，在对话框中选择"全色"单选按钮，然后选择合适的图案，设置完成后单击"确定"按钮，即可将文本填充上合适的颜色。

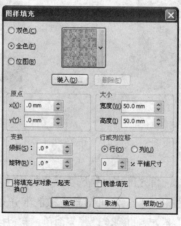

选择要填充的文字

"图样填充"对话框

填充后的效果

添加不同颜色和字体的文字

CorelDRAW X4矢量绘图从入门到精通（多媒体光盘版）

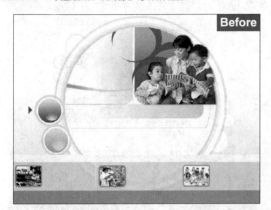

　　添加不同颜色和字体的文字，可以丰富图像效果，并且不同区域的文字可填充不同的颜色和字体，如果是标题文字就应用较粗的字体，并设置较亮的颜色；如果是说明性较多的文字，可应用普通的字体颜色也可应用常见的黑色，具体的操作步骤如下。

STEP 01　打开随书光盘"Chapter 09　文本的处理\素材\11.cdr"图形文件。

STEP 02　然后选取"文本工具"在图中输入两个词组，分别为"阳光"和"幼儿园"。

STEP 03　在文本字体列表中选择最合适的字体，并输入另外的英文名称。

STEP 04　打开"颜色"泊坞窗，设置颜色为C:28、M:100、Y:28、K:2，然后选取输入的文字，单击"填充"按钮，将文字填充上所设置的颜色。

STEP 05 下面为图标上添加上说明文字。应用"文本工具"在图中单击后输入相关文字，将字体设置为"文鼎CS大黑"，字体大小设置为16pt。

STEP 06 下面添加中间的说明文字。应用"文本工具"在图中单击后输入文字，将输入的文字字体设置为"黑体"，大小设置为12pt。

STEP 07 下面为图像中各个板块添加上文字。将所输入文字字体设置为"华康少女文字W5"，大小设置为16pt，并设置为和主体文字相同的颜色。

STEP 08 在板块中添加上说明文字。应用"文本工具"在图中拖动，创建一个合适大小的文本框，然后在其中输入文字，将字体大小设置为12pt。

STEP 09 然后为图形中添加装饰图形。应用"钢笔工具"和"形状工具"结合绘制出多个线条以及圆点图形，并分别填充和设置上颜色。

STEP 10 最后在图像中添加标题。应用"钢笔工具"和"形状工具"结合绘制一个图形，然后填充上颜色，应用"文本工具"输入文字。

路径与文字的关系

- Work 1　文字环绕路径
- Work 2　文字位于路径中
- Work 3　设置路径与文字的距离

　　路径与文字的关系主要包括两种，分别为文字环绕路径进行显示，或者在绘制的闭合曲线中输入文字，也就是将文字放置到绘制的路径中。对于闭合的曲线，可以在其边缘上输入环绕的文字，但是对于绘制的单个弯曲的线条，则不能将其作为文本框在其中输入文字，如果要在其中输入文字，可以将其先转换为闭合的曲线后，重新对图形进行编辑。

Study　04　路径与文字的关系

Work 1　文字环绕路径

　　应用"文本工具"在所绘制的路径中单击后，即可输入相应的文字，可以在对应的属性栏中设置路径中文字的排列以及分布的情况，其属性栏如下图所示。

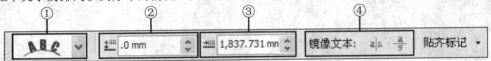

设置路径环绕属性栏

① 文字方向	文字方向控制的是文字在路径中显示的方法，在属性栏中单击"文字方向"按钮右侧的下拉三角按钮，弹出相应的下拉列表框，选择不同的方向形状，文字将按照所设置的形状进行调整，系统默认的形状为文字沿着路径形状进行排列，设置为不同的形状后文字也随之改变   
② 与路径距离	与路径的距离选项控制的是路径与文字之间的距离关系，可以将文字向上或者向下进行移动，具体操作方法为应用"挑选工具"将编辑的文字选取，然后在属性栏对应的数值框中输入相应的数值，即可对文字的距离进行设置，在数值框中输入正值可以将文字在路径上方进行移动，如果将数值设置为负值，则可以将文字向路径下方进行移动    设置路径距离为5mm　　　　设置路径距离为15mm　　　　设置路径距离为−10mm

（续表）

③ 水平偏移	水平偏移用于设置文字在路径上移动的距离，可以将文字在路径中任意位置进行偏移，选择所输入的文字，可以在水平偏移的数值框中查看相关的数值，如果在数值框中对数值进行修改，可以从图中看出文字的位置将被移动，移动的数值越大，移动的距离也就越大    显示默认的文字偏移　　　　设置偏移为 10mm　　　　设置偏移为 85mm
④ 镜像文本	镜像文本指的是可以将绘制的路径为中心对文本在水平方向或者垂直方向上进行移动。在图像窗口中选择已经编辑后的文本，并单击属性栏中的"水平镜像"按钮，即可将图形在水平方向上进行翻转，如果再单击"水平镜像"按钮，则可以将翻转后的图像进行还原，回到未编辑时的图像效果，然后单击"垂直镜像"按钮，可以将文本在垂直方向进行镜像    水平镜像后的效果　　　　再次水平镜像后的效果　　　　垂直镜像后的效果

Study 04　路径与文字的关系

Work ② 文字位于路径中

　　"文字位于路径中"选项可用于设置如何在路径中输入文字、完整地显示出在路径中所输入的文字，对于所创建路径的边框等也可以重新进行设置，如对形状以及边框大小重新进行设置。

01　在路径中输入文字

　　在路径中输入文字的前提是所输入的路径为闭合的曲线图形，这样才能将所绘制的路径转换为文本框，并在其中输入文字，输入的文字会按照上次所设置的文字字体以及大小进行显示。

绘制所需的路径

在路径中输入文字

02 　使文本适合路径

使文本适合路径是指将在路径中输入的文字全部显示出来，其中的文字将会按照最合适的文字大小和间距进行显示，该方法可用于防止部分文字不能出现在所绘制的路径中。首先选择已经输入的文字，然后执行"文本>段落文本框>按文本框显示文本"菜单命令，即可将文本框中的文字按照合适大小进行显示。

执行相关菜单命令

调整后的文本效果

Study 04　路径与文字的关系

Work 3 　设置路径与文字的距离

路径与文字的距离是指所绘制的图形和沿着该路径所输入的文字之间的距离，可通过应用"文本工具"沿着路径输入文字后，在"文本工具"属性栏中进行设置。

01 　设置正值距离

设置正值距离指的是将所输入的文字沿着垂直向上的方向进行移动，系统默认的数值为 0，文字位于路径边缘进行环绕，设置较大的数值后可以使文字远离路径。

选择输入的文字

设置为 5mm

02 设置负值距离

设置负值距离可以将文字向垂直方向的底部进行移动，设置的数值越大，路径与文字之间的距离就越远。

设置为－5mm

设置为－15mm

Lesson 04 沿着路径输入文字

CorelDRAW X4矢量绘图从入门到精通（多媒体光盘版）

沿着路径输入文字时要先绘制一条路径，并将所绘制的路径转换为文本框后，应用"文本工具"在图中单击输入文字，对于所输入的文字，可以设置其字体和颜色，并且可以调整文字大小以适合当前编辑时的文本框。

STEP 01 首先创建一个纵向的页面，并应用"矩形工具"绘制矩形，然后将其调整为圆角。

STEP 02 将矩形填充为灰色，然后在上面添加圆形图案，并填充上另外的颜色。

STEP 03 下面绘制花朵的轮廓。应用"钢笔工具"和"形状工具"结合进行绘制。

STEP 05 继续在花朵图形中绘制其他不规则的形状，方便后面输入文字。

STEP 07 然后在文本框中输入文字，并设置上合适的颜色。

STEP 09 最后为花朵上添加文字。应用"文本工具"在花瓣图形上单击，将图形转为文本框，并输入文字，然后设置间距和颜色，完成本实例的制作。

STEP 04 将所绘制的图形填充上白色，然后应用"交互式阴影工具"为图形添加上阴影。

STEP 06 应用"文本工具"在底部的花盆形状上单击，将图形转换为文本框。

STEP 08 下面为树叶上输入文字。应用前面所讲述的方法，将图形转换为文本框，在其中输入文字，并设置颜色。

Chapter 10

图形特效全攻略

CorelDRAW X4 矢量绘图从入门到精通（多媒体光盘版）

本 章 重 点 知 识

DVD

本 章 视 频 路 径

Chapter 10\Study 01　交互式调和工具
- Lesson 01　应用"交互式调和工具"制作融合的图形效果.swf

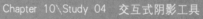
Chapter 10\Study 03　交互式变形工具
- Lesson 02　应用"交互式变形工具"制作背景图案.swf

Chapter 10\Study 04　交互式阴影工具
- Lesson 03　应用"交互式阴影工具"为图形添加阴影.swf

Chapter 10\Study 05　交互式立体化工具
- Lesson 04　应用"交互式立体化工具"制作立体化文字效果.sw

Chapter 10\Study 06　交互式透明工具
- Lesson 05　应用"交互式透明工具"制作透明图像.swf

Chapter 10　图形特效全攻略

　　图形特效的操作是指通过 CorelDRAW X4 中所提供的特殊工具对图形进行编辑，主要使用的是交互式工具组，可以对图形透明度和轮廓进行设置制作成立体效果的图像，也可以为图形添加上阴影。这些效果都可以应用交互式工具组中的相关工具来实现，所以在学习 CorelDRAW X4 知识时，应将本章作为学习的重点。

💡 知识要点 01　交互式工具组

　　交互式工具组是编辑图形时经常用到的工具组，并且这组工具是所有工具中最难操作的。应用交互式工具对图形进行调整时，可以通过对属性栏中相关属性的调整来编辑最后得到的图像效果。可以应用交互式透明工具来制作透明效果图形，也可以应用交互式轮廓图工具来得到由多个轮廓组成的图形。

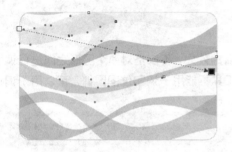

应用"交互式透明工具"编辑图形

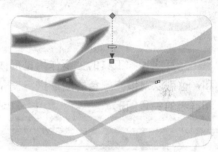

应用"交互式轮廓图工具"编辑图形

💡 知识要点 02　"交互式调和工具"属性栏

　　在应用交互式调和工具对图形进行编辑之前，应先了解该工具的属性栏，因为在对图形进行编辑前，要先在属性栏中设置相关数值，属性栏中的选项包括如下所示。

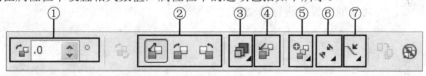

"交互式调和工具"属性栏

① 调和方向	调和方向控制的是图形之间变换的方向，设置参数后可以将变换的图形进行旋转，旋转的角度就是所输入的角度
② 调和快捷按钮	调和快捷按钮用于设置调和的颜色之间的变换，其中包括 3 个按钮，分别为"直接调和"按钮、"顺时针调和"按钮和"逆时针调和"按钮
③ 对象和颜色加速	对象和颜色加速用于控制图形变形和颜色变换的速度，单击属性栏中的"对象和颜色加速"按钮，即可打开"加速"选项区，应用鼠标拖动滑块即可调整相关参数
④ 加速调和时的大小调整	加速调和时的大小调整用于设置加速时图形大小的变换，单击"加速调和时的大小调整"按钮后可以将图形加速的幅度减小

（续表）

⑤ 杂项调和选项	杂项调和选项用于设置调和时其他选项的设置，单击属性栏中的"杂项调和选项"按钮[图]，即可打开相应的选项区，并可对其进行设置
⑥ 起始和结束对象属性	起始和结束对象属性可用于设置起点和终点图形，单击属性栏中的"起始和结束对象属性"按钮[图]后，可以在弹出的选项区中选择合适的选项，对要重新设置的起点或者终点重新进行定义
⑦ 路径属性	路径属性用于控制变形过程的路径形状，可以单击属性栏中的"路径属性"按钮[图]来设置路径的相关操作，主要包括创建新路径、显示路径和从路径分离

Study 01 交互式调和工具

- Work 1 图形形状的调整
- Work 2 图形颜色的变换

　　交互式调和工具的主要作用是形成多重调和后的效果，不仅是对两个图形之间进行调和，也可以对填充颜色的图形进行调和，但是该工具不能用于调和位图图像，可以用于调和群组的矢量图形。

Study 01　交互式调和工具

Work 1 图形形状的调整

　　图形形状的调整用于从一个图形过渡到另外的图形，在调和的过程中将会显示出过渡的图形效果，具体操作为首先选择其中一个要调和的图形，并使用"交互式调和工具"向另外的图形上拖动，释放鼠标后即可在图像中查看调和后的新图形效果，对于调和后的图形，可以应用"挑选工具"选取其中一个图形，并向其他位置上进行移动和变换大小。

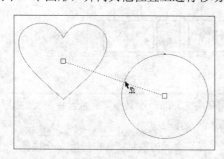

拖动选择的图形

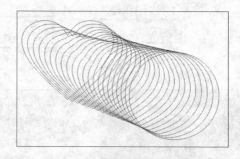

调和后的图形形状

Study 01　交互式调和工具

Work 2 图形颜色的变换

　　图形颜色的变换是指可以将其中一个颜色变换到另外的颜色，中间为这两种颜色的过渡色，方法是应用"挑选工具"将对象选取，填充上合适的颜色，将另外一个图形也选取并填充上颜色后，即可完成颜色的调和，从图中可以看出调和后的中间色非常自然，而且颜色过渡很均匀，也可以整体选取调和后的图形，重新对颜色进行设置。

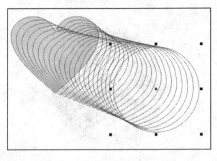

填充其中的图形

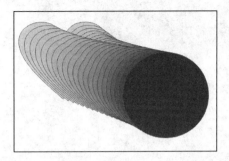

填充另外的图形

Lesson 01 应用"交互式调和工具"制作融合的图形效果

CorelDRAW X4矢量绘图从入门到精通（多媒体光盘版）

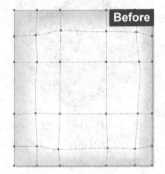

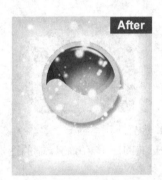

交互式调和工具可以将两个图形的颜色以及图形的变换进行融合，制作成具有立体效果的图形，应用这一特性，可以将其制作成完整的按钮图形，通过绘制两个相同的图形，分别填充上颜色后，再应用交互式调和工具对图形进行编辑，最后为图形添加上装饰效果，组成完整的图形，具体操作步骤如下。

STEP 01 首先创建一个宽度和高度分别是210mm和230mm的文件，然后应用"矩形工具"绘制和页面相同大小的矩形图形，再使用"交互式网状填充工具"填充上颜色，并调整网格的位置。

STEP 02 将矩形轮廓线设置为无，再应用"椭圆形工具"连续在图中拖动，绘制出两个大小不一的椭圆图形，并分别填充上颜色。

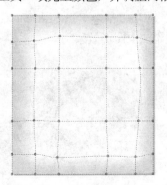

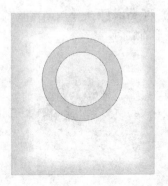

STEP 03 选取**STEP 02**所绘制的较小椭圆形，单击工具箱中的"交互式调和工具"按钮 ，然后向外部的椭圆形拖动制作成调和的图像效果。

STEP 04 在图中绘制另外的椭圆图形，分别为其填充颜色并去除轮廓线，再使用与前面制作调和图形相同的方法，也将绘制的椭圆图形制作成调和效果。

STEP 05 应用"钢笔工具"和"形状工具"，绘制出图中的高光区域。

STEP 06 分别选取所绘制的图形，填充上颜色后转换为位图，应用高斯模糊滤镜对其进行编辑，制作成高光效果。

STEP 07 然后应用"钢笔工具"和"形状工具"结合绘制扭曲的图形，并将绘制的图形填充上渐变色。

STEP 08 下面为球体图形添加上细节图形。与前面制作调和图形的方法相同，先绘制出图形的轮廓，再填充上颜色，然后应用"交互式调和工具"对图形进行调和。

STEP 09 将**STEP 08**所绘制的图形选取后放置到弯曲图形的后面。

STEP 10 应用"钢笔工具"和"形状工具"结合在中间添加上图形效果。

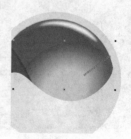

STEP 11 选取最底部的椭圆图形，应用"交互式阴影工具"在图中拖动，为图形添加上阴影，并仔细调整阴影的位置和透明度。

STEP 12 应用"椭圆形工具"连续在图中拖动，并将所绘制的图形填充为白色，转换为位图后应用高斯模糊对其进行编辑，为图中添加上高光，完成本实例的制作。

Study 02 交互式轮廓图工具

- Work 1　轮廓的类型
- Work 2　轮廓图的步长
- Work 3　轮廓图的偏移
- Work 4　轮廓图的颜色样式
- Work 5　对象和颜色加速

　　交互式轮廓图工具的主要作用是为图形添加轮廓，并且可以在添加轮廓的同时，对形成的渐变色进行设置。

　　单击工具箱中的"交互式轮廓图工具"按钮■，即可在属性栏中查看与该工具相关的属性栏，应用该工具对图形进行编辑之前，要先了解属性栏中的相关参数。

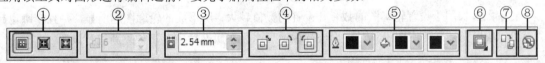

"交互式轮廓图工具"属性栏

① 轮廓类型	轮廓类型用于设置轮廓的分布方式，其中有 3 种选项可供选择，分别为到中心、向内和向外，系统所默认的轮廓类型为向内
② 轮廓图步长	轮廓图步长用于设置图形轮廓的多少，设置的数量越多所添加的轮廓也就越多，反之添加的轮廓就越少
③ 轮廓图偏移	轮廓图偏移用于设置轮廓与中心位置的距离，设置的数值越大图形轮廓间的间距就越大，并且离中心位置越近
④ 轮廓图颜色样式	轮廓图颜色样式主要用于设置轮廓图的颜色类型，有 3 种选项可供选择，分别为"线性轮廓图颜色"、"顺时针的轮廓图颜色"和"逆时针的轮廓图颜色"
⑤ 轮廓和填充的颜色	轮廓和填充的颜色用于设置图形轮廓的颜色以及中间所填充的颜色，单击相应的按钮，会弹出色标，应用鼠标单击所需的颜色色标即可

（续表）

⑥ 对象和颜色加速	对象和颜色加速用于控制图形颜色变换的速度，设置的数值越大图形的变化效果越明显
⑦ 复制轮廓图属性	选择要编辑的图形，然后选取"交互式轮廓图工具"，单击属性栏中的"复制轮廓图属性"按钮 🖳，使用黑色箭头单击目标对象，即可将已经设置的轮廓图效果应用到所选择的图形中
⑧ 清除轮廓	清除轮廓指的是将应用交互式轮廓图工具编辑后的图形还原，单击属性栏中的"清除轮廓"按钮 ⊗即可

Study 02　交互式轮廓图工具

Work ❶　轮廓的类型

设置轮廓图类型可以直接在属性栏中单击相应的按钮。选择已经编辑的图形，单击"到中心"按钮🔲可以形成由中心向内部收缩的轮廓；单击"向外"按钮🔲可以生成向外进行扩散的轮廓，并且图形整体变大，向外进行扩张。

到中心后的效果

向外扩张后的效果

Study 02　交互式轮廓图工具

Work ❷　轮廓图的步长

轮廓图步长用于设置轮廓图的数量，设置的数值越大，所形成的轮廓图越明显，并且轮廓也越宽。可以应用交互式轮廓图工具对图形进行编辑后，再在属性栏中对步长重新进行设置。

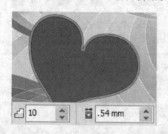

设置步长为10

设置步长为50

Study 02　交互式轮廓图工具

Work ❸　轮廓图的偏移

轮廓图的偏移用于控制轮廓和中心位置的距离，设置的数值越大轮廓图越大，并且离中心位置也越近。使用方法是应用"交互式轮廓图工具"对打开的素材图形进行拖动，形成一个特殊的轮廓图形，此时可以从属性栏轮廓图偏移数值框中查看相关的参数，在数值框中输入另外的数值后，可以将编辑后的图形效果进行偏移，如将偏移设置为 10mm，则会形成较宽的轮廓图效果。

打开默认的图形效果

设置为 10mm 的图形效果

Study 02　交互式轮廓图工具

Work 4　轮廓图的颜色样式

将图形的轮廓图步长都设置为 20，然后对轮廓色进行编辑，系统默认的颜色为"线性轮廓图颜色"，属性栏中的"顺时针的轮廓图颜色"按钮和"逆时针的轮廓图颜色"按钮可以将轮廓的颜色重新进行变换，并且可以在多种颜色中进行切换。

系统默认的颜色

设置新的轮廓图颜色

Study 02　交互式轮廓图工具

Work 5　对象和颜色加速

对象和颜色加速控制的是形成轮廓图时的速度，应用鼠标将滑块向右拖动可以添加出较明显的图形效果。方法是单击属性栏中的"对象和颜色加速"按钮，可以打开"加速"选项，应用鼠标向右进行拖动，调整加速的效果。

设置加速对象和颜色

设置后的图形效果

- Work 1　变形预设值
- Work 2　变形的种类
- Work 3　推拉失真振幅
- Work 4　复制变形属性

交互式变形工具用于对图形进行变形操作，可以根据需要将所选择的图形设置为扭曲或者变形后的新图像效果，而且还可以去除变形，重新对图形进行变换或者操作。在学习交互式变形工具的使用方法时，要从变形预设值、变形类型等方面入手，对变形的效果进行初步地认识和了解。

Study 03　交互式变形工具

Work **1**　变形预设值

变形预设值指的是系统所自带的变形效果，可以根据需要对这些已经设置的变形效果进行应用。首先打开要变形的图形，应用"挑选工具"选择要变形的图形，然后选取"交互式变形工具"，在属性栏中的"预设"下拉列表框中选择相应的选项，即可将所选择的图形应用为预设的变形效果。

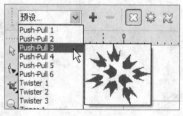

| 打开素材图形 | 变形预设效果 | 设置后的图形效果 |

Study 03　交互式变形工具

Work **2**　变形的种类

在"交互式变形工具"属性栏中单击不同的按钮可形成不同的变形效果，单击"推拉变形"按钮，可以形成一种类似使用外力对图形进行推拉所产生的变形效果；单击"拉链变形"按钮，可以产生类似拉链对图形进行拖动的效果；单击"扭曲变形"按钮，则可以任意调整图形，产生旋转效果。

| 推拉变形 | 拉链变形 | 扭曲变形 |

Work ③　推拉失真振幅

推拉失真振幅用于控制图形中心位置以及变形的幅度。首先应用"多边形工具"绘制一个多边形，然后选取"交互式变形工具"对图形进行拖动，形成变形后的新图形，从属性栏中可以查看失真振幅的参数，在数值框中将参数变大，图像窗口中将显示调整后的图像效果。

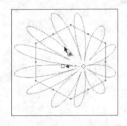
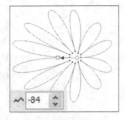
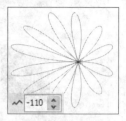

拖动鼠标变换图形　　　　　　　变换后的图形　　　　　　　设置振幅后的图形

Work ④　复制变形属性

复制变形属性是将已经编辑的变形图形应用到另外的图形中。首先选择所要编辑的图形，然后单击属性栏中的"复制变形属性"按钮，再应用黑色箭头单击目标对象，即可将目标对象的变形属性应用到所选择的图形中，此时变形振幅相同。

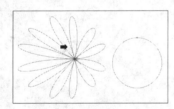
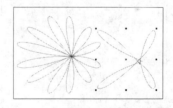

选择要复制的图形　　　　　　　　　　单击目标对象后的图形

 Lesson
02　应用"交互式变形工具"制作背景图案

CorelDRAW X4矢量绘图从入门到精通（多媒体光盘版）

交互式变形工具可以对绘制的图形进行任意旋转或者拖动，形成扭曲后的新效果，对于应用椭

圆形工具或者矩形工具绘制的图形同样适用。对于扭曲的图形则可以通过转换曲线的方法，重新应用修剪图形等对其进行编辑和调整。本实例应用"交互式变形工具"制作成综合的图形后，再应用"文本工具"在图中添加上文字，并将图形和文字相结合，具体操作步骤如下。

STEP 01 首先绘制一个和页面相同大小的矩形图形，并将图形颜色填充为 C:4、M:4、Y:0、K:0。

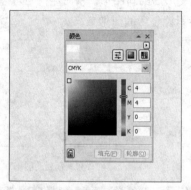

STEP 02 应用"椭圆形工具"在图中拖动，绘制出一个正圆图形。

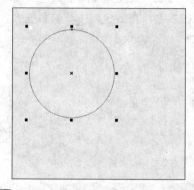

STEP 03 单击工具箱中的"交互式变形工具"按钮，并在属性栏中单击"扭曲变形"按钮，再应用所选择的工具对图形进行旋转。

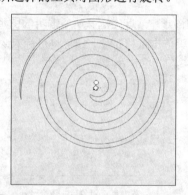

STEP 04 将图形进行旋转，调整到合适大小和位置上。

STEP 05 然后应用修剪图形的方法，将多余的图形修剪掉，并填充上合适的颜色。

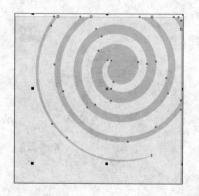

STEP 06 在其余位置上也绘制一个扭曲的图形，应用"交互式透明工具"对图形进行编辑，将透明度设置为 50。

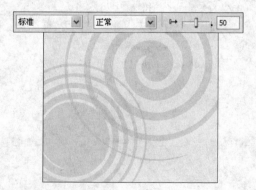

STEP 07 下面为图中添加上文字。应用"文本工具"在图中单击后输入文字，并设置大小为150pt。

STEP 08 应用"椭圆形工具"在图中绘制多个椭圆，并应用"交互式变形工具"对椭圆图形进行编辑，制作成扭曲的图形。

STEP 09 将所绘制的扭曲图形和文字图形同时选取，焊接为一个图形。

STEP 10 应用"交互式填充工具"对文字和图形填充上渐变色，完成本实例的制作。

Study 04 交互式阴影工具

- Work 1 阴影的预设效果
- Work 2 阴影的不透明度
- Work 3 阴影的羽化数值
- Work 4 阴影的羽化方向
- Work 5 阴影的颜色

交互式阴影工具的主要作用是为图像添加阴影效果，该工具不仅可以作用于矢量图形，也可以作用于位图图像，并且群组的图形也可以应用交互式阴影工具进行编辑，使用时，添加的阴影轮廓为群组图形的边缘轮廓，但是群组对象添加阴影后，不能将图形解散，只有清除阴影后，才可重新对图形进行编辑。

Study 04 交互式阴影工具

Work 1 阴影的预设效果

阴影的预设效果主要用于设置不同类型的阴影，在"交互式阴影工具"属性栏中的"预设"下拉列表框中有多种阴影类型可供选择，选择不同的类型后，可以在右侧的选项中查看相关选项，并且已经添加了阴影的图形，还可以重新应用鼠标对阴影的位置和细节部分重新进行设置。

选择预设效果

设置另外的图形

Study 04　交互式阴影工具

Work ❷　阴影的不透明度

阴影的不透明度用于控制阴影显示的明显程度，在"交互式阴影工具"的属性栏中有专门的数值框用于设置阴影的不透明度，设置的数值越大阴影效果越明显，反之越不明显。另外，可以根据设置阴影的颜色来调整阴影的不透明度，颜色越深其阴影越清晰，颜色越浅阴影越不明显。

阴影不透明度设置为50%的效果

阴影不透明度设置为20%的效果

Study 04　交互式阴影工具

Work ❸　阴影的羽化数值

阴影的羽化数值用于控制阴影的范围，设置的数值越大阴影范围越大，同时阴影与原图形的距离也越远，如果将数值变小，得到的阴影范围就小，并且阴影和原图形的距离也就越近，阴影效果越明显。

设置羽化数值为15

设置羽化数值为2

Study 04　交互式阴影工具

Work ④　阴影的羽化方向

阴影的羽化方向也就是设置阴影的方向，在"交互式阴影工具"属性栏中单击"阴影羽化方向"按钮，会打开"羽化方向"选项区，其中包括有多种按钮，可根据需要单击不同的按钮，对阴影方向重新进行设置。

设置向内的阴影效果

设置中间的阴影效果

Study 04　交互式阴影工具

Work ⑤　阴影的颜色

阴影的颜色可以通过填充重新进行设置，系统默认的阴影颜色为黑色，更换颜色时可应用"交互式阴影工具"将图形添加上阴影，然后选取边缘的节点，单击调色板中的蓝色色标，即可将黑色阴影设置为蓝色。除此之外，还可以将阴影设置为其他的纯色，并且通过"颜色"泊坞窗也可以设置阴影的颜色。

将阴影设置为黑色

将阴影设置为蓝色

Lesson 03　应用"交互式阴影工具"为图形添加阴影

CorelDRAW X4矢量绘图从入门到精通（多媒体光盘版）

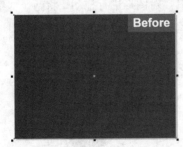

本实例主要应用了"交互式阴影工具"为图形添加阴影的效果。首先在创建的空白区域中绘制

背景图形，应用"钢笔工具"和"形状工具"结合绘制出文字的轮廓，并填充上颜色，再应用"交互式阴影工具"为图形添加上阴影，通过预设选择合适的阴影效果，对细节部分进行编辑，具体操作步骤如下。

STEP 01 首先创建一个横向的页面文件，并绘制和页面相同大小的矩形，应用"颜色"泊坞窗将背景填充上深灰色。

STEP 02 然后应用"钢笔工具"和"形状工具"结合绘制出一个不规则的椭圆图形，再应用"交互式填充工具"对图形进行填充。

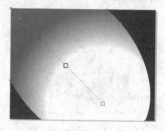

STEP 03 下面在图中添加文字。应用"钢笔工具"和"形状工具"结合，绘制出文字的大致轮廓。

STEP 04 对于其余位置的文字，也应用相同的方法进行编辑，绘制出多个文字形状。

STEP 05 然后绘制出 A 字母的中间图形，并应用修剪图形的方法，将文字制作成镂空效果。

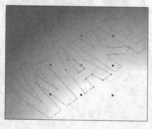

STEP 06 再在其余位置上绘制出其他文字的形状，可以为不规则的图形。

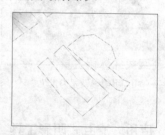

STEP 07 应用"形状工具"对绘制的形状进行编辑，调整文字边缘的弧度，并应用修剪图形的方法，留出文字的空白区域。

STEP 08 下面对文字进行填充。应用"交互式填充工具"对图形进行拖动，将两个文字都填充上渐变色。

STEP 09 将其余的文字分别应用"挑选工具"选取，然后应用"交互式填充工具"填充上合适的渐变色。

STEP 10 选择要编辑的文字，再选取"交互式阴影工具"，在其属性栏中选择合适的阴影预设样式，并从中预览效果。

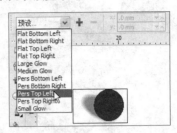

STEP 11 执行完**STEP 10**的操作后，即可为所选择的文字添加合适的阴影，并对阴影和文字之间的距离进行重新设置。

STEP 12 选取其余的文字，也应用"交互式阴影工具"在图中拖动，为文字添加上阴影，制作完成最终的效果图如下图所示。

Study 05 交互式立体化工具

- Work 1 立体化的类型
- Work 2 立体化的深度
- Work 3 立体的方向
- Work 4 立体的颜色
- Work 5 斜角修饰边以及照明

交互式立体化工具的主要作用是制作立体图像，但只能对矢量图形和文字进行操作，而对于位图图像，则不能应用交互式立体化工具进行编辑。

在"交互式立体化工具"属性栏中有控制相关使用的参数，主要包括立体化的类型、立体的方向和立体的颜色等，如下图所示。在应用"交互式立体化工具"对图形进行编辑时，可以通过设置属性栏中的参数来控制最后的效果。

"交互式立体化工具"属性栏

Study 05 交互式立体化工具

 立体化的类型

立体化的类型从"预设"下拉列表框中来进行选择，在应用鼠标选择所要编辑的图形时，可以在"预设"下拉列表框中选择相应的立体化类型，并对其立体效果进行预览，其中共包含有 6 种立体化效果，每种效果都应用于特定的立体图像。

立体化的 6 种效果

Work 2　立体化的深度

立体化的深度指的是立体效果的厚度和明显程度，可以在应用交互式立体化工具进行编辑后的图形中重新对立体化的深度进行设置。选择已经编辑的图形，并在属性栏中查看立体化深度的数值，再在该数值框中输入另外的数值对深度重新进行设置，设置的数值越大深度效果越明显。

设置深度为 14

设置深度为 20

Work 3　立体的方向

立体的方向指的是立体图像形成立体的角度，单击属性栏中"立体的方向"按钮，可以打开相应的选项对方向重新进行设置，也可以应用鼠标直接在创建立体效果的图形中单击，拖动终点以调整立体的方向。

调整立体化方向

拖动鼠标调整方向

Work ④　立体的颜色

立体的颜色指的是应用交互式立体化工具对图形进行编辑后，形成的立体图形的颜色，在属性栏中有 3 项可供选择，分别为"使用对象填充"、"使用纯色"和"使用递减的颜色"，这 3 种颜色的设置和应用后的效果如下所述。

在属性栏中单击"颜色"按钮，可以打开"颜色"选项区，如果在选项区中单击 "使用对象填充"按钮，则将立体的颜色设置为填充的颜色

单击"使用对象填充"按钮　　　"使用对象填充"后的效果

如果单击"使用纯色"按钮，则可以使用另外的纯色对图形进行填充

单击"使用纯色"按钮　　　"使用纯色"填充后的效果

如果单击"使用递减的颜色"按钮，则可以将立体颜色设置为渐变色，并且渐变色的颜色可以根据需要随意进行更改

单击"使用递减的颜色"按钮　　　"使用递减的颜色"填充后的效果

Work ⑤　斜角修饰边以及照明

使用斜角修饰边工具可以为制作的立体图形添加上一定宽度的图形。在"交互式立体化工具"

属性栏中单击"斜角修饰边"按钮，打开相应的选项区，勾选"使用斜角修"复选框，然后设置斜角的度数和边框的宽度，从图像窗口中即可看到应用斜角进行修饰后的图像效果。

勾选"使用斜角修"复选框

设置后的图形效果

单击属性栏中的"照明"按钮，即可打开与照明相关的选项，在其中可以设置照明的位置以及照明的强度，在选项区中单击相应的照明编号，使用所选择的编号在球体中单击，可以设置所要光照的区域，还可以设置强度，而且同一个对象可以应用多处照明。

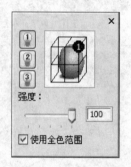

添加光源并设置强度

设置后的效果

应用"交互式立体化工具"制作立体化文字效果
CorelDRAW X4矢量绘图从入门到精通（多媒体光盘版）

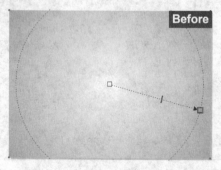

立体化文字效果主要是应用"交互式立体化工具"来完成，在对文字进行变换之前可以先对文字进行编辑，对其角度和轮廓进行调整，然后制作成立体效果，并在图中添加上装饰效果。首先创建新文件并填充背景图形，再输入文字，调整文字的大小以及文字轮廓，接下来将文字制作成立体效果，具体操作步骤如下。

STEP 01 启动 CorelDRAW X4 应用程序后，创建一个横向的页面文件，并绘制和页面相同大小的矩形，应用"交互式填充工具"对图形进行填充。

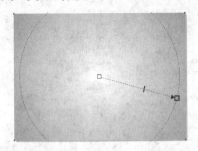

STEP 02 应用"文本工具"在图中单击并输入字母，将字母设置为较大的字体。

STEP 03 在页面其他位置上也输入文字，并设置文字的字体大小，再将其放置到页面中的合适位置上。

STEP 04 将所有文字的颜色去除，并设置轮廓颜色为黑色。

STEP 05 将文字转换为曲线后，应用"形状工具"对文字形状进行编辑，制作成扭曲后的文字效果。

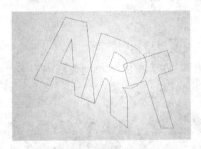

STEP 06 分别选取文字外形，应用"交互式填充工具"对图形进行填充。

STEP 07 下面制作立体文字效果。选取其中一个文字，应用"交互式立体化工具"对文字进行拖动，即可形成立体文字。

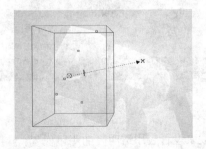

STEP 08 将其余两个文字也应用"交互式立体化工具"制作成立体文字，并将所有文字立体的颜色设置为白色。

STEP 09 将随书光盘"Chapter 10 图形特效全攻略\素材\15.psd"图形文件导入到图像中，并将树叶图像选取，复制为多个后调整到合适大小。

STEP 10 应用"挑选工具"将所导入到图像窗口中的动物图像选取，分别移动到文字中其余位置上，并变换到合适大小，完成本实例的制作。

Study

06 交互式透明工具

Work 1 透明度类型   Work 3 渐变透明角度和边界

Work 2 透明度中心点   Work 4 透明度目标

交互式透明工具的主要作用是制作透明图像，使用该工具可以对矢量图形和位图图像进行编辑，也可以对群组的对象进行编辑，但是不能对同一个群组对象进行两次编辑。

Study 06 交互式透明工具

Work 1 透明度类型

透明度类型和应用"交互式填充工具"对图形进行填充的类型相似，在"交互式透明工具"属性栏中单击"透明度类型"下拉列表框右侧的下三角按钮，在弹出的下拉列表框中有多个选项，可以将透明度按照所设置的类型进行变换，原理和填充图形时相同。

标准透明效果   线性透明效果   射线透明效果

Study 06 交互式透明工具

Work 2 透明度中心点

透明度中心点用于控制透明度的位置，通过设置参数来设置应用透明度的明显程度。应用"交互式透明工具"对图形进行拖动后，可以在属性栏中查看透明中心点的参数，设置的数值越小效果图形越清晰，设置的数值越大图像越透明。

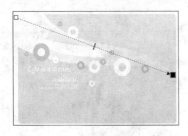

设置为100

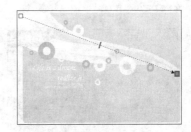

设置为40

Study 06　交互式透明工具

Work ③　渐变透明角度和边界

渐变透明角度和边界用于控制应用透明度时的图形角度以及中心位置效果，可以在"交互式透明工具"属性栏中对其中的参数进行设置。应用"交互式透明工具"任意在图中拖动后，可以在属性栏中查看边界和角度，还可以在数值框中输入相应的数值，从而影响图形的最终效果。

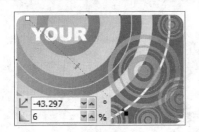

随意拖动形成的角度和边界

设置新的角度和边界

Study 06　交互式透明工具

Work ④　透明度目标

透明度目标用于选择设置透明度的对象，可以在"交互式透明工具"属性栏中进行设置，共包括3个选项，分别为"填充"、"轮廓"和"全部"。"填充"表示的是可以对当前选择图形所填充的颜色透明度进行编辑，"轮廓"表示可以对当前图形的轮廓透明度进行编辑，"全部"则表示可以将颜色和轮廓同时进行编辑，而且可以根据需要任意设置所要作用的目标对象。

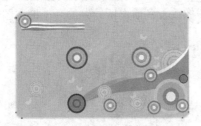

只设置轮廓透明效果

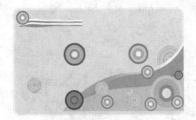

全部应用透明效果

CorelDRAW X4矢量绘图从入门到精通（多媒体光盘版）

Lesson 05 应用"交互式透明工具"制作透明图像

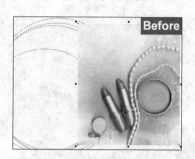

　　"交互式透明工具"可以将图形的颜色减淡，透过其中一个图形显示出底部的图形效果，应用此方法可制作出透明图像效果。首先绘制合适的图形，然后将图形填充上颜色，应用"交互式透明工具"对图形进行编辑，反复应用这样的操作对各个位置的图形进行编辑，具体操作步骤如下。

STEP 01 首先创建一个新的空白文档，然后绘制一个和页面相同大小的矩形，并将矩形填充颜色为 C:0、M:6、Y:0、K:0。

STEP 02 对背景图形进行编辑。单击工具箱中的"交互式透明工具"按钮 ，然后对图形进行编辑，将透明度设置为 30，透明类型设置为"正常"。

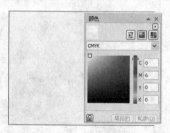

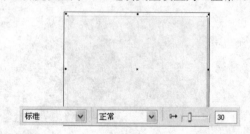

STEP 03 下面为图中添加装饰图形。应用"椭圆形工具"在图中拖动，绘制出一个完整的椭圆。

STEP 04 继续使用前面的方法，绘制出多个椭圆图形，并将超出页面边缘的图形修剪掉。

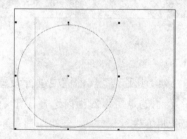

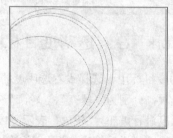

STEP 05 将随书光盘"Chapter 10　图形特效全攻略\素材\20.jpg"文件导入，变换到合适大小。

STEP 06 应用图框精确剪裁的方法，将导入的素材图像放置到前面所绘制的一个椭圆图形中。

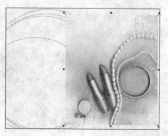

STEP 07 应用"挑选工具"选取其余的图形，填充上颜色后，应用"交互式透明工具"对图形进行编辑，制作成透明效果的图形。

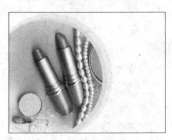

STEP 08 在页面其余位置上也绘制出多个椭圆图形，分别将其填充上不同的颜色，然后对图形透明度进行编辑和调整。

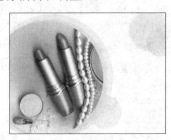

STEP 09 应用"文本工具"在图中单击后输入所需的文字，并添加上椭圆图形。

STEP 10 应用"钢笔工具"和"形状工具"结合绘制出人物剪影并填充上颜色，完成实例制作。

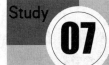

Study 07　透镜的应用

- Work 1　"透镜"泊坞窗
- Work 2　透镜的设置

透镜的作用就好比在图像中添加一个图形，以透过某个区域而观察底部的图像效果，可根据需要设置透镜效果类型，在 CorelDRAW X4 中主要通过"透镜"泊坞窗来进行设置，用于将图像中突出的部分表现出来。

Study 07　透镜的应用

Work 1　"透镜"泊坞窗

"透镜"泊坞窗主要包括 3 个选项，分别用于选择透镜效果、设置参数以及勾选复选框，执行"窗口>泊坞窗>透镜"菜单命令，即可将"透镜"泊坞窗打开。

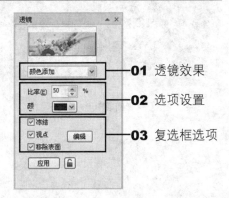

01 透镜效果
02 选项设置
03 复选框选项

"透镜"泊坞窗

01 透镜效果

在"透镜"泊坞窗中可以对透镜效果的种类进行选择，单击下拉列表框右侧的下三角按钮，将会弹出相应的下拉列表框，其中所包含的都是透镜的效果，共有 12 种，分别为无透镜效果、使明亮、颜色添加、色彩限度、自定义彩色图、鱼眼、热图、反显、放大、灰度浓淡、透明度和线框。选择不同的效果后，可以在图像窗口中查看应用透镜变换后的图像效果。

02 选项设置

选项设置主要用于设置当前选择效果后的相关参数，根据所选择效果的不同，可设置效果的比率和颜色。

03 复选框选项

在"透镜"泊坞窗中有多种复选框选项可供选择，勾选相应的复选框后，单击"应用"按钮可以对图像进行编辑和变换。

Study 07 透镜的应用

Work 2 透镜的设置

透镜的设置主要通过在"透镜"泊坞窗来完成，在对图像应用透镜效果时，要先应用绘制矢量图形的工具在图像上绘制一个要变换的图形，然后查看"透镜"泊坞窗，在其中选择合适的透镜效果，以设置"鱼眼"为例，将"比率"设置为 150%，设置完成后单击"应用"按钮，从图像窗口中可以看到应用了透镜变换后的图像效果。

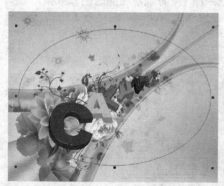
绘制椭圆图形

设置透镜效果

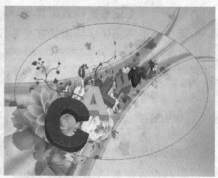
应用后的图像效果

Chapter 11

图层和样式的使用

CoreIDRAW X4 矢量绘图从入门到精通（多媒体光盘版）

本章重点知识

本章视频路径

DVD

Chapter 11　图层和样式的使用

本章主要从 3 个方面介绍图层和样式的使用。通过新建、删除和重命名图层等命令来了解图层的基本操作；通过对图层的编辑更完善地对图形对象进行管理；通过新建及编辑颜色和图形文本的样式来熟悉样式的应用。学习完它们的使用方法后要掌握各命令对图形和颜色的影响和作用。

知识要点 01　新建与编辑图层

新建与编辑图层是指在对象管理器中的快捷菜单下通过系统所自带的相关命令对图层进行编辑，其中主要包括对图层的新建、删除、重命名等。对于图层的显示格式，也可以通过相关命令来进行选择。每种编辑图层命令的作用可以根据名称来进行判断，根据当前需要的编辑方式来选择最合适的命令。通过对图层的编辑，更能增加图像的层次感和美感。

打开"对象管理器"泊坞窗

新建图层

重命名图层

知识要点 02　应用颜色样式

颜色样式的应用是指选择需要的颜色或图形文本样式，通过添加按钮将其添加到合适的位置，通过新建与编辑样式，可以对图形对象进行更完善的效果添加。可以对设置后的新建样式进行保存，也可以从载入的模板中提取，需要时直接将其拖动到图像上应用即可。

"颜色样式"泊坞窗

创建颜色样式效果

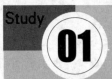

图层的基本操作

Study 01

- Work 1 "对象管理器"泊坞窗
- Work 2 新建图层
- Work 3 新建主图层
- Work 4 删除图层
- Work 5 重命名图层

在 CorelDRAW X4 中使用图层可以更有效地管理和编辑不同的图形对象。在对图层编辑时，最基本的操作包括了新建、删除和重命名图层，在"对象管理器"泊坞窗中单击按钮或是选择菜单命令对图层进行编辑。

Study 01 图层的基本操作

Work 1 "对象管理器"泊坞窗

"对象管理器"泊坞窗是对图层进行分类管理的一个窗口视图，通过该泊坞窗可以对图形进行更快速地编辑和管理，执行"工具>对象编辑器"菜单命令，即可打开"对象管理器"泊坞窗。

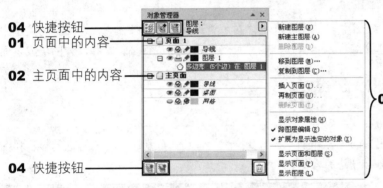

"对象管理器"泊坞窗

01 页面中的内容

页面中的内容包含了导线及图层上的所有对象，在一个.CRD 文档中可以存在多个页面，页面间的内容相互独立存在，对一个页面内容进行变换时，不影响其他页面上的内容。

"页面 1"创建了辅助线

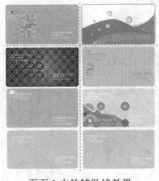

页面 1 中的辅助线效果

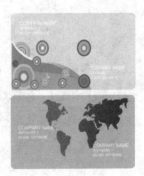

页面 2 中未显示辅助线

02 主页面中的内容

主页面中的内容包含了应用于文档中的所有页面的全局对象、辅助线和网格设置的虚拟页面，在主页面上创建的辅助线将自动地应用在文档的其他页面中。

在主页面中创建辅助线

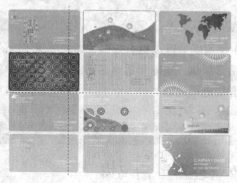

查看页面 1 中的辅助线效果

查看页面 2 中的辅助线效果

03 对象管理器选项

在"对象管理器"泊坞窗中，单击右上角的"对象管理器选项"按钮，在弹出的菜单中可以对图层进行新建、删除和重命名等基本操作；能够对图层和页面进行编辑，并设置图层或页面上对象的显示方式。

04 快捷按钮

在"对象管理器"泊坞窗的上方和下方各有 3 个快捷按钮，分别用于对象属性的显示和图层的编辑等操作，下面分别对各按钮进行介绍。

快 捷 按 钮	作　　用
对象显示属性	该选项能够将页面中对象的具体属性进行显示和隐藏。在选中对象显示属性时，将显示填充、描边、形状等属性的具体内容，若再次单击该按钮取消选中时，则只显示对象的名称 选中对象显示属性按钮　　　　取消选中对象显示属性按钮
跨图层编辑	单击该按钮选择跨图层编辑选项后，可以对不同图层间的对象进行编辑操作，而若未选中该选项时，用户只能对当前选中图层上的对象进行操作

（续表）

快 捷 按 钮	作　　用
图层管理器视图	可设置不同的图层视图效果。根据用户需要对图层属性进行显示和隐藏，默认情况下该按钮处于未选中状态，显示文档中所有页面的图层属性，选中该按钮后，在"对象管理器"泊坞窗中将只显示当前操作中的页面图层属性 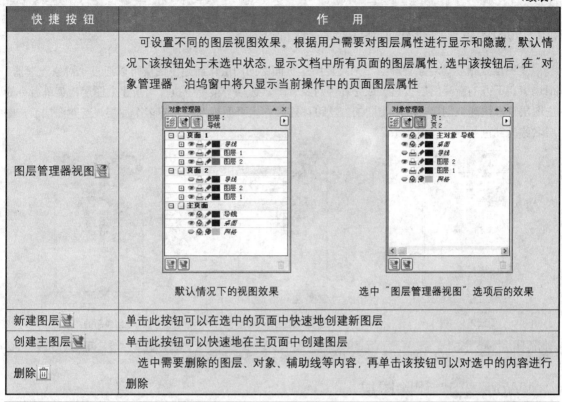 默认情况下的视图效果　　　　选中"图层管理器视图"选项后的效果
新建图层	单击此按钮可以在选中的页面中快速地创建新图层
创建主图层	单击此按钮可以快速地在主页面中创建图层
删除	选中需要删除的图层、对象、辅助线等内容，再单击该按钮可以对选中的内容进行删除

Study 01　图层的基本操作

Work ❷　新建图层

新建图层可以便于管理由多个图形组成的图像效果，可以通过图层来对图形进行分类，便于快速地选择并对图形进行编辑。在"对象管理器"泊坞窗中，单击下方的"新建图层"按钮或是在"对象管理器选项"菜单中执行"新建图层"命令即可在选择的图层上方创建一个新的图层。在创建新的图层时，系统默认的图层名称为"图层 1"、"图层 2"、"图层 3"等，用户可以根据需要对图层名称进行修改，方便对对象的识别。

打开"对象管理器"泊坞窗　　　　创建新图层　　　　再创建新图层

Work ③　新建主图层

主图层是指在"对象管理器"泊坞窗中主页面中的图层。新建主图层可以通过"对象管理器"泊坞窗左下方的新建图层按钮██或是在"对象管理器选项"菜单中执行"新建主图层"菜单命令对主图层进行快速地创建。应用相同的方法可以连续在主页面视图中新建多个图层，新建图层后，图层名称为红色并处于选中状态。

新建的主图层　　　　　　　　创建主图层后的效果　　　　　　　继续创建新的主图层

Work ④　删除图层

页面中不需要的图层可以对其进行删除。选中需要删除的图层后，单击"对象管理器"泊坞窗右下角的"删除"按钮██或是在"对象管理器选项"菜单中执行"删除图层"菜单命令对图层进行删除，还可以右击需要删除的图层名称，在弹出的菜单选项中选择"删除"命令，同样可以将图层删除，删除图层后，系统将自动对删除图层之下的图层选中。

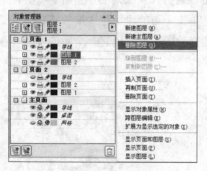

选择"删除图层"菜单命令　　　　　选择"删除"菜单命令　　　　　　删除图层后的效果

Work ⑤　重命名图层

重命名图层便于管理由多个图层组成的图像效果，可以通过对包含不同对象的图层进行相应命名，实现对图层的快速查找和编辑。在"对象管理器"泊坞窗中，选中需要重命名的图层，右击图层名称，在弹出的快捷菜单中选择"重命名"命令，为选中的图层输入需要的名称后，再单击泊坞窗中的空白处即可将图层重命名。

选择"重命名"菜单命令　　　　　　　输入图层名称　　　　　　　重命名图层后的效果

Lesson 01　新建图层后并重命名

CorelDRAW X4矢量绘图从入门到精通（多媒体光盘版）

　　在"对象管理器"泊坞窗中，可通过"对象管理器"命令菜单对图层进行新建，并通过图层的快捷菜单对图层进行重命名，实现在新的空白文档中根据不同的颜色属性对图层进行创建和重命名的操作，具体操作方法如下。

STEP 01 执行"文件>新建"菜单命令，创建一个空白文档，再执行"窗口>对象管理器"菜单命令，打开"对象管理器"泊坞窗，选中"页面1"中的"图层 1"，右击图层打开快捷菜单，选择"重命名"菜单命令，如下图所示。

STEP 02 在编辑文本框中输入重命名的图层名称，如下图所示，输入完成后单击该泊坞窗中的空白位置，确定对图层进行重命名。

STEP 03 对图层进行重命名后的效果如下图所示。

STEP 04 在图层上添加合适的图形对象后，在"对象管理器"中将显示该图层下的对象组成，如下图所示。

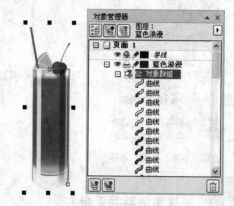

STEP 05 在"对象管理器"泊坞窗中单击"对象管理器选项"按钮，在弹出的选项菜单中选择"新建图层"菜单命令，如下图所示。

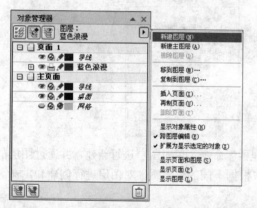

STEP 06 根据之前**STEP 01**中重命名的方法对新创建的图层进行重命名，重命名后的图层如下图所示。

STEP 07 在"对象管理器"泊坞窗中查看**STEP 06**创建的新图层效果如下图所示。

STEP 08 同样地，在新创建的图层上添加适当的图形对象，添加图形对象后的页面效果如下图所示。

- Work 1　新建颜色样式
- Work 2　创建子颜色
- Work 3　编辑颜色样式
- Work 4　转换为专色

在颜色样式的应用中包括了新建、编辑和转换为专色，使用"颜色样式"泊坞窗可以对多种颜色样式进行操作，通过按钮或快捷菜单命令可以快速地对颜色样式进行编辑。

知识要点　"颜色样式"泊坞窗

"颜色样式"泊坞窗用于对各种对象的颜色样式进行管理，使其便于应用。执行"工具>颜色样式"菜单命令或是执行"窗口>泊坞窗>颜色样式"菜单命令，打开"颜色样式"泊坞窗，在该泊坞窗中可以对图形颜色进行新建、编辑和删除等操作，还可将颜色转换为专色。

"颜色样式"泊坞窗

对象颜色样式属性

Study 02　颜色样式的应用

Work 1　新建颜色样式

颜色样式表示对象上色彩的选择和编辑信息，每种颜色上都带有准确的颜色信息，以便于区分与应用。打开"颜色样式"泊坞窗，选中需要创建颜色样式的图形对象，单击泊坞窗上方的"新建颜色样式"按钮 ，可以弹出"新建颜色样式"对话框，在对话框中设置颜色属性后，单击"确定"按钮即可创建一个新的颜色样式。

选择新建颜色图形

"新建颜色样式"对话框

新建的颜色样式

Work ❷　创建子颜色

在 CorelDRAW 中，子颜色是隶属于父颜色的，在"颜色样式"泊坞窗中为图形创建的颜色样式即为父颜色，在父颜色下再创建的颜色样式则为子颜色，更改父颜色的色度后，它的所有子颜色都将根据新的色度和原始饱和度以及亮度值更新。创建子颜色的方式是选中父颜色后，单击"颜色样式"泊坞窗中的"创建子颜色"按钮，在弹出的"创建新的子颜色"对话框中设置合适的颜色属性，最后单击"确定"按钮。在"颜色样式"泊坞窗中可以查看创建的子颜色效果，在一个父颜色下可创建多个子颜色。

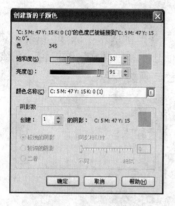

"创建新的子颜色"对话框

新建的子颜色

新建其他的子颜色

Work ❸　编辑颜色样式

编辑颜色样式是指在已创建的颜色样式基础上对其进行进一步地编辑。在"颜色样式"泊坞窗中新建颜色样式，选中需要编辑的颜色样式，单击泊坞窗上方的"编辑颜色样式"按钮，在弹出的"编辑子颜色"对话框中可以对颜色进行编辑，如调整颜色的饱和度和亮度等属性，设置完成后单击"确定"按钮。在泊坞窗中可查看编辑后的颜色样式。

选择需要编辑的颜色样式

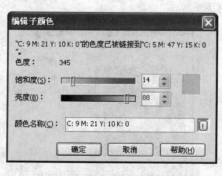

"编辑子颜色"对话框

编辑后的颜色样式

Lesson

02 创建新的颜色样式

CorelDRAW X4矢量绘图从入门到精通（多媒体光盘版）

可在"颜色样式"泊坞窗中进行新颜色样式的创建，再对新创建的颜色样式创建子颜色，然后根据需要创建多个或单个子颜色，具体的操作过程如下。

STEP 01 创建一个新的空白文档，执行"工具>颜色样式"菜单命令或执行"窗口>泊坞窗>颜色样式"菜单命令，打开"颜色样式"泊坞窗，如下图所示。

STEP 02 单击"颜色样式"泊坞窗上方的"新建颜色样式"按钮，如下图所示。

STEP 03 单击"新建颜色样式"按钮后，将弹出"新建颜色样式"对话框，在该对话框中设置颜色，选择合适的颜色后单击"确定"按钮。

STEP 04 在"颜色样式"泊坞窗中，将新创建的颜色样式作为新的父颜色，右击新创建的颜色样式，在弹出的快捷菜单中选择"创建子颜色"命令，如下图所示。

STEP 05 在弹出的"编辑新的子颜色"对话框中，设置阴影数的数量为 5，如下图所示，设置完成后单击"确定"按钮。

STEP 06 根据 **STEP 05** 设置的子颜色数量，在"颜色样式"泊坞窗中可以看到新创建的 5 个子颜色，如下图所示。

STEP 07 再在"颜色样式"泊坞窗中单击"新建颜色样式"按钮，在弹出的对话框中设置新的颜色属性，然后单击"确定"按钮，创建新的颜色样式。

STEP 08 继续为新创建的颜色样式创建子颜色，并在"创建新的子颜色"对话框中对父颜色的饱和度和亮度进行调整，设置后的颜色效果如下图所示，然后单击"确定"按钮。

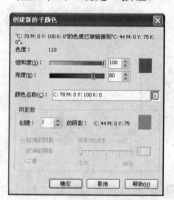

STEP 09 在"颜色样式"泊坞窗中可以看到 **STEP 08** 对子颜色样式的创建效果，在新键的颜色样式下有 1 个子颜色，如下图所示。

STEP 10 可以在"颜色样式"泊坞窗中继续对"颜色样式"进行创建，创建多个颜色样式的页面效果，如下图所示。

Work ④ 转换为专色

在创建了颜色样式后，可以对创建的颜色样式进行专色的转换，将设置的颜色样式应用于印刷。选中需要转换为专色的颜色样式，在"颜色样式"泊坞窗中单击面板右上方的"将选择颜色转换为专色"按钮📴或是在快捷菜单中选择"转换为专色"菜单命令，转换后的颜色以印刷颜色浓度方式显示。

选中需要转换的颜色

选择"转换为专色"菜单命令

转换为专色效果

Study 03 图形和文本样式的应用

- Work 1 新建图形样式
- Work 2 应用样式
- Work 3 编辑样式
- Work 4 删除图形和文本样式
- Work 5 载入模板
- Work 6 编辑热键
- Work 7 设置显示的样式

图形和文本样式的应用主要是通过"图形和文本"泊坞窗中的特殊符号、图形样式和文本样式对图形或文本进行效果的添加和编辑，对于特殊效果也可自行创建，并可以对自行创建的样式进行保存，便于以后的使用。

💡 知识要点 "图形和文本"泊坞窗

"图形和文本"泊坞窗的主要作用是对图形和文本进行进一步地编辑，如添加特殊符号、美术字和特殊图形，为其添加特殊的效果。在创建图形或文本后，执行"工具>图形和文本"菜单命令或按 Ctrl+F5 快捷键将"图形和文本"泊坞窗打开，在"选项>查看"菜单中选择不同的泊坞窗视图方式。

"图形和文本"泊坞窗

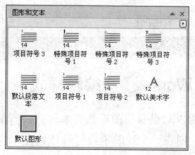

更改泊坞窗为"大图标"视图效果

Work 1　新建图形样式

新建图形样式便于直接将图形样式应用于新的图形上，在"图形和文本"泊坞窗中单击"选项"按钮，打开菜单选项，可以对图形、美术字、段落文本的样式进行创建。在创建新的图形样式时，可单击"选项"按钮，在弹出的菜单中执行"新建>图形样式"命令。

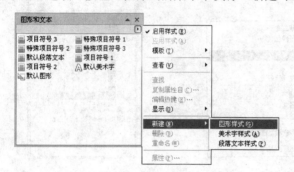

执行相关菜单命令　　　　　　　　　　　　　　　　　　　　设置后的新图形

Work 2　应用样式

在对图形和文本进行样式的应用之前，需要先对文本框进行创建，再对创建的文本框进行样式的添加。执行"窗口>泊坞窗>图形和文本样式"菜单命令，打开"图形和文本"泊坞窗，在该泊坞窗中选择需要设置样式的名称，单击"选项"按钮，在打开的菜单中选择"应用样式"菜单命令，即可在创建的文本中添加样式。

创建文本框　　　　　　执行"应用样式"菜单命令　　　　　　应用样式后的效果

Work 3　编辑样式

可以对已有的图形或文本样式进行编辑和修改，也可以使用其他的效果替换原有的样式。在文本框中创建一个新的项目符号作为文本样式，执行"文本>项目符号"菜单命令，打开"项目符号"

对话框，在该对话框中可以对已创建的项目符号的符号、大小和基线位移等属性进行设置，设置后单击"确定"按钮即可。

添加项目符号样式效果　　　　　　　　"项目符号"对话框　　　　　　　　编辑后的项目符号效果

Lesson 03　将输入的文字添加项目符号

CorelDRAW X4矢量绘图从入门到精通（多媒体光盘版）

为输入在文本框中的段落文本添加有特色的项目符号，增加段落文字的美感，可在"图形和文本"泊坞窗中对样式的属性进行设置，具体的制作过程如下。

STEP 01 执行"文件>打开"菜单命令，将随书光盘"Chapter 11　图层和样式的使用\素材\1.cdr"图形文件打开，使用"文本工具" 字 将已经添加的段落文字选中，如下图所示。

STEP 02 执行"窗口>泊坞窗>图像和文本样式"菜单命令，打开"图形和文本"泊坞窗，右击"项目符号1"选项，在弹出的快捷菜单中选中"属性"菜单命令，如下图所示。

STEP 03 打开"选项"对话框的"项目符号 1"选项，单击右侧最上方的"编辑"按钮，在打开的"格式化文本"对话框中选中"字符"选项卡，如下图所示，设置文本的大小为 18pt，设置后打开"效果"选项卡。

STEP 04 在选择的"效果"选项卡中设置效果类型为"项目符号"，在"符号"下拉列表框中选择音符符号，再调整符号的"大小"为 25pt，"基线位移"为 2pt，设置完成后单击"确定"按钮。

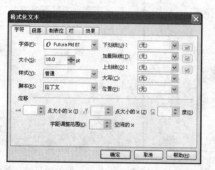

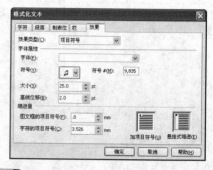

STEP 05 在"选项"对话框中，单击"填充"选项后的"编辑"按钮，如下图所示。

STEP 06 在弹出的"均匀填充"对话框中参照下图所示设置参数，设置完成后单击"确定"按钮。

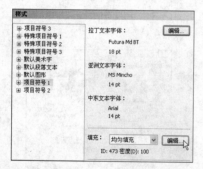

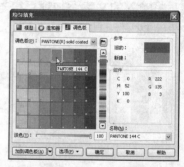

STEP 07 在"图形和文本"泊坞窗中再次右击"项目符号 1"选项，在弹出的快捷菜单中选择"应用样式"命令，将设置完成的项目符号样式应用在段落文字中。

STEP 08 在页面中查看 **STEP 07** 应用的项目符号样式，使用"文本工具"删除空白的段落，添加了项目符号的文字效果如下图所示。

Study 03 图形和文本样式的应用

Work ④ 删除图形和文本样式

在创建了多种图形和文本样式后，可以对样式进行删除。在"图形和文本"泊坞窗中，选中需要删除的图形和文本样式，单击"选项"按钮，弹出隐藏菜单，选择菜单中的"删除"命令或是右击需要删除的样式，在弹出的快捷菜单中选择"删除"命令，即可将选中的样式删除。

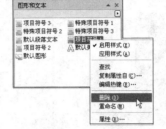

| 选择"选项"菜单下的"删除"命令 | 选择快捷菜单下的"删除"命令 | 删除选中样式 |

Work ⑤　载入模板

在 CorelDRAW X4 中，系统预设中包含了多种图形和文本模板，在"图形和文本"泊坞窗中打开"选项"隐藏菜单，执行"模板>载入"菜单命令，打开"从模板中载入样式"对话框，将系统预设的模板文件夹打开，双击文件夹即可将多个模板载入。

| 选择相应菜单命令 | "从模板中载入样式"对话框 |

Lesson 04　通过载入模板设置美术字

CorelDRAW X4矢量绘图从入门到精通（多媒体光盘版）

使用"文本工具"在图像素材中添加适当的文字，载入预设的图形和文本模板，将系统自带的文字样式应用在添加文字上，具体的操作过程如下。

STEP 01 打开光盘"Chapter 11 图层和样式的使用\素材\2.cdr"文件，使用"文本工具"绘制一个矩形文本框。

STEP 02 为文本框中添加合适的文本内容，添加文本后的效果如下图所示。

STEP 03 执行"窗口>泊坞窗>图形和文本样式"菜单命令，打开"图形和文本"泊坞窗，单击"选项"按钮，在隐藏的菜单中执行"模板>载入"菜单命令，如下图所示。

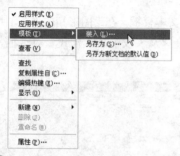

STEP 04 在弹出的"从模板中载入样式"对话框中选中"Landscaping AU"文件夹中的"Landscaping AU – Flyer"模板，在单击"打开"按钮，将选中的模板打开。

STEP 05 在选中的模板上添加文本框，右击"图形和文本"泊坞窗中"默认美术字"选项，在弹出的快捷菜单中选择"应用样式"命令，如下图所示。

STEP 06 为文本添加"默认美术字"样式后的效果如下图所示。

STEP 07 保持"文本工具"处于选中状态，在其选项栏中文本大小的下拉列表框中选择文本的大小为30pt，如下图所示。

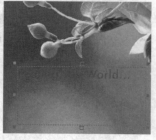

STEP 08 根据**STEP 07**调整的文本大小再使用"挑选工具"将调整后的文本框放置到页面适当位置，调整位置后的文本效果如下图所示。

Work **6**　编辑热键

在对图形和文本设置样式时，若需要为多个图形和文本进行样式设置，可以通过创建热键的方式快捷地进行设置。在"图形和文本"泊坞窗中，单击"选项"按钮▶，在弹出的隐藏菜单中选择"编辑热键"命令，打开"选项"对话框，在对话框中可以对命令和操作进行热键设置。

执行菜单命令

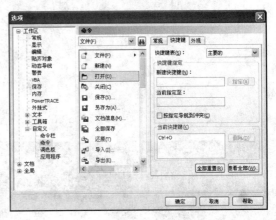

"选项"对话框

Work **7**　设置显示的样式

在"图形和文本"泊坞窗中，用户可以根据需要有针对性地选择不同的样式选项。在"选项"隐藏菜单的"显示"子菜单中，有图形、美术字、段落文本3类样式选项可供选择，分别用于查看应用于图形、美术字和段落文本这3个方面的样式。如果未勾选"显示"子菜单中的样式，则"图形和文本"泊坞窗中将出现空白，如果勾选"段落文本样式"则可以在该泊坞窗中显示与段落文本样式相关的样式选项。

执行"显示>段落文本样式"菜单命令

显示段落文本样式选项

Chapter 12

自由处理位图图像

CorelDRAW X4 矢量绘图从入门到精通（多媒体光盘版）

本 章 重 点 知 识

Study 01　导入／导出位图图像

Study 02　位图和矢量图的转换

Study 03　调整与变换位图

Study 04　图框精确剪裁

本 章 视 频 路 径

DVD

Chapter 12\Study 01　导入／导出位图图像
- Lesson 01　将素材文件夹中的图像导入到窗口中.swf
- Lesson 02　将所选择的图形导出为位图.swf

Chapter 12\Study 02　位图和矢量图的转换
- Lesson 03　将位图图像转换为矢量图形.swf
- Lesson 04　将矢量图形转换成位图.swf

Chapter 12\Study 03　调整与变换位图
- Lesson 05　应用调整位图调整风景图像.swf

Chapter 12\Study 04　图框精确剪裁
- Lesson 06　应用"图框精确剪裁"命令将图像放置到容器中.sw

Chapter 12 自由处理位图图像

　　自由处理位图图像的内容主要有 4 个方面，包括导入和导出位图图像；矢量图和位图之间的相互转换；调整和变换位图（可以应用所提供的命令对位图进行任意编辑和调整）；图框精确剪裁（将位图放置到矢量的图框中，形成特殊边框的位图图像）。应掌握各个命令对位图的影响和作用。

知识要点 01　调整位图效果

　　调整位图图像是指通过系统自带的设置图形的命令对位图图像进行编辑，其中主要的调整内容包括图像的色度、亮度、饱和度等。打开相应的对话框来对位图图像进行设置和编辑，每种调整位图菜单命令的作用可以根据名称来进行判断，针对位图的色彩和亮度可选择最合适的调整命令。

打开素材图像

调整图像亮度

知识要点 02　图框与位图的关系

　　图框与位图的关系是指可以通过设置将位图放置到所绘制的路径图框中。应用图框对位图进行编辑时，必须要将路径设置为闭合的曲线，这样才能将位图放置到矢量图形中，具体操作为选择要编辑的位图图像，执行"效果>图框精确剪裁>放置在容器中"菜单命令，用出现的黑色箭头单击所绘制的路径，即可将位图放入大图框中，并且还可以对位图的位置以及大小等重新进行设置。

绘制图形轮廓

将图像放置到容器中

- Work 1　导入位图图像
- Work 2　导出位图图像

　　导入和导出图像的主要对象是位图图像。应用导入的方法可以将存储在其他文件夹中的位图图像在 CorelDRAW X4 图像窗口中显示出来，并且可以应用该程序中所提供的相关命令对图像进行重新编辑。导出图像则可以将编辑后的位图重新导出进行保存，也可以将所绘制的矢量图形通过导出图像的方法，转换为位图图像，以便于保存并应用到其他程序中。

Study 01　导入/导出位图图像

Work 1　导入位图图像

　　导入位图图像是指将存储在相关文件夹中的图像在 CorelDRAW X4 应用程序中显示出来。导入位图图像的操作可以分为两种情况：单击标准栏中的"导入"按钮，将会弹出"导入"对话框，在对话框中选择所要导入素材图像的存储路径；执行"文件>导入"菜单命令，打开"导入"对话框，设置相关参数。

01　"导入"对话框

　　首先创建一个新的图形文件，并执行"文件>导入"菜单命令，打开"导入"对话框，在对话框中设置所要导入文件存储的路径，可以通过勾选"预览"复选框来查看图像效果，设置完成后单击"导入"按钮，然后使用鼠标在图像窗口中拖动，即可将选择的图像导入到窗口中。

"导入"对话框

导入的图像

02 "裁剪图像"对话框

　　"裁剪图像"对话框用于对导入到图像窗口中的图像重新进行设置,使其更符合要求的形状以及大小。在"导入"对话框中选择所要导入的图像后,在"文件类型"后的第2个下拉列表框中选择"裁剪"选项,再单击"导入"按钮,即可打开"裁剪图像"对话框,在对话框中可重新设置导入图像的宽度以及高度,设置完成后单击"确定"按钮,即可在图像窗口中显示出所导入的新图像。

"裁剪图像"对话框　　　　　　　　　　　　　　　　　裁剪后的图像

Lesson 01 将素材文件夹中的图像导入到窗口中

CorelDRAW X4矢量绘图从入门到精通（多媒体光盘版）

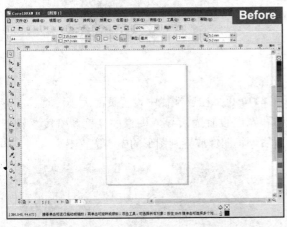

　　在将素材文件夹中的图像导入到窗口中时,可通过应用文本菜单中的相关命令来完成。打开"导入"对话框,在对话框中选择所导入图像存储的路径,然后将选择的图像导入,通过设置将导入的图像调整为和页面相同的大小,并放置到页面中心位置上,具体操作如下所示。

STEP 01 创建一个新的图形文件，然后执行"文件>导入"菜单命令。

STEP 02 在打开的"导入"对话框中选择所要导入图像存储的路径以及名称，然后单击"导入"按钮。

STEP 03 使用鼠标在图中拖动，形成导入图像的大小和形状。

STEP 04 释放鼠标后即可在图像窗口中看到导入的新图像。

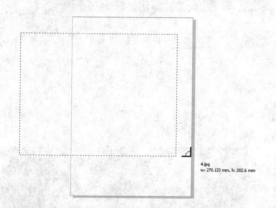

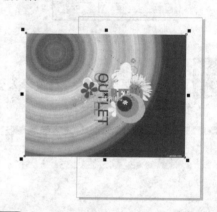

STEP 05 单击属性栏中的"横向"按钮□，将创建的纵向页面设置为横向，并将图像放置到中心位置上。

STEP 06 在属性栏中设置页面大小，将其高度和宽度设置为所导入图像的高度和宽度，设置后，将图像放置到图形的中心位置上。

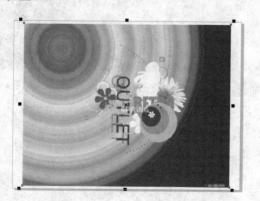

Work 2　导出位图图像

导出位图图像是指将所选择的图像通过设置在另外的文件夹中显示出来，并可以将导出的图像应用到其他的程序中。导出位图图像可以用于位图，也可以应用于矢量图形。可以将当前所打开的矢量图形都导出为位图，也可以只导出选择的单个图像。

01　导出全部图像

导出全部图像时不需要应用"挑选工具"选择图像，单击工具栏中的"导出"按钮，然后在弹出的"导出"对话框中进行设置即可。首先将素材文件夹中提供的图形打开，然后在"导出"对话框中设置要导出图像的名称以及格式。

打开素材图形

"导出"对话框

在"导出"对话框中设置完成后单击"导出"按钮，可以打开"转换为位图"对话框，在该对话框中对要导出的位图重新进行设置，其中包括的选项有"宽度"、"高度"、"分辨率"等，也可以设置图像的颜色模式，设置完成后单击"确定"按钮，将打开"JPEG 导出"对话框，在对话框中可查看所要导出图像的预览效果，也可以设置转换为位图后的压缩比例等，设置完成后单击"确定"按钮，可以在前面所设置的对话框中查看所导出的位图图像。

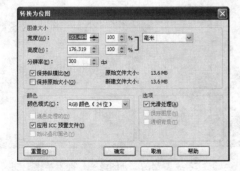

"转换为位图"对话框

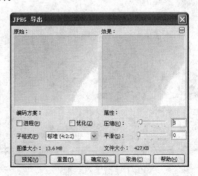

"JPEG 导出"对话框

02 导出选择的图像

　　导出选择的图像是指将单个选择的图像转换为位图进行保存。首先应用"挑选工具"在要导出的图像上单击将图像选取，然后执行"文件>导出"菜单命令，弹出"导出"对话框，在对话框中设置所要保存位图的路径、名称和格式等，同时还应该勾选"只是选定的"复选框，便于后面的图像操作。

选择导出的图像

"导出"对话框

　　在"导出"对话框中设置完成后单击"确定"按钮，将会打开"转换为位图"对话框，在对话框中可以设置位图的长宽比例，和前面导出全部图像的方法相同，设置完成后在对话框中单击"确定"按钮，打开"JPEG 导出"对话框，继续在对话框中设置位图图像的压缩比例等属性，设置完成后单击"确定"按钮，然后在所设置的路径中选择导出位图的文件夹，在文件夹中可以看到导出部分图像的缩略的效果。

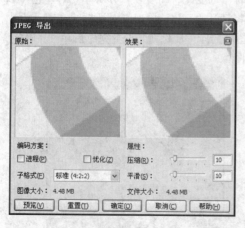

"JPEG 导出"对话框

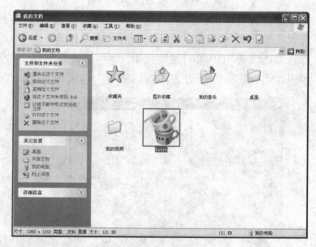

导出的部分图像

将所选择的图形导出为位图

CorelDRAW X4矢量绘图从入门到精通（多媒体光盘版）

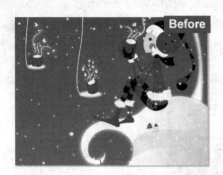

　　将选择的图形导出为位图可以方便其他应用程序对位图进行编辑。首先将要导出的图形选取，通过到"导出"的方法对位图进行设置，然后根据提示对话框进行操作，直至将所选择的图形转换为位图，再在另外的文件夹中将导出的位图打开，具体操作步骤如下。

STEP 01 打开随书光盘"Chapter 12 自由处理位图图像\素材\6.cdr"图形文件。

STEP 02 应用"挑选工具"在人物图像上单击，将该图像选取。

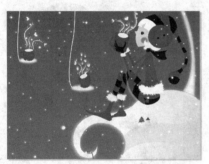

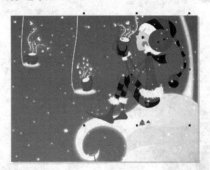

STEP 03 执行"文件>导出"菜单命令，打开"导出"对话框，在对话框中为导出的图像设置新的图像名称以及文件格式。

STEP 04 在"导出"对话框中单击"导出"按钮，即可打开"转换为位图"对话框，在对话框中设置图像的大小以及颜色模式等。

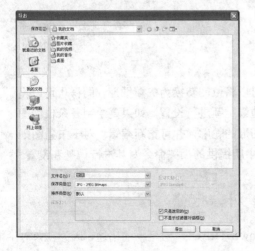

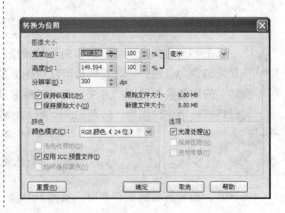

STEP 05 在"转换为位图"对话框中单击"确定"按钮，将会打开"JPEG 导出"对话框，在对话框中进行 JPEG 文件格式的设置。

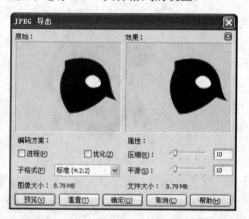

STEP 06 设置完成后单击"确定"按钮，然后打开前面所设置的导出图形的路径，从对话框中可以查看导出图像的缩略图。

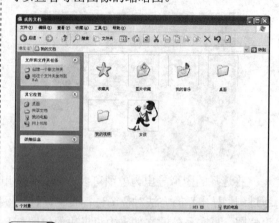

STEP 07 单击导出的图形，以便后面对图像重新进行设置和编辑。

STEP 08 双击导出的图像，可以应用看图软件对转换为位图的图像进行查看。

Study

02 位图和矢量图的转换

- Work 1 线条描摹
- Work 2 描摹位图
- Work 3 "转换为位图"对话框

　　位图和矢量图之间可以进行相互的转换，可以将位图转换为矢量图形，同样也可以将矢量图转换为位图，完成转换后可以对图像的边缘重新进行设置。如果要绘制复杂位图图像时，应用转换矢量图的方法，可以得到复杂图形的轮廓，并可重新编辑；对于矢量图则可以将其转换为位图后，应用 CorelDRAW X4 中所提供的相关命令对其进行调整和设置。

💡 **知识要点**　"Power TRACE"对话框

在进行位图和矢量图的转换时需要重点掌握"Power TRACE"对话框的用途，因为在该对话框中可以设置多种矢量图的类型，还可以查看设置后的效果图与原图像的对比效果。对话框右侧的选项区用来设置不同参数以控制最后的效果，并可选择不同的矢量类型。

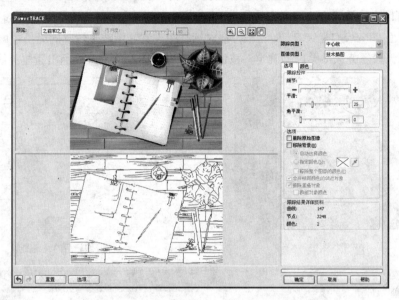

"Power TRACE" 对话框

Study 02 位图和矢量图的转换

Work 1 线条描摹

线条描摹是指通过两种方法来显示出图形的轮廓，一种是单独的线条图形，另外一种是快速描摹，即突出色块的轮廓。快速描摹是以不同的色块来代替不同的区域，并且轮廓之间的界限分明。在应用线条描摹时可以根据需要进行设置，若要得到轮廓可应用线条图，若要得到色块图像则可应用快速描摹。

01 快速描摹

通过快速描摹可以快速地将位图转换为矢量图。将要编辑的图像选取，执行"位图>快速描摹"菜单命令，即可将位图转换为矢量图形。从最后得到的图形效果中可看出原本平滑的图像已经被各个色块替代，而应用平滑渐变的图像已被多个纯色组成的色块所替代。

打开原图像

调整为矢量图形

02 线条图

线条图可以直接显示出位图图像的轮廓。将要编辑的图像选取后执行"位图>线条描摹>线条图"菜单命令，弹出"Power TRACE"对话框，在对话框中设置显示线条轮廓的简易程度，以及线条之间的密度关系，设置完成后单击"确定"按钮，即可在原图像的上方显示出新建的线条图形。

打开素材图像

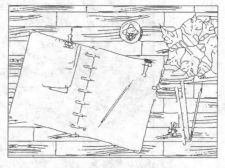
编辑后的线条图形

Study 02　位图和矢量图的转换

Work 2　描摹位图

执行"位图>描摹位图"菜单命令后，有 6 种命令可供选择，分别为"线条图"、"徽标"、"详细徽标"、"剪贴画"、"低质量图像"和"高质量图像"。这几种命令主要针对的是显示图像的细节程度，选择不同的命令，得到不同范围的矢量图形，其中"高质量图像"是最接近原图像的矢量图形效果，而"线条图"则用于概括地显示出图像的边缘轮廓，将临近的颜色以单一的颜色进行显示，突出各个色块之间的关系，而忽略图形的轮廓。

```
线条图(I)...
徽标(O)...
详细徽标(D)...
剪贴画(C)...
低质量图像(L)...
高质量图像(H)...
```
"描摹位图"菜单

选择所要编辑的位图图像，执行"位图>描摹位图>高质量图像"菜单命令，打开"Power TRACE"对话框，在对话框中可设置所要表现的图像细节和平滑效果，并可通过对话框预览设置后的效果，以得到最合适的图像效果。

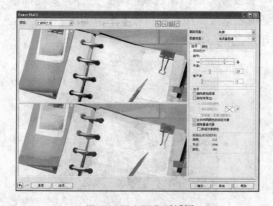
"Power TRACE"对话框

调整后的图像

Lesson
03

将位图图像转换为矢量图形

CorelDRAW X4矢量绘图从入门到精通（多媒体光盘版）

　　将位图图像转换为矢量图形主要应用的是位图中的命令。打开"Power TRACE"对话框，对图形进行设置，然后应用编辑矢量图形的方法对变换后的图形进行编辑，再将背景制作成完整的背景，人物图形填充上其他的颜色，最后制作成组合的图像效果，具体操作步骤如下。

STEP 01 打开随书光盘"Chapter 12　自由处理位图图像\素材\9.cdr"图形文件。

STEP 02 执行"位图>描摹位图>高质量图像"菜单命令，打开"Power TRACE"对话框，并进行设置。

STEP 03 设置完成后单击"确定"按钮，即可将选择的位图图像转换为矢量图形。

STEP 04 下面对矢量图形进行编辑和调整。取消全部群组，应用"挑选工具"将背景中多个不规则的图形选取焊接为一个图形，再为焊接后的图形填充一种颜色。

STEP 05 继续应用"挑选工具"将背景中多个图形选取，并焊接为一个图形，再重新设置一个背景颜色。

STEP 06 对人物图形进行设置。应用"挑选工具"将底部的人物图形重新选取，并焊接成完整轮廓的新图形，焊接后的图形将填充为单一的颜色。

STEP 07 将另外的人物图形选取，与前面已经焊接的图形重新组成新的图形。

STEP 08 下面对背景图形重新进行填充。应用"交互式填充工具"在背景图形中拖动，形成新的渐变色。

STEP 09 为人物脸部图形重新设置填充的渐变色，以突出脸部图形，此时已经将图形都转换为矢量图形。

STEP 10 选择页面 2，显示出 T 恤图像，并将编辑完成的人物图像拖动到 T 恤图像中，然后调整到合适大小。

Study 02　位图和矢量图的转换

Work 　"转换为位图"对话框

"转换为位图"对话框用于将矢量图形转换为位图。在 CorelDRAW X4 中，有两种情况下会出现"转换为位图"对话框，一种是将矢量图形转换为位图，另外一种是将矢量图形导出（此时需要将矢量图形转换为位图），这两种情况下，"转换为位图"对话框的设置不相同。

01 将矢量图形转换为位图

选择要转换的矢量图形，执行"位图>转换为位图"菜单命令，将会打开"转换为位图"对话框，在对话框中设置位图的分辨率和透明背景等选项，可以将位图转换为透明背景的图像，也可以将背景转换为白色的位图图像。

02 导出矢量图形

导出矢量图形时也会弹出"转换为位图"对话框，在对话框中要将图像大小如高度和宽度等重新进行设置，和前面将矢量图转换为位图不同，此时突出设置的是转换为位图的高度和宽度的比例以及分辨率的大小，同时也可以设置位图的颜色模式。

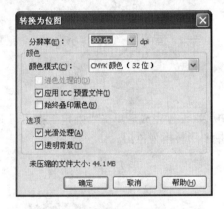

"转换为位图"对话框

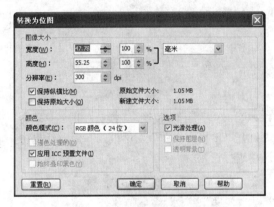

"转换为位图"对话框

Lesson
04 将矢量图形转换成位图

CorelDRAW X4矢量绘图从入门到精通（多媒体光盘版）

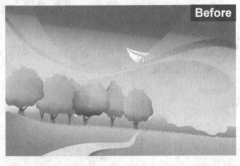

将矢量图形转换为位图后，可以应用 CorelDRAW X4 中所提供的编辑位图命令对位图进行编辑，这些命令是不能直接对矢量图进行编辑的，但是可以对位图进行编辑，具体的操作方法是应用绘制矢量图形的工具在图中进行绘制，将其填充上颜色后转换为位图，然后应用滤镜对位图进行编辑和调整，具体操作步骤如下。

STEP 01 打开随书光盘"Chapter 12　自由处理位图图像\素材\10.cdr"图形文件。

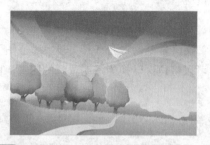

STEP 02 为图中添加椭圆图形。应用工具箱中的"椭圆形工具"连续在图中拖动，绘制出多个椭圆图形。

STEP 03 将绘制的椭圆图形都选取，单击属性栏中的"焊接"按钮，将所有图形合成为一个图形。

STEP 04 将焊接后的图形填充为白色，再将图形的轮廓去除。

STEP 05 然后执行"位图>转换为位图"菜单命令，打开"转换为位图"对话框，参照对话框中的选项进行设置。

STEP 06 设置完成后单击"确定"按钮，即可将矢量图形转换为位图。

STEP 07 执行"位图>模糊>高斯式模糊"菜单命令，打开"高斯式模糊"对话框，在对话框中将"半径"设置为5.0像素。

STEP 08 设置完成后单击"确定"按钮，即可将转换后的位图进行模糊。

STEP 09 应用"椭圆形工具"在窗口中其余位置上绘制多个图形，并应用同样的方法焊接为一个图形。

STEP 10 再将焊接的图形转换为位图，应用"高斯式模糊"滤镜对圆点图像进行编辑，制作成模糊的图像效果。

调整与变换位图主要是指通过效果菜单中的命令对位图进行编辑，可从色调、明暗、创造性变换等多个方面进行调整，使编辑后的图像和原图像产生差异，从而得到更适合的位图图像效果。可以自动调整或应用打开对话框的方法来对位图重新进行编辑，调整图像时会有多种命令的组合应用，要注意这些命令之间的联系和区别。

Study 03 调整与变换位图

Work 1 自动调整位图

自动调整位图指的是从图像的色调以及明暗等方面，自动对图像进行编辑和调整。选择导入到图像窗口中的素材图像，然后执行"位图>自动调整"菜单命令，可以对图像效果进行自动变化，此时图像的背景以及颜色之间的差异会更明显。

打开原图像

编辑后的图像

Study 03 调整与变换位图

Work 2 调整位图

调整位图是对位图图像从色调、变换、明暗等方面重新进行设置，在调整下拉菜单中包含有多种调整位图的命令，可以根据位图效果的差异和所需的效果来选择最合适的调整命令。常用的调整命令以及调整后位图的对比效果在后面都会详细地进行介绍，并且大部分的调整命令都是通过对话框来完成的，在对话框中还可以预览原图像和编辑后的图像效果，便于选择最合适的图像效果。

01 高反差

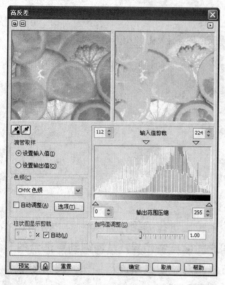

"高反差"对话框

"高反差"命令的主要作用是突出表现图像的高光区域，使图像的明度加大。可以利用"吸管工具"在图中定义所要设置的高光区域，在"高反差"对话框中设置输出数值或者输入数值，并且设置颜色的模式，其中伽玛值控制的是图像的亮度，数值越大图像越明亮。

调整后的效果

02 调和曲线

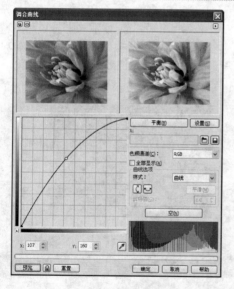

"调和曲线"对话框

"调和曲线"命令的主要作用是调整图像的明暗关系，并利用鼠标在图中调整曲线的位置和方向来控制图像的亮度等，还可以单击"预览"按钮来查看调整参数后的效果，如果设置了最合适的图像效果，可单击"确定"按钮得到编辑后的图像效果。

编辑后的图像

03 亮度/对比度/强度

"亮度/对比度/强度"命令的主要作用就是设置图像的明暗关系，通过设置将较暗的图像变亮，同样的也可以对曝光过度的图像适当进行调整，在"亮度/对比度/强度"对话框中有 3 个参数可供选择，设置时使用鼠标拖动相应的滑块即可，设置完成后单击"确定"按钮，可以在图像窗口中查看调整后的位图效果。

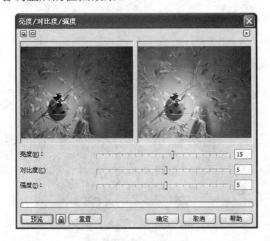

"亮度/对比度/强度"对话框

调整后的图像效果

04 颜色平衡

"颜色平衡"命令的主要作用是对图像的颜色进行重新设置，可以加重其中一种颜色的比重，从而使图像变为另外一种色调的效果。选择所要编辑的位图图像，执行"效果>调整>颜色平衡"菜单命令，在对话框中设置各种颜色的混合效果，并在对话框中预览编辑后的效果，得到合适的图像后单击"确定"按钮，即可得到编辑后的图像。

打开素材图像

"颜色平衡"对话框

调整后的图像

05   色度/饱和度/亮度

　　"色度/饱和度/亮度"命令的主要作用是调整图像颜色的饱和度，并且可以对图像的色相重新进行设置，同时还可以提高图像的亮度。在"色度/饱和度/亮度"对话框中可以通过设置滑块，查看编辑后的图像效果，不仅如此，在该对话框中还可以对单独的某个颜色进行设置，突出表现部分颜色。

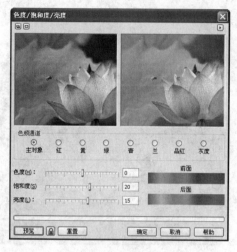

"色度/饱和度/亮度"对话框

编辑后的图像

06   替换颜色

　　"替换颜色"命令的主要作用是将所设置的颜色替换为原图像的颜色。在"替换颜色"对话框中通过"吸管工具"来设置原图像中所要替换的颜色，然后在对话框中创建新的颜色，以便替换所选择的颜色。对该新建颜色的饱和度、色度等可以通过拖动滑块来重新进行设置，替换颜色的范围也可以重新进行设置，设置完成后单击"确定"按钮，在完成的图像效果中可以看出背景图像被新设置的颜色所替换。

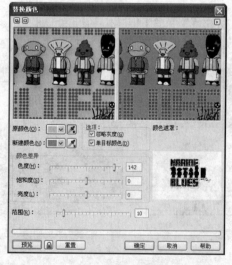

"替换颜色"对话框

编辑后的图像

07　所选颜色

　　"所选颜色"命令的主要作用是将所选择的颜色调整为另外一种色相或者饱和度，即局部设置图像的效果。在"所选颜色"对话框中要对所选择的颜色进行确认，然后通过拖动滑块来设置新的图像颜色，通过各种颜色的混合和调整来得到新的图像效果。

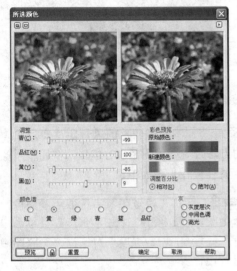

"所选颜色"对话框　　　　　　　　　　　　　编辑后的图像

08　通道混合器

　　"通道混合器"命令的主要作用是突出某个单独的颜色，使其他颜色被所选择的颜色所替换。可以根据设置通道的方法来设置图像的颜色效果，打开"通道混合器"对话框，在对话框中选择所要设置的通道，然后使用鼠标拖动相应的滑块来控制图像的效果，从对话框中还可以查看拖动滑块后显示的图像效果。

"通道混合器"对话框　　　　　　　　　　　　编辑后的效果

Lesson 05 应用调整位图调整风景图像

CorelDRAW X4矢量绘图从入门到精通（多媒体光盘版）

Before

After

应用调整命令调整位图图像主要是综合应用各种命令将原本效果较差的风景照片变得更为明亮清晰、更加美观。此处主要应用调整亮度和饱和度的方法来对风景图像进行编辑，在调整图像时要注意调整的顺序，并同时在对话框中设置多个参数，具体操作步骤如下。

STEP 01 打开随书光盘"Chapter 12 自由处理位图图像\素材\20.cdr"图形文件。

STEP 02 应用"挑选工具"选取风景图像，执行"效果>调整>亮度/对比度/强度"菜单命令，打开"亮度/对比度/强度"对话框，参照图中所示进行设置。

STEP 03 设置完成后单击"确定"按钮，即可使图像效果变亮。

STEP 04 然后再执行"效果>调整>色度/饱和度/亮度"菜单命令，弹出"色度/饱和度/亮度"对话框，并参照图上所示进行设置。

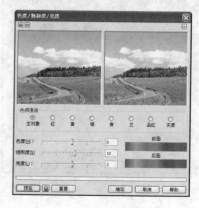

STEP 05 继续在对话框中进行设置,单击"绿"单选按钮,然后设置绿色的饱和度以及亮度等参数。

STEP 06 在对话框中设置完成参数后,单击"确定"按钮,即可将风景图形颜色变饱和,使图像更艳丽。

Work 3 图像调整实验室

"图像调整实验室"命令的主要作用是调整位图图像,通过设置来变换位图效果。执行"位图>图像调整实验室"菜单命令,即可打开"图像调整实验室"对话框,在对话框中可以对所打开的位图图像重新进行设置。设置的选项主要包括图像的明度、饱和度以及明暗关系,同时在对话框中可以预览设置参数后的效果。

01 旋转按钮 **02** 缩放按钮

03 预览模式
04 自动调整
05 参数设置

"图像调整实验室"对话框

01 旋转按钮

在对话框中可以对预览图像的角度等重新进行设置，系统默认的是水平放置图像，如果单击旋转按钮○，可以将原本水平存放的图像进行垂直翻转，再单击旋转按钮○，可以再将图像进行翻转，翻转为默认的参数。

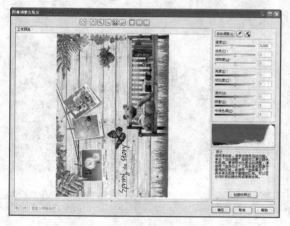 

翻转后的图像　　　　　　　　　　　　　　再次翻转后的图像

02 缩放按钮

缩放按钮控制的是图像效果在对话框中显示的范围，通过单击合适的缩放按钮可对局部图像、整体图像等进行查看和选择。应用"放大"按钮在图中单击，可以将图像进行放大显示，使局部图像更清晰地显示，相反的，应用"缩小"按钮在图中单击，则可以查看图像的整体效果。

放大显示图像　　　　　　　　　　　　　　缩小显示图像

03 预览模式

预览模式控制的是原图像与调整图像在对话框中的显示方式，可以同时显示出原图像与编辑后的图像，也可以对图像分开进行预览，显示为一个完整的图像，但是分为两个区域进行显示，单击

"之前和之后全屏预览"按钮回后，可以在对话框中同时显示出原图像和调整后的图像，如果单击
"之前和之后分开预览"按钮回，则可以在一个图像中显示出调整前和编辑后的图像。

之前和之后全屏预览　　　　　　　　　　　　　　　　　分开预览图像

04　自动调整

　　自动调整用于自动调整图像的明暗以及色调之间的关系。可以单击"自动调整"按钮来得到最
合适的图像效果，也可以连续拖动滑块来反复调整图像效果。在对话框中可以观察变换后的图像与
原图像的对比效果，以及它们之间的差异。

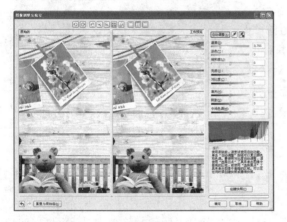
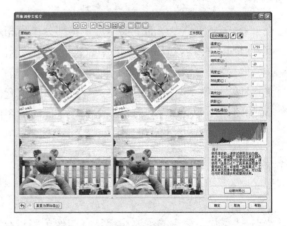

自动调整图像　　　　　　　　　　　　　　　　　　调整亮度等参数

05　参数设置

　　参数的设置主要控制的是图像完成后的效果，其中主要有8种选项可供设置，分别为"温度"、"淡
色"、"饱和度"、"亮度"、"对比度"、"高光"、"阴影"和"中间色调"。应用鼠标拖动相应的滑块即可
控制各参数的值，调整其中一个滑块都可以影响最后的图像效果，也可以同时拖动不同的滑块来共同应
用最后的图像效果。以设置高光为例，将"高光"的数值设置为100，从图中可以看出高光区域被明显
地和暗部区域区分开来，如果拖动其余滑块也将会继续对图像产生影响，图中所示为拖动"阴影"和"中
间色调"选项后的图像效果。

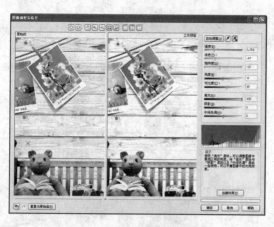
设置"高光"数值的图像效果

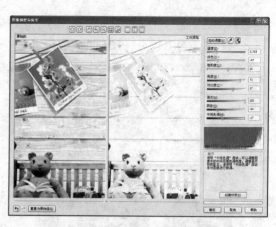
设置"阴影"和"中间色调"的图像效果

Study 03　调整与变换位图

Work 4　变换位图

　　变换位图是应用相关的命令将位图制作成富有创造性的效果，其中共包括3种命令，分别为"去交错"、"反显"和"极色化"。可以通过执行"效果>变换"菜单命令，来选择相关的操作。

01　去交错

　　"去交错"命令的主要作用是将部分像素相近的图像进行合并，并且以突出模糊的像素效果进行显示。执行"效果>变换>去交错"菜单命令，即可打开"去交错"对话框，在对话框中可对扫描行等重新进行设置，应用此命令编辑后的图像效果不是很明显，该命令只对局部的图像进行变换和设置。

"去交错"对话框

02　反显

　　"反显"命令的主要作用是将图像色彩进行反相显示，也就是以图像颜色的对比色来显示新的图像效果，应用反显对图像进行编辑时没有对话框，可以通过执行"效果>变换>反显"菜单命令直接对图像进行编辑，得到的最终效果为原图像对比色的综合显示。

打开素材图像

反显后的图像效果

03 极色化

"极色化"命令的主要作用是将相临近的图像像素进行合并，制作成单个色块区域的图像，并且形成矢量化后的效果。选择所要编辑的图像，执行"效果>变换>极色化"菜单命令，在打开的"极色化"对话框中将"层次"设置为4，完成后单击"确定"按钮，即可看到颜色分布的情况。

"极色化"对话框

调整后的效果

Study 04 图框精确剪裁

Work 1 图框与位图的关系   Work 2 编辑图框中的图形

CorelDRAW 在对象或容器内放置矢量对象和位图图像，容器可以是任何图形，将对象放到比该对象大的容器中时，对象就会被裁剪成适合容器的形状，这就叫做图框精确裁剪。在进行图框精确裁剪操作后，不仅可以对容器的形状进行更改，还可以对容器中的对象进行重新编辑和操作。

Study 04 图框精确剪裁

Work 1 图框与位图的关系

图框与位图的关系指的是可以将所选择的位图放置到边框图形中，并且根据需要对图形的位置等重新进行设置，应用图框精确剪裁的方法，将复杂多变的图形放置到一个轮廓矢量图形中，并且还可以对图框中的位图进行编辑和调整。

首先将素材文件夹中所需要编辑的素材图像导入到窗口中，然后应用绘制矢量图形的"钢笔工具"绘制出一个不规则的图形轮廓，并且要确认所绘制的图形为闭合的曲线，再将要编辑的位图图像导入到图形窗口中，应用"挑选工具"将要编辑的人物图像选取。

选择绘制的不规则图形

导入人物图像

下面对图框与位图的关系进行编辑。执行"效果>图框精确剪裁>放置在容器中"菜单命令，鼠标将会变为黑色箭头，应用该箭头单击前面所绘制的不规则图形，即可将选取的人物图像放置到绘制好的不规则图形中。

执行相关菜单命令

将图像放置到容器中

Study 04 　图框精确剪裁

Work ❷　编辑图框中的图形

编辑图框中的图形的目的是为了使图框中的图像更适合图框大小以及形状，按住 Ctrl 键单击图框，即可对图像进行编辑。使用鼠标在图像边缘进行拖动，可以对图像进行旋转，也可以设置图像的大小。

选择内部的图形

旋转选择的图形

释放鼠标后可以查看调整旋转角度后的图形，还可以继续对图像进行编辑，使图像更适合所绘制的图形边框。编辑完图像后可以按住 Ctrl 键单击页面中的空白区域，退出对内容的编辑，返回到图像窗口中，此时从图中可以看出图框中的内容已经被重新编辑和调整过，应用这种方法可以反复调整图框中的图像。

旋转后的人物图像

完成编辑后的图像

Lesson **06** 应用 "图框精确剪裁" 命令将图像放置到容器中

CorelDRAW X4矢量绘图从入门到精通（多媒体光盘版）

应用 "图框精确剪裁" 命令将图像放置到容器中，再应用绘制矢量图形的工具在页面中绘制出闭合的曲线作为图框，然后通过执行相关菜单命令将图像放置到图框中，具体操作步骤如下。

STEP 01 首先将随书光盘"Chapter 12　自由处理位图图像\素材\26.jpg" 图形文件导入到图像口中。

STEP 02 然后应用 "矩形工具" 在图中拖动，绘制出 3 个大小不同的矩形图形。

STEP 03 再将素材文件夹中名为 27.jpg 的图形文件导入到图像窗口中。

STEP 04 执行 "效果>图框精确剪裁>放置在容器中" 菜单命令，应用黑色箭头单击已绘制的其中一个矩形，将图像放置到容器中。

STEP 05 按住 Ctrl 键单击所绘制的矩形图形，对放置到容器中的图形重新进行设置，直至将图形调整到合适大小，再右击鼠标，在弹出的菜单中选择 "结束编辑" 命令。

STEP 06 下面对另外的矩形应用 "图框精确剪裁" 命令，在矩形中间添加上素材文件夹中名为 28.jpg 和 29.jpg 图像，组成完整的图形，最后选取矩形，去除其轮廓线，完成实例的制作。

Chapter 13

滤镜特效的应用

CorelDRAW X4 矢量绘图从入门到精通（多媒体光盘版）

本 章 重 点 知 识

本 章 视 频 路 径

DVD

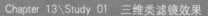

Chapter 13\Study 01　三维类滤镜效果
- Lesson 01　应用"透视"滤镜制作报纸广告.swf

Chapter 13\Study 02　艺术类滤镜效果
- Lesson 02　应用"单色蜡笔画"滤镜制作漂亮的生日邀请卡.swf

Chapter 13\Study 03　模糊类滤镜效果
- Lesson 03　应用"放射状模糊"滤镜制作人物画册内页.swf

Chapter 13\Study 05　扭曲类滤镜效果
- Lesson 04　应用"偏移"滤镜制作商场宣传单.swf

Chapter 13　滤镜特效的应用

在 CorelDRAW X4 中，滤镜是位图处理中非常有效的工具。位图处理滤镜分为 10 个大类，在每一类滤镜下又包含多种滤镜效果，可帮助用户在进行位图处理时更灵活地设置图像效果。本章将从位图下的分类滤镜开始对各类的滤镜效果进行深入介绍，从分类滤镜中表现各具特色的图像处理效果。

知识要点 01　滤镜处理中的预览

在位图中应用滤镜效果时，选择滤镜菜单命令后将打开相应的滤镜对话框，在滤镜对话框的左上角位置会出现"双栏预览"按钮▣和"单栏预览"按钮▣，单击"双栏预览"按钮▣后可以将位图的原始图像以及进行滤镜处理后的最终效果进行显示。

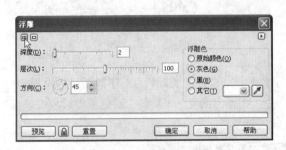

"浮雕"对话框

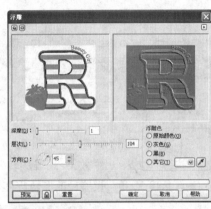

设置预览后的滤镜对话框

知识要点 02　使用滤镜前的位图转换

在使用 CorelDRAW 为创建的矢量图形添加滤镜效果，由于滤镜菜单下的菜单选项呈灰色显示，需要将矢量图形转换为位图后再进行滤镜效果的添加。位图的转换可以通过在"位图"菜单中执行"转换为位图"菜单命令，打开"转换为位图"对话框进行位图的转换。

滤镜菜单命令呈灰色显示

"转换为位图"对话框

Study

01 三维类滤镜效果

- Work 1 三维旋转
- Work 2 柱面
- Work 3 浮雕
- Work 4 卷页

- Work 5 透视
- Work 6 挤远/挤近
- Work 7 球面

　　三维类滤镜效果是为图形对象增加层次感和立体感的滤镜特效。在"三维效果"级联菜单中有7种不同的滤镜特效，包括了"三维旋转"、"柱面"、"浮雕"、"卷页"、"透视"、"挤远/挤近"和"球面"滤镜选项，它们可以分别为图形效果添加上不同的特殊效果。

Study 01　三维类滤镜效果

Work 1　三维旋转

　　"三维旋转"滤镜是模拟三维效果对图像进行水平和垂直方向的旋转。选中需要进行设置的位图图像，执行"位图>三维效果>三维旋转"菜单命令，在弹出的"三维旋转"对话框中设置"垂直"方向的旋转角度为40，设置后的图像将在垂直方向进行旋转。

选中需要设置的位图图像　　　　　　　"三维旋转"对话框　　　　　　　设置垂直方向的旋转效果

Study 01　三维类滤镜效果

Work 2　柱面

　　"柱面"滤镜是通过模拟柱形的环绕效果对图像进行垂直或水平方向的挤压，从而制作出特殊的柱面环形效果。选中需要进行设置的素材图像，执行"位图>三维效果>柱面"菜单命令，打开"柱面"对话框，拖曳百分比滑块，设置挤压和扩张的程度，设置范围在$-100\sim+100$，分别选中水平和垂直单选按钮后，可通过预览方式查看设置的效果。

原图效果　　　　　　　　　普通图形对象　　　　　　　　　"柱面"效果图

Study 01　三维类滤镜效果

Work 3　浮雕

"浮雕"滤镜可以使图像产生深度感，创建具有凹凸质感的图像效果。选择需要设置的位图图像后，执行 "位图>三维效果>浮雕"菜单命令，打开"浮雕"对话框，下面对"浮雕"对话框中的各选项进行具体分析。

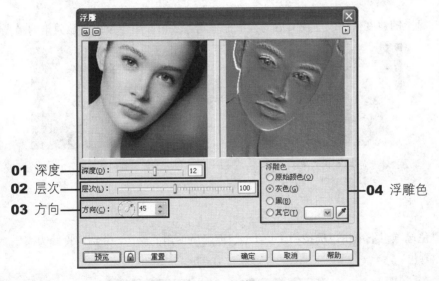

01 深度
02 层次
03 方向
04 浮雕色

"浮雕"对话框

01　深度

拖曳深度滑块或是在其后的数值框中输入数值，可以设置浮雕效果凸起区域的深度。深度的数值范围为$1\sim19$，数值越大凸起区域的程度更强。

深度值为 5 的效果

深度值为 15 的效果

02 层次

拖曳层次滑块，可以设置浮雕效果的背景颜色总量。设置层次效果的范围值为 1~500，数值越大则浮雕效果中背景颜色的含量越高。

层次数值为 50 的效果

层次数值为 200 的效果

层次数值为 500 的效果

03 方向

拖曳圆盘上的角度指针或是在其后的数值框中输入数值，用于设置浮雕效果的采光角度。

设置浮雕方向为 0°的效果

设置浮雕方向为 120°的效果

04 浮雕色

在浮雕色选项组下单击单选按钮，可以创建浮雕所使用的颜色，分别可设置为原始颜色、灰色、黑色或其他颜色。

原始颜色效果

灰色效果

黑色效果

其他颜色效果

Work 4　卷页

"卷页"滤镜效果是指在位图上添加类似于卷起页面一角的效果。选中需要设置的位图图像，执行"位图>三维效果>卷页"菜单命令，打开"卷页"对话框，可以分别对卷起页面的位置、定向、纸张以及颜色等方面进行设置，下面将对选项设置进行具体的介绍。

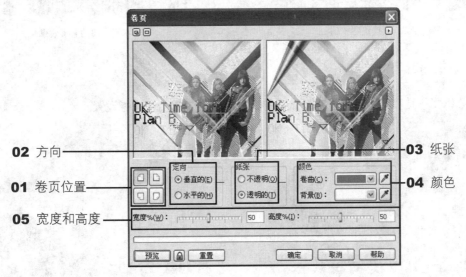

"卷页"对话框

01　卷页位置

在"卷页"对话框中，左侧有4个设置卷页位置的按钮，分别为"左上角"按钮◻，"右上角"按钮◻，"左下角"按钮◻和"右下角"按钮◻，直接单击这些按钮即可对卷页的位置进行设置。

左上角卷页效果

右上角卷页效果

左下角卷页效果

右下角卷页效果

02　定向

在"定向"选项组中，可以将页面卷曲的方向设置为垂直或者水平方向，设置选项时，直接单击相应单选按钮即可。

垂直定向的卷页效果

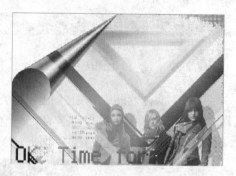

水平定向的卷页效果

03 纸张

在"纸张"选项组中，可以对纸张（卷曲的区域）的透明性进行设置。

纸张为不透明的卷页效果

纸张为透明的卷页效果

04 颜色

在"颜色"选项组中，可以分别对卷页的颜色和页面卷曲后的底面颜色进行设置，单击"卷曲"或"背景"选项后的颜色块，打开"颜色块列表"，根据需要选择合适的颜色作为卷曲纸张背面抛光效果的卷曲部分和背景颜色。

设置卷页颜色效果 1

设置卷页颜色效果 2

05 宽度和高度

在宽度和高度滑块上进行拖曳，可以对卷页的卷曲区域范围进行设置，用于更自由地设置卷页的位置和大小。

Work 5 透视

"透视"滤镜可以对图像进行透视效果的变形，实现图像的透视和切变变形。选择需要设置的位图图像后，执行"位图>三维效果>透视"菜单命令，即可打开"透视"对话框，在对话框左侧的图形框中可对图像框架调整透视和变形的形状。

素材图像

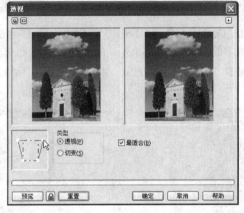

"透视"对话框

进行透视变换后的效果

Lesson 01 应用"透视"滤镜制作报纸广告

CorelDRAW X4矢量绘图从入门到精通（多媒体光盘版）

本实例先对素材的位图图像进行双色调处理，再通过添加"透视"滤镜对图像进行透视效果的制作，使用"交互式透明工具"对图像进行渐变透明设置，然后使用"折线工具"绘制多边形图形，并对素材的图框进行精确剪裁，通过"文字工具"在页面中添加合适的文字及设置说明文字的镂空效果，最后为制作的图像添加卷页效果，具体操作步骤如下。

STEP 01 执行"文件>新建"菜单命令，在页面中创建一个矩形空白文件，如左下图所示，选择工具箱中的"矩形工具" ，绘制一个面积相同大小的矩形，并填充颜色为 C:5、M:100、Y:95、K:0，轮廓为"无"。

STEP 02 执行"文件>导入"菜单命令，将随书光盘"Chapter 13　滤镜特效的应用\素材\ 1.jpg"文件导入至新建的文档中。

STEP 03 选择工具箱中的"挑选工具" ，将导入的素材文件放置到页面中的适合位置，再选择"裁剪工具" 在素材图像上拖曳出矩形的裁剪框。

STEP 04 创建合适的裁剪框架后，直接双击绘制的裁剪框架即可对设置的素材进行裁剪，再选择"挑选工具"将裁剪后的素材图像放置到页面中的适当位置。

STEP 05 执行"位图>模式>双色调"菜单命令，打开"双色调"对话框，双击类型下的"黑色"颜色块，打开"选择颜色"对话框，在对话框中选中颜色名称为 PANTONE 347 C 的绿色，然后单击"确定"按钮。

STEP 06 继续在"双色调"对话框中调整选中颜色的曲线，调整曲线形状后再单击"确定"按钮。

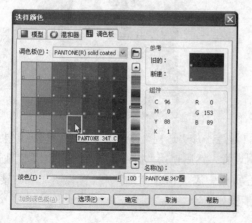

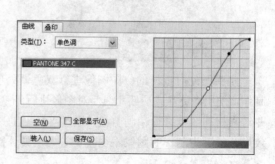

STEP 07 根据之前对素材图像进行"双色调"模式的设置，为素材图像添加单色效果。

STEP 08 执行"位图>三维效果>透视"菜单命令，打开"透视"对话框，适当地对素材图像进行透视变形，设置完成后单击"确定"按钮。

STEP 09 使用"裁剪工具"对放大后的图像进行裁剪，去掉白色边框。

STEP 10 执行"文件>导入"菜单命令，将随书光盘"Chapter 13 滤镜特效的应用\素材\2.jpg"文件导入至新建的文档中。

STEP 11 选择"挑选工具"在角框架位置对素材图像进行等比例缩放，调整变换后将素材图像放至页面适当位置。

STEP 12 选择工具箱中的"交互式透明工具"按钮，在 **STEP 11** 调整的素材图像中由下至上进行拖曳，创建素材图像的透明渐变效果。

STEP ⑬ 选择工具箱中的"折线工具"按钮 ▲，在页面中绘制多边形图形，再使用"形状工具"对绘制的多边形进行锚点位置设置，然后使用"挑选工具"将其放置到页面中的适当 位置。

STEP ⑮ 为之前绘制的多边形填充白色，查看页面中进行图框精确裁剪后的效果，继续使用"折线工具"在页面中沿多边形图形底部绘制一个合适大小的梯形，并为其填充颜色为 C:3、M:7、Y:94、K:0。

STEP ⑰ 继续使用"文字工具"在页面中添加文字内容，设置文字的颜色为 C:5、M:100、Y:95、K:0，再在页面中添加其他文字，然后使用"矩形工具"和"文字工具"相结合的方法创建镂空的标识文字。

STEP ⑭ 按住 Shift 键的同时使用"挑选工具"选中之前设置的两个素材图像，将选中的图像进行群组后，执行"效果>图框精确剪裁>放置在容器中"菜单命令，将群组的图像放置在 **STEP ⑬** 绘制的多边形中，再对放置的图像进行编辑。

STEP ⑯ 选择工具箱中的"文字工具" 字，在页面适当位置绘制一个矩形文本框，在文本框中添加文字并进行文字颜色的变换，再选择"挑选工具"对文本位置进行调整。

STEP ⑱ 将图框精确裁剪后的图像和填充的黄色梯形同时选中并进行群组，执行"位图>转换为位图"菜单命令，打开"转换为位图"对话框，勾选"透明背景"复选框，再单击"确定"按钮。

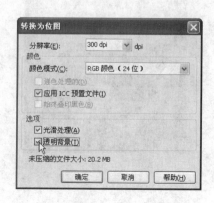

STEP 19 选中 **STEP 18** 中转换为位图的图像，执行"位图>三维效果>卷页"菜单命令，打开"卷页"对话框，单击选中左下角的卷页按钮 ▯，设置"定向"为"水平的"，"纸张"为"透明的"，颜色选项中的"卷曲"颜色设置为红色，设置后单击"确定"按钮。

STEP 20 根据 **STEP 19** 执行的"卷页"效果，在页面中可以看到中心位置图像右下角出现的卷页效果，完成本实例的制作。

Work 6   挤远/挤近

　　"挤远/挤近"滤镜可以对图像进行挤压和扩张的变形，实现特定位置图像的挤压和扩张效果。选择需要设置的位图图像后，执行"位图>三维效果>挤远/挤近"菜单命令，即可打开"挤远/挤近"对话框，在对话框中，单击"设置中心"按钮 ⊕，在预览框左侧的图像中创建变形的中心位置，再拖曳"挤远/挤近"选项后的滑块，调整挤压的程度，此时预览框右侧可以查看对图像的变形程度。

素材图像效果　　　　　　　　　"挤远/挤近"对话框　　　　　　　　　"挤远"效果图

Work 7   球面

　　"球面"滤镜可以对图像设置球面化的图像效果，产生类似将图像放置于凹凸镜下的效果。选中需要设置的位图图像，执行"位图>三维效果>球面"菜单命令，打开"球面"对话框，通过拖动"百分比"选项后的滑块可调整图像凹进或凸出的程度。

素材图像效果

设置球面凸出的图像效果

Study 02 艺术类滤镜效果

- Work 1 炭笔画
- Work 2 单色蜡笔画
- Work 3 其他蜡笔画
- Work 4 立体派、印象派和点彩派
- Work 5 素描
- Work 6 其他艺术画笔效果

艺术类滤镜效果中包括了艺术笔触滤镜等效果，艺术笔触效果可为位图图像添加特殊的美术技法效果，使图像更具有艺术气息。在"位图"菜单下的"艺术笔触"级联菜单中可以选择多种艺术笔触滤镜菜单选项，包含了"炭笔画"、"单色蜡笔画"、"蜡笔画"、"立体派"、"印象派"、"调色刀"、"彩色蜡笔画"、"钢笔画"、"点彩派"、"木板画"、"素描"、"水彩画"、"水印画"和"波纹纸画"14种滤镜效果。

Study 02 艺术类滤镜效果

Work 1 炭笔画

使用"炭笔画"滤镜可以使位图图像具有类似用炭笔绘画出的画面效果。选择需要设置的位图图像，执行"位图>艺术笔触>炭笔画"命令，打开"炭笔画"对话框，可在"大小"选项滑块中进行拖曳设置炭笔的笔触大小，在"边缘"选项中调整图像边缘的深浅程度。

选中位图图像

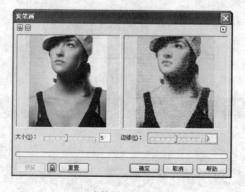

"炭笔画"对话框

设置后的炭笔画效果图

Work **2** 单色蜡笔画

　　"单色蜡笔画"滤镜可以将位图图像处理为像单一色彩蜡笔绘制的图像效果，并可以对蜡笔的色彩进行自定义地变换和设置。选中需要设置的位图图像，执行"位图>艺术笔触>单色蜡笔画"命令，打开的"单色蜡笔画"对话框，在"单色"选项组中勾选颜色块前的复选框，用于设置蜡笔笔触的色彩，在"纸张颜色"中选择颜色作为蜡笔画的底色效果。

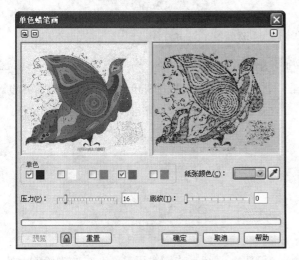

"单色蜡笔画"对话框

设置单色蜡笔画效果

Lesson 02 应用"单色蜡笔画"滤镜制作漂亮的生日邀请卡

CorelDRAW X4矢量绘图从入门到精通（多媒体光盘版）

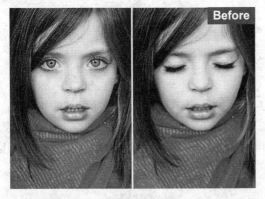

Before

After

　　本实例先通过形状绘制工具创建基本的几何形状，使用"钢笔工具"和"形状工具"等结合创建可爱的卡通图形，对素材图像进行"单色蜡笔画"滤镜的添加设置，创建艺术的人物图像效果，并使用图像精确裁剪将其设置在描边的圆角矩形中，最后添加适当的文字作为邀请卡的内容，具体步骤如下。

STEP 01 执行"文件>新建"菜单命令，创建一个横向的空白文件，再选择"矩形工具"□绘制一个页面大小的矩形，并填充颜色为C:9、M:0、Y:31、K:0，轮廓为"无"。

STEP 02 继续使用"矩形工具"在页面中绘制一个适当大小的正方形，并为其填充颜色C:20、M:0、Y:60、K:0。

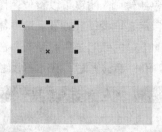

STEP 03 选中"形状工具" 拖曳 **STEP 02** 绘制的正方形图形，从角句柄向边缘中心位置拖曳，设置圆角矩形效果。

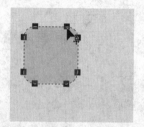

STEP 04 使用"挑选工具" 将 **STEP 03** 设置好的圆角矩形选中，按住Shift键的同时向下进行拖曳，调整至适合位置时，单击右键复制一个圆角矩形。

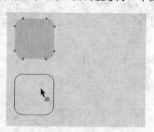

STEP 05 根据 **STEP 04** 的操作，复制两个圆角矩形，并分别为复制的圆角矩形填充颜色为 C:100、M:0、Y:100、K:0 和 C:40、M:0、Y:100、K:0。

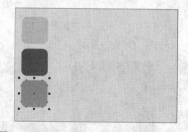

STEP 06 选择"钢笔工具"在页面中绘制合适的心形路径，并为其设置白色的轮廓效果，使用"挑选工具"将其放置到页面适当的位置。

STEP 07 继续使用"钢笔工具"在页面中绘制卡通的花朵路径，绘制后为花朵路径设置轮廓，将创建的花朵图像调整到页面适当位置。

STEP 08 在工具箱中选择"贝塞尔工具" ，在最下方的圆角矩形上绘制多个心形图像，并为其填充颜色为 C:100、M:0、Y:100、K:0，再使用"挑选工具"将绘制的多个心形图形群组。

STEP 09 继续使用图形绘制工具在页面的右侧创建星形、连串的心形以及花朵图形，分别为绘制的图像进行描边和填充。

STEP 11 使用"挑选工具"将**STEP 10**设置的圆角矩形图形选中，复制一个图形后对其进行等比缩放并调整到页面中的合适位置。

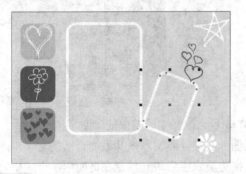

STEP 13 执行"位图>艺术笔触>单色蜡笔画"菜单命令，打开"单色蜡笔画"对话框，勾选合适的单色，设置"纸张颜色"为白色，调整"压力"为6，设置后单击"确定"按钮。

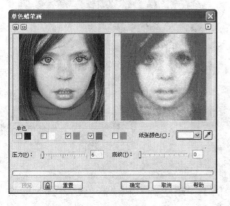

STEP 10 选择"矩形工具"在页面中绘制一个大小合适的矩形，使用"形状工具"将其变换为圆角矩形，再单击"轮廓"按钮，选择"轮廓笔"菜单命令，在打开的"轮廓笔"对话框中设置大小为4mm，颜色为白色。

STEP 12 执行"文件>导入"菜单命令，将随书光盘"Chapter 13　滤镜特效的应用\素材\3.jpg"文件导入至页面中。

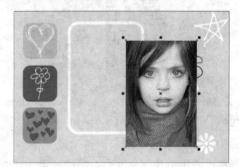

STEP 14 使用"挑选工具"将设置了单色蜡笔画的人物图像进行旋转和大小变换，将其调整至较小的圆角矩形边框位置，并多次按 Ctrl+Page Down 快捷键将人物图像放置在圆角矩形边框下方。

STEP 15 执行"效果>图框精确剪裁>放置在容器中"菜单命令，在页面中出现向右的三角形箭头，将光标移动至圆角矩形边缘位置。

STEP 16 设置图框精确剪裁后的人物图像将嵌入在描边的圆角矩形中。

STEP 17 执行"文件>导入"菜单命令，将随书光盘"Chapter 13　滤镜特效的应用\素材\4.jpg"文件导入至页面中，再多次按 Ctrl+Page Down 快捷键可以将导入的素材图像放置在较大的圆角矩形边框下方。

STEP 18 执行"效果>图框精确剪裁>放置在容器中"命令，将 **STEP 17** 导入的素材图像嵌入到较大的圆角矩形图形中。

STEP 19 选择工具箱中的"椭圆形工具" <img>在页面中绘制多个圆点图形，再对圆点图形使用"交互式调和工具"设置圆点朦胧效果。

STEP 20 选择工具箱中的"文字工具" <img>，在页面的底部绘制文本框并添加合适的文字，转换文字为美术字后将其放置在页面中的合适位置，完成本实例的制作。

Study 02　艺术类滤镜效果

Work ❸　其他蜡笔画

除了"单色蜡笔画"效果外，CorelDRAW X4 还提供了"蜡笔画"和"彩色蜡笔画"效果，分别可以用于创建原始的颗粒状蜡笔笔触和湿润的蜡笔笔触艺术效果。

素材图像效果   "蜡笔画"滤镜效果   "彩色蜡笔画"滤镜效果

Study 02   艺术类滤镜效果

Work ④   立体派、印象派和点彩派

在"艺术笔触"滤镜组中，可按照油画绘画效果将滤镜分为立体派、印象派和点彩派等多个派别，应用方法是在"位图>艺术笔触"菜单命令的级联菜单中分别选择命令进行设置。

素材图像   "立体派"滤镜效果   "印象派"滤镜效果   "点彩派"滤镜效果

Study 02   艺术类滤镜效果

Work ⑤   素描

"素描"滤镜可以将图像设置成铅笔绘画的效果。选择需要进行处理的位图图像，执行"位图>艺术笔触>素描"菜单命令，打开"素描"对话框，在"铅笔类型"选项组设置素描笔的颜色，再通过对"样式"、"笔芯"以及"轮廓"等参数的设置对素描笔的样式、笔芯的颜色深浅程度和图像轮廓的颜色深浅效果进行调整。

 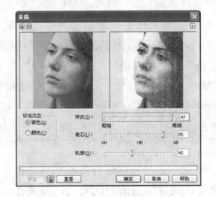 

素材图像效果   "素描"对话框   设置为素描效果

Study 02　艺术类滤镜效果

Work ⑥　其他艺术画笔效果

除了之前介绍的艺术笔触滤镜效果外，CorelDRAW X4 中还包含了调色刀、钢笔画、木板画、水彩画、水印画和波纹纸画等艺术画笔效果，下图为各滤镜效果。

素材图像效果　　　　　　"调色刀"滤镜效果　　　　　"钢笔画"滤镜效果　　　　　"木板画"滤镜效果

"水彩画"滤镜效果　　　　　　　"水印画"滤镜效果　　　　　　　"波纹纸画"滤镜效果

Study ⑬　模糊类滤镜效果

Work 1　高斯式模糊　　　　　　Work 3　放射状模糊

Work 2　动态模糊　　　　　　　Work 4　平滑、柔和和缩放

模糊类滤镜效果能够使位图图像产生朦胧感，为了设置柔和、虚化的图像效果，在 CorelDRAW X4 中提供了 9 种不同模糊效果的滤镜选项，包括"定向平滑"、"高斯式模糊"、"锯齿状模糊"、"低通滤波器"、"动感模糊"、"放射式模糊"、"平滑"、"柔和" 和 "缩放"，这些选项包含在 "位图>模糊" 级联菜单中，下面将对多个滤镜进行具体分析和应用。

💡 知识要点　预览效果的实时性变化

在"位图"菜单下进行滤镜命令的选择可以打开对应的对话框，在对话框的下方可以通过单击"双栏"按钮▥查看原图像和进行滤镜操作后的对比效果，每设置一个选项都需要单击"预览"按钮才能在结果预览框中查看效果，若是单击"单栏"按钮▢，则只能查看滤镜操作后的效果，而单击"预览"按钮旁的"锁定"按钮🔒，则"预览"按钮呈灰色显示，在对选项数值进行变换时，效果预览框中的图像将实时地进行变换。

设置"单栏"预览效果

按下"锁定"按钮后的效果

Study 03 模糊类滤镜效果

Work 1 高斯式模糊

"高斯式模糊"滤镜能够把某一高斯曲线周围的像素色值统计起来，采用数学上加权平均的计算方法得到这条曲线的色值，最后能够留下图形的轮廓，而周围的图像则被模糊的图像代替。选择需要进行模糊设置的位图图像，执行"位图>模糊>高斯式模糊"菜单命令，打开"高斯式模糊"对话框，在对话框中设置"半径"数值，控制模糊的程度，数值越大模糊效果越强烈。

"高斯式模糊"对话框

设置"高斯式模糊"效果

Study 03 模糊类滤镜效果

Work 2 动态模糊

"动态模糊"滤镜可以将静止的图像调整为具有运动状态的图像效果，而且还能对运动的角度和模糊的强度进行设置，使图像更具动感。将所要设置的位图图像打开，执行"位图>模糊>动态模糊"菜单命令，打开"动态模糊"对话框，在对话框中设置模糊的角度以及间隔像素等。

"动态模糊"对话框

添加"动态模糊"滤镜的图像效果

Work ③　放射状模糊

　　"放射状模糊"滤镜是指将图像围绕中心点进行旋转，呈现涡旋的图像效果，对于视觉点在中心的图像，应用"放射状模糊"滤镜可以创建特殊的图像效果。将要进行设置的位图图像打开，执行"位图>模糊>放射式模糊"菜单命令，打开"放射式模糊"对话框，单击"设置中心点"按钮 ，设置放射状的中心位置，调整"数量"参数，设置旋转的参数，数值越大模糊效果越强烈。

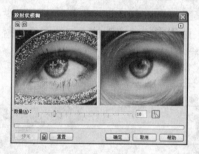

"放射状模糊"对话框

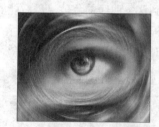

设置"放射状模糊"滤镜图像效果

Lesson 03　应用"放射状模糊"滤镜制作人物画册内页

CorelDRAW X4矢量绘图从入门到精通（多媒体光盘版）

Before

After

www.rimjunsoo.com

　　应用"挑选工具"对素材图像进行复制，再使用"交互式封套工具"对复制的多个素材图像进行封套限制，创建倾斜效果的层叠图像效果，然后使用"双色调"对图像进行色彩处理，再通过"放射状模糊"滤镜对人物图像进行交叉旋转，制作成精美的个人画册内页效果，具体的操作步骤如下。

STEP 01 执行"文件>新建"菜单命令，创建一个新的空白文档，在选项栏中设置宽度为192.0mm，高度为132.0mm。

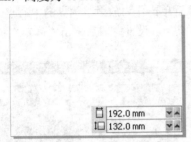

STEP 02 执行"文件>导入"菜单命令，将随书光盘"Chapter 13　滤镜特效的应用\素材\5.jpg"文件导入至页面中。

STEP 03 选择工具箱中的"交互式封套工具"，对封套上的锚点进行调整，将图像限制在封套中。

STEP 04 使用"挑选工具"在画面中选择**STEP 03**设置封套后的素材图像，按住 Shift 键进行水平移动，调整至合适位置后单击右键进行复制。

STEP 05 选中复制的素材图像，再次使用"交互式封套工具"将素材图像封套形状设置为四边形效果。

STEP 06 重复之前对素材图像进行复制和封套形状变换的操作，再复制一个人物图像，并进行封套形状的变换，将其右侧边缘紧贴页面。

STEP 07 使用"挑选工具"选中最左侧的图像，执行"位图>模式>双色调"菜单命令，弹出"双色调"对话框，在"类型"下拉列表框中选择"双色调"选项，设置黑色和红色，并对红色曲线进行调整，设置完成后单击"确定"按钮。

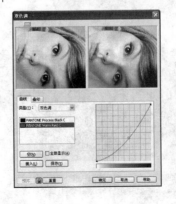

STEP 08 选中最右侧的人物图像，执行"位图>模式>双色调"菜单命令，在弹出的"双色调"对话框中设置黑色和蓝色，再调整蓝色曲线的形状，设置完成后单击"确定"按钮。

STEP 09 使用"挑选工具"选中最左侧的人物图像，执行"位图>模糊>放射状模糊"菜单命令，打开"放射状模糊"对话框，在左侧原始图像左上角位置单击作为放射状模糊的中心点，调整模糊数量为6，设置完成后单击"确定"按钮。

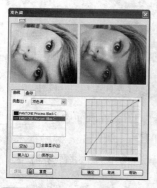

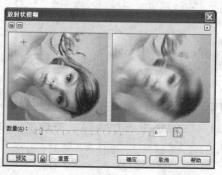

STEP 10 选中最右侧的人物图像，再次执行"位图>模糊>放射状模糊"菜单命令，打开"放射状模糊"对话框，保持模糊数量不变，调整模糊中心的位置为图像的右下角，设置完成后单击"确定"按钮。

STEP 11 分别对左侧和右侧的图像进行"双色调"和"放射状模糊"的处理后，制作出了具有层次的图像效果。

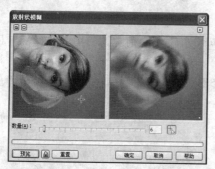

STEP 12 单击工具箱中的"矩形工具"按钮□，在页面中绘制一个适合大小的条状矩形，为其填充白色，轮廓色设置为无。

STEP 13 选择工具箱中的"椭圆形工具"○，在页面中绘制多个正圆图像，使用"滴管工具"✔吸取人物图像中的背景色和发带上的颜色，填充多个圆形图形作为同心圆环效果并对其进行群组，复制群组的圆环后再进行缩放和位置的变换。

STEP 14 选择工具箱中的"文字工具"字，在白色条状矩形上添加合适的文字对象，将文字转换为美术字后，使用"挑选工具"变换文字的间距和位置，完成本实例的制作。

Study 03　模糊类滤镜效果

Work 4　平滑、柔和和缩放

在对图像进行模糊操作时，"平滑"滤镜效果和"柔和"滤镜效果有些类似，都是对图像进行较轻程度的模糊，而"缩放"滤镜则是对图像进行缩放变形的同时进行模糊操作。方法是选中需要进行设置的位图图像，执行"位图>模糊>缩放"菜单命令，打开"缩放"对话框，通过对"数量"的设置来调整图像的平滑度。

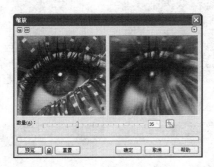

素材图像效果　　　　　　　　　　"缩放"对话框　　　　　　　　　　设置"缩放"滤镜效果

Study 04　创造类滤镜效果

Work 1　工艺　　　　　　　Work 4　茶色玻璃
Work 2　马赛克　　　　　　Work 5　虚光
Work 3　散开　　　　　　　Work 6　旋涡

创造类滤镜中包括了工艺、马赛克、散开、虚光、茶色玻璃、虚光、旋涡、天气等效果，将图形变换成由不同块状物组成的特殊效果，如在图像的表面添加原点以及各种粒子图形来表示不同的天气效果。

Study 04　创造类滤镜效果

Work 1　工艺

"工艺"滤镜是应用各种不规则的图形排列成特殊效果。选中需要进行设置的位图图像，执行"位图>创造性>工艺"菜单命令，打开"工艺"对话框，在"样式"下拉列表框中设置图像的工艺样式，选择不同的样式选项可以产生不同的拼贴效果，下面是各种样式的效果。

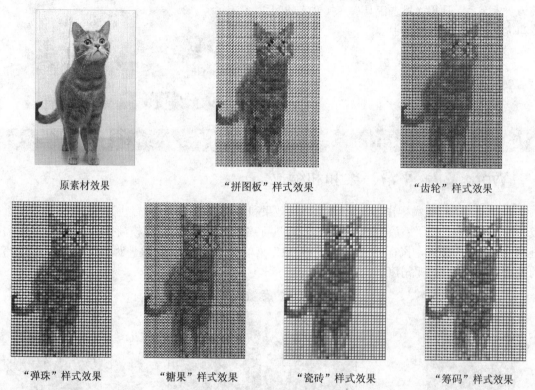

原素材效果　　　　　　　　"拼图板"样式效果　　　　　　　"齿轮"样式效果

"弹珠"样式效果　　　"糖果"样式效果　　　"瓷砖"样式效果　　　"筹码"样式效果

Study 04　创造类滤镜效果

Work ❷　马赛克

"马赛克"滤镜效果是将图像变为由多个方块排列成的图形，模拟墙面上的马赛克瓷砖效果。选中需要设置的位图图像，执行"位图>创造性>马赛克"菜单命令，打开"马赛克"对话框，通过调整"大小"滑块设置马赛克形状的大小。

"马赛克"对话框

添加"马赛克"滤镜的效果

通过选择"背景色"颜色可对设置马赛克后底部的色彩进行填充，勾选"虚光"复选框，可以对图像的边缘位置设置虚化效果，虚化的部分使用背景色进行填充。

"马赛克"对话框

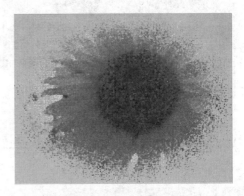

设置虚化后的马赛克效果

Work 3 散开

"散开"滤镜可以对位图图像进行色彩喷溅制作，模拟色彩喷洒后的图像效果。选中需要设置的位图图像后，执行"位图>创造性>散开"菜单命令，在打开的"散开"对话框中对散开的"水平"和"垂直"选项进行设置，调整图像散开的水平和垂直宽度。

素材图像　　　　　　　　　　　"散开"对话框　　　　　　　　　　添加"散开"滤镜效果

Work 4 茶色玻璃

"茶色玻璃"滤镜是指在图像表面添加一层朦胧的色彩，使图像效果不清晰。选中需要设置的位图图像，执行"位图>创造性>茶色玻璃"菜单命令，在打开的"茶色玻璃"对话框中调整"淡色"选项滑块可以控制覆盖颜色的浓度，调整"模糊"选项滑块可以设置图像的朦胧程度，在"颜色"选项中可以对朦胧的色彩进行变换。

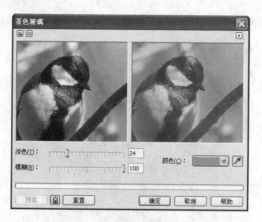

"茶色玻璃"对话框

添加"茶色玻璃"滤镜效果

Study 04 创造类滤镜效果

Work 5 虚光

"虚光"滤镜是在图像的周围用设置的颜色进行覆盖，只留出中间的主体图像。选中需要进行调整的位图图像，执行"位图>创造性>虚光"菜单命令，打开"虚光"对话框，选择"颜色"和"形状"选项组中的选项分别调整虚光的颜色和形状，再对"调整"选项组中的"偏移"和"褪色"滑块进行移动，设置虚光出现的位置和图像边缘柔化的程度。

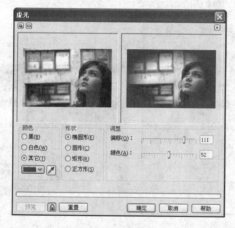

"虚光"对话框

添加"虚光"滤镜效果

Study 04 创造类滤镜效果

Work 6 旋涡

"旋涡"滤镜可以将图像变换为其有模拟气流的旋涡效果，类似图像的动态模糊，但并不是仅从一个方向到另一个方向的动态模糊效果。选中需要进行设置的位图图像，执行"位图>创造性>旋涡"菜单命令，打开"旋涡"对话框，在原始图像上创建旋涡流的中心位置，再设置旋涡流动的强度，还可以分别对旋涡内部和外部图像的旋转方向进行控制。

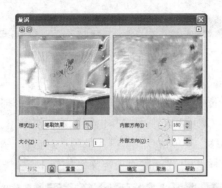

素材图像效果　　　　　　　　　　　"旋涡"对话框　　　　　　　　　　设置"旋涡"滤镜效果

05　扭曲类滤镜效果

* Work 1　置换
* Work 2　偏移
* Work 3　像素
* Work 4　旋涡
* Work 5　风吹效果

　　扭曲类滤镜可以将图像进行不同方式的扭曲变换,该滤镜类中包括了"置换"、"偏移"、"像素"、"旋涡"等命令,通过这些命令可以制作出对比强烈的图像效果。扭曲类滤镜特效是直接为图形对象添加各种不同扭曲效果的特效,共有 10 种不同的图像扭曲方式。执行"位图>扭曲"级联菜单上的命令,在弹出的对话框中对相应的值进行设置,图形对象即可显示出与之相对应的效果。

Study 05　扭曲类滤镜效果

Work 1　置换

　　"置换"滤镜主要是通过预设提供的纹理在图像上进行纹理的叠加,创造出一些特殊视觉效果。选择需要进行设置的位图图像,执行"位图>扭曲>置换"菜单命令,打开"置换"对话框,"缩放模式"选项组中可以设置置换的叠加方式为平铺或伸展适合效果;"缩放"选项组中可控制置换图像的垂直和水平距离。

素材图像效果　　　　　　　　　　　"置换"对话框　　　　　　　添加"置换"滤镜后的图像效果

Study 05　扭曲类滤镜效果

Work ② 偏移

　　"偏移"滤镜可以将完整的图像分割为不同的区域，重新进行排列，不同的区域代表图像不同的位置，而且被分割后的图像通过裁剪和复制等操作也可以重新拼贴出原图像。选中需要进行设置的位图图像，执行"位图>扭曲>偏移"菜单命令，打开"偏移"对话框，对"位移"选项组中的参数进行设置，调整偏移效果的水平和垂直位置，在"未定义区域"下拉列表框中选择图像的偏移效果。

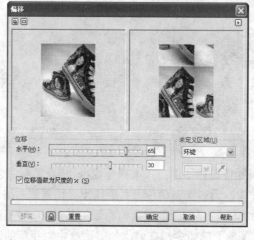

素材图像效果　　　　　　　　　　"偏移"对话框　　　　　　　　　　设置"偏移"滤镜效果

Lesson 04　应用"偏移"滤镜制作商场宣传单

CorelDRAW X4矢量绘图从入门到精通（多媒体光盘版）

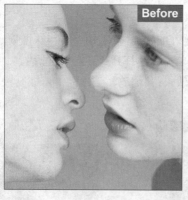

　　本实例先对素材图像添加"偏移"滤镜效果，设置素材图像的重新拼贴效果，再使用"交互式透明工具"调整重新拼贴后的图像混合效果，然后通过素材花纹制作宣传单中的装饰花纹，并通过"挑选工具"和"交互式透明工具"的组合应用设置具有层次感的多层花纹效果，最后使用"交互式填充工具"对添加的文字进行渐变颜色的填充。

STEP 01 执行"文件>新建"菜单命令，创建一个横向的空白文件，设置文件的宽度和高度分别为540mm和380mm。

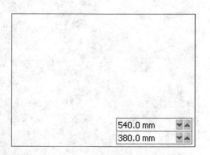

STEP 03 单击工具箱中的"轮廓"按钮，在弹出的菜单中选择"轮廓笔"菜单命令，在弹出的"轮廓笔"对话框中设置矩形的"宽度"为5.644mm，设置后单击"确定"按钮。

STEP 05 执行"文件>导入"菜单命令，将随书光盘"Chapter 13 滤镜特效的应用\素材\6.jpg"文件导入至页面中，调整素材图像的高度为380mm。

STEP 02 选择工具箱中的"矩形工具"，绘制一个如页面大小的矩形图形，在"颜色"泊坞窗中设置颜色为C:6、M:7、Y:9、K:0，设置后单击"填充"按钮，为绘制的矩形形状填充设置好的颜色。

STEP 04 此时在页面中可看到绘制的矩形添加上轮廓线后的页面效果。

STEP 06 选中导入的素材图像，执行"位图>扭曲>偏移"菜单命令，打开"偏移"对话框，设置"水平"和"垂直"的数值均为50，选择"未定义区域"下拉列表框中的选项为"环绕"，设置后单击"确定"按钮。

STEP 07 在页面中查看设置"偏移"滤镜后的图像效果，此时出现重新拼贴后的组合图像。

STEP 08 应用"挑选工具"在页面中选中设置了偏移滤镜效果的图像，水平向左移动并右击进行复制，创建相同的图像效果。

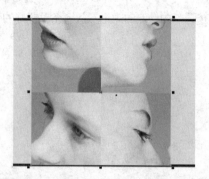

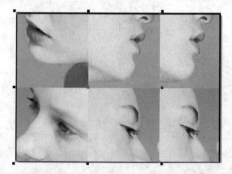

STEP 09 选中左侧的图像对象，单击工具箱中的"交互式透明工具"按钮 ，在选项栏中的"透明度类型"下拉列表框中选择"标准"选项，在"透明的操作"下拉列表框中选择"变亮"选项，最后调整"开始透明度"的数值为82。

STEP 10 继续使用"挑选工具"在页面中选中右侧的素材图像，再使用"交互式透明工具"在选项栏中设置与 **STEP 09** 相同的"透明的类型"、"透明的操作"。修改"开始透明度"的数值为0，设置后可在页面中查看调整了不透明度后的图像效果。

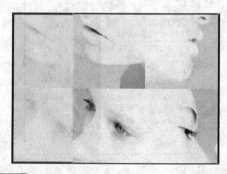

STEP 11 执行"文件>导入"菜单命令，将随书光盘"Chapter 13 滤镜特效的应用\素材\花纹.crd"文件导入至页面中。

STEP 12 使用"挑选工具"选中素材花纹图像，将素材花纹图形放置到页面合适位置，再选中左上侧和右下侧的花纹路径填充颜色为"酒绿"，选中左下侧花纹图形填充颜色为"绿"。

STEP 13 使用"挑选工具"选中左下侧的花纹图形对其进行等比放大，再右击复制花纹图形，然后在"颜色"泊坞窗中设置颜色为 C:13、M:2、Y:30、K:0，对复制的花纹图形进行颜色填充。

STEP 14 使用"挑选工具"将素材花纹进行变形并复制，创建多个复制的花纹图形，再将复制的花纹图形填充为白色，然后选择"交互式透明工具"，设置"透明度类型"为"标准"，调整"开始透明度"为 50，设置后查看页面中复制的多个花纹图形，发现页面图形具有层次效果。

STEP 15 将之前创建的多个花纹路径及图像均进行编组，再将其进行图框精确剪裁，设置图像在页面大小的矩形中。

STEP 16 选择工具箱中的"文字工具" 字，在页面中添加合适的文本内容后将其转换为美术字。

STEP 17 再继续使用"文字工具"在页面的合适位置添加文本和段落，并在添加的文本中使用"交互式渐变工具" 进行文字渐变色的添加。

STEP 18 复制颜色填充的文字，将其填充为灰色后放置在颜色渐变文字的后一层，再适当调整文字的位置并设置立体的文字效果，完成实例制作。

Work 3　像素

　　"像素"滤镜是指对位图图像进行像素块效果的设置，创建具有像素图属性的像素块表示的图像效果。选中需要进行设置的位图图像，执行"位图>扭曲>像素"菜单命令，打开"像素"对话框，在"像素化模式"选项组中可设置像素块的形状样式，在"调整"选项组中可分别对"宽度"和"高度"滑块进行调整，设置像素块的宽度和高度，调整"不透明（%）"滑块控制像素块的不透明效果。

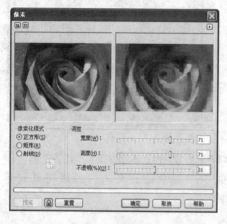

"像素"对话框

设置"像素"滤镜效果

Work 4　旋涡

　　"旋涡"滤镜可以为图像制作螺旋形扭曲的效果。选择需要进行变换的位图图像，执行"位图>扭曲>旋涡"菜单命令，打开"旋涡"对话框，在"定向"选项组下可设置图像旋涡流动的方向，在"优化"选项组下可设置涡流效果以速度或是质量为标准，在"角"选项组下可通过拖曳"整体旋转"和"附加度"选项滑块设置旋涡扭转的强度。

素材图像效果

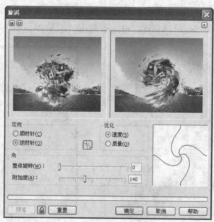

"旋涡"对话框

设置"旋涡"滤镜效果

Work 5　风吹效果

　　"风吹效果"滤镜是在图像中制作一种类似于风吹过的浮动效果。选择需要进行变换的位图图像，执行"位图>扭曲>风吹效果"菜单命令，打开"风吹效果"对话框，可通过调整"浓度"和"不透明"选项滑块设置风吹过效果变换图像的宽度和滑动位置，在"角度"选项中设置风吹的角度，用于设置风吹过后边缘图像移动的角度。风吹效果可以进行重复设置，设置后浮动的图像效果将更明显。

"风吹效果"对话框

设置飞机的"风吹效果"滤镜

Study 06　杂点类滤镜效果

Work 1	添加杂点	Work 3	中值
Work 2	最大值	Work 4	去除杂点

　　杂点类滤镜效果用于对位图图像进行编辑或消除由扫描或颜色过渡引起的颗粒效果，该类滤镜效果中包含了"添加杂点"、"最大值"、"中值"、"最小"、"去除龟纹"和"去除杂点"6种滤镜效果，可以分别用于杂点的增加、减少和消除等操作，下面对常用的杂点滤镜效果进行介绍。

Work 1　添加杂点

　　"添加杂点"滤镜可以为图像增加颗粒感，使画面图像具有一定的粗糙效果。选择需要进行设置的位图图像，执行"位图>杂点>添加杂点"菜单命令，打开"添加杂点"对话框，可以在"杂点类型"选项组中对杂点的分布进行设置，拖曳"层次"和"密度"选项的滑块，设置页面中颗粒的层次和数量，在"颜色模式"选项组中设置不同颜色的杂点效果。

"添加杂点"对话框   为图像添加杂点效果

Study 06   杂点类滤镜效果

Work ❷   最大值

    "最大值"滤镜具有应用阻塞的作用，用于扩展白色并阻塞黑色。选中需要设置的位图图像，执行"位图>杂点>最大值"菜单命令，打开"最大值"对话框，通过调整"百分比"和"半径"滑块对阻塞的图像范围进行控制。

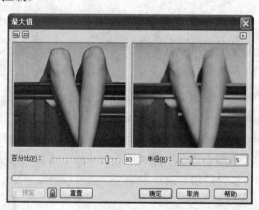

素材图像效果   "最大值"对话框   设置"最大值"滤镜效果

Study 06   杂点类滤镜效果

Work ❸   中值

    "中值"滤镜用于对图像中的单个像素进行设置，用图像周围的像素值的中间亮度值替换当前图像的亮度值。选择需要进行调整的位图图像，执行"位图>杂点>中间值"菜单命令，打开"中间值"对话框，拖动"半径"滑块调整图像像素的半径值。

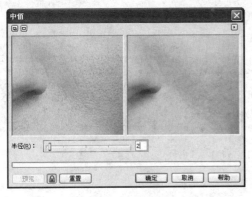

"中值"对话框

设置"中值"滤镜效果

Study 06　杂点类滤镜效果

Work 4　去除杂点

　　"去除杂点"滤镜是将图像上杂点上的图像进行清楚，还原整洁的图像效果。选中需要设置的位图图像，执行"位图>杂点>去除杂点"菜单命令，打开"去除杂点"对话框，系统默认为勾选"自动"复选框，是根据打开的图像效果自动去除杂点，也可以取消勾选，在"阈值"选项中通过拖曳滑块进行手动的设置。单击预览按钮□可在预览框中预览效果，便于对比设置的前后效果。

普通图形对象

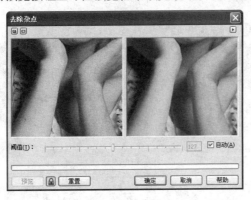

"去除杂点"对话框

添加"去除杂点"滤镜的效果

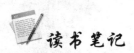

读书笔记

Chapter 14

作品的输出与打印

CorelDRAW X4 矢量绘图从入门到精通（多媒体光盘版）

本章重点知识

Study 01 作品的输出　　　　　　　　　　　Study 02　文件的打印

Chapter 14　作品的输出与打印

作品的输出与打印是完成图形对象绘制后的下一个步骤，图像的输出包含了多种不同的方式。对本章将对作品的输出、PDF 文件和 Web 的发布、打印设置、打印效果的预览和合并打印等内容进行具体介绍。

知识要点　打印设置属性设置

打印设置是在打印文件时，对打印进行的一些基本设置。通过"打印设置"对话框可以对基本的页面属性进行设置，其中包括了对页面的质量、份数、大小等。设置完成后，即可根据设置的打印属性对文件进行打印。

"打印设置"对话框

"与设备无关的 PostScript 文件属性"对话框

作品的输出

- Work 1　文件发布至 PDF
- Work 2　文件发布到 Web
- Work 3　将文件转换为网络文件格式

作品的输出即是作品的发布，是对作品导出的一种方式，通过作品的输出，可以对其选择的格式进行导出和保存。作品的输出方式有两种，分别为 PDF 和 Web，通过执行"文件"下拉菜单中相应的菜单命令即可。

Study 01　作品的输出

Work ❶　文件发布至 PDF

将文件发布至 PDF 是指将文件以 PDF 的格式导出并进行保存。执行"文件>发布至 PDF"菜单命令，在打开的"发布至 PDF"对话框框中选择发布的 PDF 文件在电脑中存放的位置，然后单击"保存"按钮。打开存储 PDF 的文件夹，即可找到新创建的 PDF 格式文件。

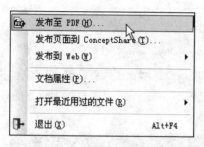

执行"发布至 PDF"菜单命令   PDF 格式文件的保存

Study 01   作品的输出

Work 2   文件发布到 Web

网络发布是指将在 CorelDRAW X4 中绘制、编辑的图形发布到网络中，或将编辑好的图形作为网页进行显示。将文件发布到 Web 也是将文件导出并保存的一种方式，它可以选择导出或保存的方式，还可以在菜单命令中对其进行图像优化设置。

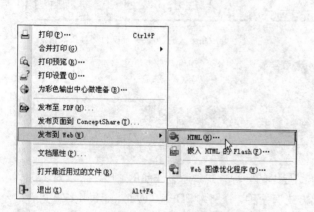

执行"文件>发布到 Web>HTML"菜单命令   "发布到 Web"对话框

01   常规

该选项卡为默认的选项卡选项，在此选项卡中可以设置 HTML 排版方式、目标、导出范围和 FTP 协议等内容。

02   细节

单击"细节"标签，切换到"细节"选项卡，显示生成 HTML 文件的页面名称和文件名称等。

单击"细节"标签

切换到"细节"选项卡

03 图像

在此选项卡中可以对图像进行预览，单击"选项"按钮，在打开的"选项"对话框中可以设置导出的文件格式。

"图像"选项卡

"选项"对话框

04 高级和总结

在"高级"选项卡中，可以设置生成不同的效果样式；在"总结"选项卡中，可以显示文件下载的时间等信息。

"高级"选项卡

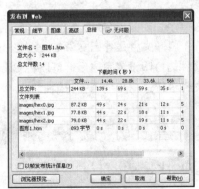

"总结"选项卡

Work ③　将文件转换为网络文件格式

将文件转换为网络文件格式主要包括两种方式，分别为将图像转化为多种常用的网络文件格式，或将文本变为可以兼容的 HTML 文本后，再对其重新进行发布。

01　将文件转换为网络文件格式

执行"工具>选项"菜单命令，弹出"选项"对话框，在"文档"中的"发布到 Web"选项下选择"图像"，在右侧选项中可以对文件转换的文件格式进行设置，在此处可以设置图片以 3 种格式进行导出，分别为 JPEG、GIF 和 PING。

02　将文件转换为 HTML 兼容文本

同样，选中"发布到 Web"选项下的"文本"选项，在右侧选项中可以选择"将 HTML 兼容文本导出为文本，所有其他文本导出为图像（I）"单选按钮。

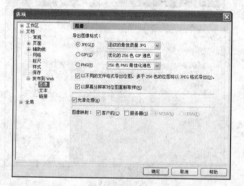
选中"图像"选项

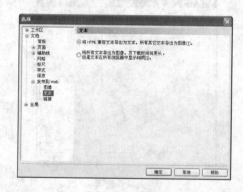
选中"文本"选项

Study 02　文件的打印

- Work 1　打印设置
- Work 2　打印预览
- Work 3　打印选项设置
- Work 4　合并打印

打印文件是导出文件的一种形式，在对文件打印之前需要先进行打印设置，在对图像文件的打印设置完成后，可以在 CorelDRAW 的页面上进行预览，在打印预览中还可以对文件进行进一步地调整与编辑，还能够对多个图像文件进行合并打印。

Work ①　打印设置

在对图像进行打印之前，需要预先对打印的属性进行设置，根据需要对打印尺寸的大小、页面方向、页数、版面等进行相应设置，以确保打印图像的质量。在需要打印的图像文件中，执行"文件>打印设置"菜单命令，打开"打印设置"对话框，选择适合的打印设备，再单击"属性"按钮进行打印基本属性设置。

执行"文件>打印设置"菜单命令

"打印设置"对话框

在打开的"Adobe PDF 文档属性"对话框中，可以分别对打印纸张、份数、质量等进行设置。

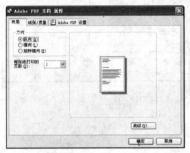

"布局"选项卡

"纸张/质量"选项卡

"Adobe PDF 设置"选项卡

Study 02　文件的打印

Work ❷　打印预览

打印预览即是在打印前对文件的打印效果进行预先浏览，预览时，可以在预览效果中对文件大小、颜色模式等进行重新设置，其中主要包括文件大小、版面布局以及预览版面的设置。在需打印文件中，执行"文件>打印预览"菜单命令，打开"打印预览"对话框，使用"挑选工具" 对图像进行移动。

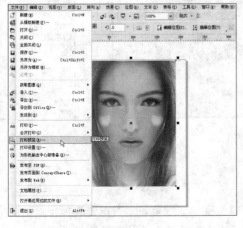

执行"文件>打印预览"菜单命令

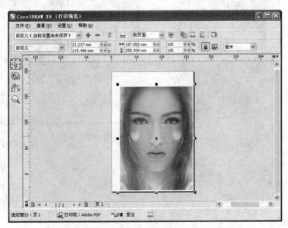

"打印预览"对话框

01 版面布局

版面布局指的是所要打印的图形在预览框中排列的位置，可以进行水平排列，也可以翻转后重新进行排列。单击工具箱中的"版面布局工具"按钮，可以对版面中的边距等属性进行设置，还可以对版面进行翻转。

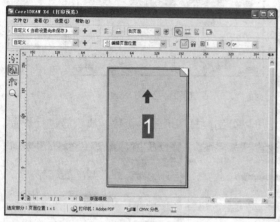

设置版面布局

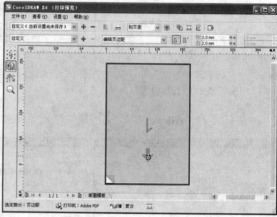

翻转版面的效果

02 预览比例的设置

在"打印预览"对话框中，可以对预览的页面比例进行设置，以帮助用户更自由地查看细节图像。可以通过工具箱中的"缩放工具"进行图像的放大，还可以在选项栏中打开"缩放"下拉列表框，在弹出的下拉列表框中选择固定的缩放比例。

框选放大的图像

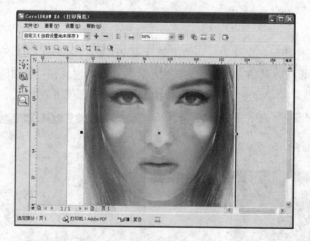

放大图像后的效果

缩放比例选项

03 颜色预览

颜色预览用于设置图像以其他颜色进行预览。若以灰度模式预览显示时，先选择预览的图形，执行"查看>颜色预览>灰度"菜单命令，在页面中即可查看转换为灰度模式的图像效果。

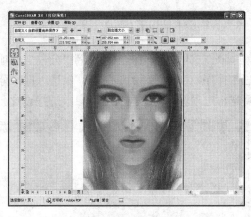

执行"查看>颜色预览>灰度"菜单命令

"灰度"颜色预览效果

Study 02　文件的打印

Work **3**　打印选项设置

　　打印选项的设置指的是在"打印"对话框中对不同的选项卡进行设置，每个选项控制的区域各不相同，主要设置的对象为"常规"、"版面"以及"分色"选项卡。

01　常规选项的设置

　　执行"文件>打印"菜单命令，打开"打印"对话框，默认显示"常规"选项卡，在"常规"选项卡中可以对打印范围、份数以及打印样式等参数进行设置。在进行"常规"设置后，还能将相关参数进行保存，便于以后对其他文件进行打印时，直接调用已经设置好的参数。

"常规"选项卡

02　版面的设置

　　在"打印"对话框中单击"版面"标签，切换到"版面"选项卡，在该选项卡中可以对图像位置和大小、版面布局等选项进行设置。可以将图像调整到与打印页面相同大小，并且指定图形的中心位置。版面布局中包含了所创建的常见文档类型，可以根据所新建的文档来选择版面布局，使打印区域和文档区域相一致。单击选中"将图像重定位到"单选按钮可以对图形的打印坐标进行重新设置，还可以设置出血的数值以及平铺重叠。

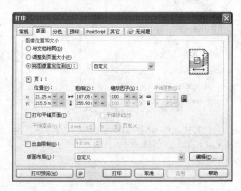

"版面"选项卡

03 分色选项设置

在"打印"对话框中切换到"分色"选项卡，可对与分色相关的选项进行设置，包括了相关颜色的排序、相应颜色的选择等。勾选"打印分色"复选框，能够对分色进行相关设置，勾选不同的复选框选项可以对不同的分色参数进行设置。

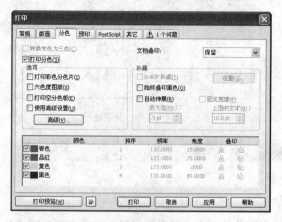 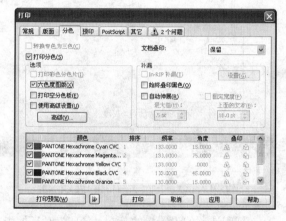

"分色"选项卡   设置其他颜色

Study 02 文件的打印

Work 4 合并打印

合并打印是指将需要打印的区域进行整合，为用户提供更方便的操作空间。另外，对保存的数据进行设置，还可以节省输出的时间。执行"文件>合并打印>创建/装入合并域"菜单命令，打开"合并打印向导"对话框，即可在向导中进行添加区域等设置。

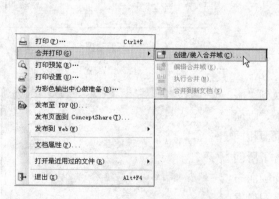 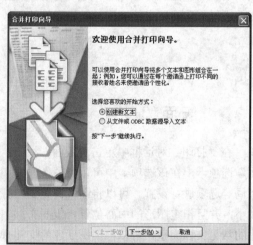

执行"文件>合并打印>创建/装入合并域"菜单命令   "合并打印向导"对话框

Chapter 15

CI 企业形象标志设计系列

CorelDRAW X4 矢量绘图从入门到精通（多媒体光盘版）

本章重点知识

CI企业形象标志设计系列

本章视频路径

DVD

Chapter 15　CI 企业形象标志设计系列

企业形象统一识别系统即 Corporate Identity System，简称 CI，它是为企业制定的一套完整的行为、视觉识别规范，可以使企业在内外的信息传递和广告宣传上具有良好的一致性。任何一个企业想要进行宣传并传播给社会大众，塑造可视的企业形象都需要依赖于它。本实例将运用软件制作一个电子科技公司的企业形象标识。整个设计围绕电子类公司以科技为导向的设计思想，再将所绘制的标志应用到信笺和名片中，完成整个 CI 企业形象标志设计。

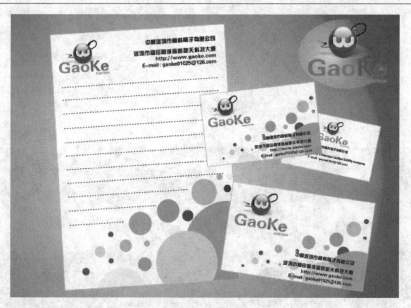

Work 1　绘制标志

标志是造型简单、意义明确的视觉符号，也是图形和商标的统称，包括企业、集团、政府机关以及会议和活动等的标志和产品的商标。下面绘制一个以电子产品为主产品的电子科技类公司的标志。主要应用"椭圆形工具"绘制圆，然后填充不同的渐变颜色，最后调整完成标志的设计，具体操作步骤如下。

STEP 01 按 Ctrl+N 快捷键，新建一个图形文件，再单击属性选项栏上的"横向"按钮，然后单击"矩形工具"按钮，绘制一个白色矩形，如下图所示。

STEP 02 单击"填充"工具隐藏工具菜单中的"渐变填充对话框"按钮，弹出"渐变填充"对话框，然后在对话框中设置如下参数。

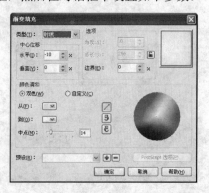

STEP 03 完成后，单击"确定"按钮，应用所设置的渐变颜色填充矩形，效果如下图所示。

STEP 04 单击"矩形工具"按钮□，在页面中绘制一个黑色的矩形图像，如下图所示。

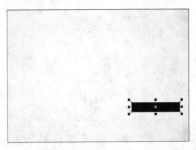

STEP 05 双击矩形，移动指针到✔双箭头形状上，当指针变成旋转箭头时，拖曳旋转图像，旋转后的矩形图像如下图所示。

STEP 06 选择工具箱中的"形状工具"，单击矩形，然后拖动矩形四角的节点，修改图像形状，效果如下图所示。

STEP 07 单击工具箱中的"文字工具"按钮字，在页面中输入字母 g，如下图所示。

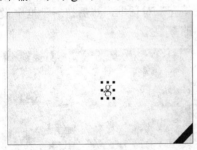

STEP 08 选择文字，单击白色色标，将文字更改为白色，然后调整文字位置，效果如下图所示。

STEP 09 单击工具箱中的"椭圆形工具"按钮○，按 Ctrl 键拖曳鼠标绘制一个正圆，如下图所示。

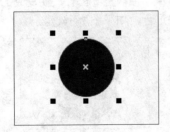

STEP 10 单击"渐变填充对话框"按钮，弹出"渐变填充"对话框，然后在对话框中设置如下参数。

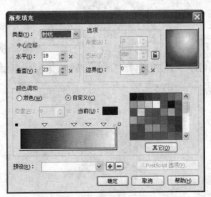

STEP 11 完成后，单击"确定"按钮，应用所设置的渐变颜色填充正圆图形，效果如下图所示。

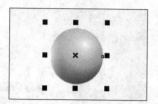

STEP 13 单击"渐变填充对话框"按钮，弹出"渐变填充"对话框，然后在对话框中设置如下图所示的参数。

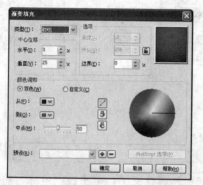

STEP 15 单击工具箱中的"椭圆形工具"按钮，在红色渐变圆形上层绘制一个较小的圆，如下图所示。

STEP 17 完成后，单击"确定"按钮，应用所设置的渐变颜色填充圆形图像，并取消轮廓色，效果如下图所示。

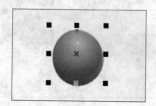

STEP 12 再次单击工具箱中的"椭圆形工具"按钮，拖曳鼠标，在原灰色正圆上方再绘制一个圆形，如下图所示。

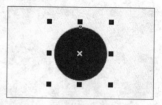

STEP 14 完成后，单击"确定"按钮，应用黑色至红色的渐变效果并去除其轮廓线，如下图所示。

STEP 16 单击"渐变填充对话框"按钮，弹出"渐变填充"对话框，然后在对话框中设置如下图所示的参数。

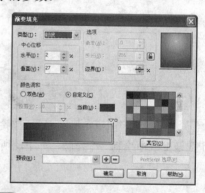

STEP 18 按 Ctrl+D 快捷键，复制一个同样大小的圆形图像，再调整其位置，使复制的对象与原对象位置重合，如下图所示。

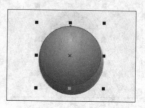

STEP 19 单击"渐变填充对话框"按钮，弹出"渐变填充"对话框，然后在对话框中参照下图设置参数。

STEP 20 完成后，单击"确定"按钮，应用所设置的渐变颜色填充图像，效果如下图所示。

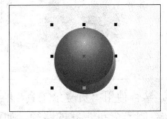

STEP 21 单击工具箱中的"椭圆形工具"按钮，再在圆形上方绘制一个更小一些的正圆，如下图所示。

STEP 22 单击"渐变填充对话框"按钮，弹出"渐变填充"对话框，然后在对话框中设置如下图所示的参数。

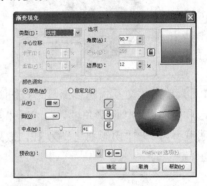

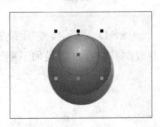

STEP 23 完成后，单击"确定"按钮，应用所设置的线性渐变颜色填充图像，效果如下图所示。

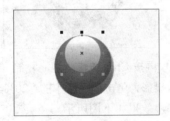

STEP 24 单击工具箱中的"椭圆形工具"按钮，再在圆形上方绘制一个正圆，并单击"无填充"按钮，如下图所示。

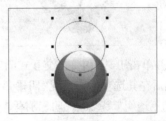

STEP 25 按住 Shift 键，同时选取两个圆形，如下图所示。

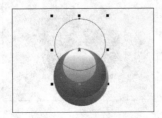

STEP 26 单击属性选项栏上的"相交"按钮，效果如下图所示。

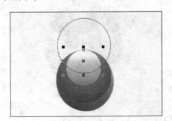

STEP 27 选择原先绘制的圆，按 Delete 键，将其删除，然后再选择下方的圆形，按 Delete 键将其删除，删除后只保留相交图形，效果如下图所示。

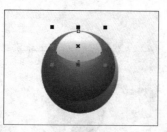

STEP 28 单击工具箱中的"交互式透明工具"按钮，然后在选项栏上选择"透明度类型"为"标准"，设置"透明中心点"为 7，设置后的图像效果如下图所示。

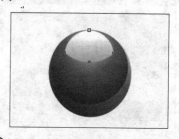

STEP 29 结合使用"贝赛尔工具"和"形状工具"绘制一个 m 形状的路径，如下图所示。

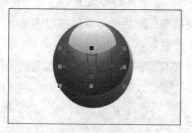

STEP 30 单击调色板中的白色色标，将图形及轮廓线均填充为白色，效果如下图所示。

STEP 31 单击"交互式阴影工具"按钮，然后在选项栏内设置"阴影角度"为 90，"阴影的不透明度"为 79，"阴影羽化"为 12，效果如下图所示。

STEP 32 按 Ctrl+D 快捷键，在原位置上复制一个图形，并取消其投影，效果如下图所示。

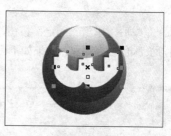

STEP 33 单击工具箱中的"交互式阴影工具"按钮，然后在其选项栏内设置"阴影角度"为 90，"阴影的不透明"为 50，"阴影羽化"为 15，更改投影效果，如下图所示。

STEP 34 再按 Ctrl+D 快捷键，复制一个图形，然后取消投影，单击调色板中的"20%黑"色标，填充图像，效果如下图所示。

STEP 35 单击工具箱中的"交互式透明工具"按钮 ⏚，在该工具选项栏中选择"透明度类型"为"标准"，然后设置"透明中心点"为 30，按 Enter 键应用交互式透明度的设置，效果如下图所示。

STEP 36 结合使用"贝赛尔工具" 🖊 和"形状工具" 🖊 绘制一个不规则形状的路径，如下图所示。

STEP 37 单击调色板中的"秋橘红"色标，然后右击"无填充"按钮，取消轮廓色，效果如下图所示。

STEP 38 单击工具箱中的"交互式透明工具"按钮 ⏚，在其选项栏中选择"透明度类型"为"线性"选项，然后在图像中设置透明效果，如下图所示。

STEP 39 连续按 3 次 Ctrl+Page Down 快捷键，将图像向后层移动，效果如下图所示。

STEP 40 单击工具箱中的"椭圆形工具"按钮 ◯，绘制两个不同大小的椭圆，如下图所示。

STEP 41 同时选取两个圆形，单击"相交"按钮，然后将原来的两个圆形同时删除，只保留相交的部分，如下图所示。

STEP 42 单击调色板中的白色色标，将图形前景色的轮廓色填充为白色，如下图所示。

STEP 43 单击"交互式透明工具"按钮 🛇，在其选项栏上选择"透明度类型"为"标准"，设置"透明中心点"为80，按 Enter 键应用交互式透明度的设置，效果如下图所示。

STEP 44 结合使用"贝赛尔工具" 🖊 和"形状工具" 🖕 再绘制一个封闭的路径，如下图所示。

STEP 45 单击工具箱中的"网状填充工具"按钮 🔳，然后调整网格线，对图像的填充色进行调整，效果如下图所示。

STEP 46 再次结合使用"贝赛尔工具" 🖊 和"形状工具" 🖕 绘制一个封闭的路径，如下图所示。

STEP 47 单击工具箱中的"网状填充工具"按钮 🔳，然后拖曳图像上的网点，调整网格线，对图像的填充色进行调整，效果如下图所示。

STEP 48 单击工具箱中的"交互式透明工具"按钮 🛇，在其选项栏中选择"透明度类型"为"线性"，然后在图像上拖曳应用交互式透明度的设置，效果如下图所示。

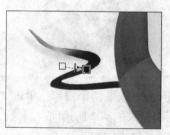

STEP 49 使用同样的方法绘制其他的线条图像，绘制完成后的效果如下图所示。

STEP 50 单击工具箱中的"钢笔工具"按钮 🖊，在图像上绘制一个工作路径，如下图所示。

STEP 51 单击"渐变填充对话框"按钮,弹出"渐变填充"对话框,然后在对话框中设置如下参数。

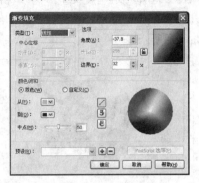

STEP 52 完成后,单击"确定"按钮,应用所设置的渐变颜色填充图像,效果如下图所示。

STEP 53 连续多次按 Ctrl+Page Down 快捷键,调整图像顺序,调整后的效果如下图所示。

STEP 54 再使用同样的方法绘制更多的矩形图像,并调整其位置,效果如下图所示。

STEP 55 单击工具箱中的"交互式阴影工具"按钮,然后设置"阴影角度"为 58,"阴影的不透明"为 18,"阴影羽化"为 15,设置后的图像效果如下图所示。

STEP 56 单击工具箱内的"椭圆形工具"按钮,在阴影下方绘制一个椭圆,如下图所示。

STEP 57 单击"渐变填充对话框"按钮,弹出"渐变填充"对话框,然后在对话框中设置如下图所示的参数。

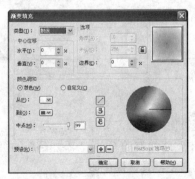

STEP 58 完成后,单击"确定"按钮,应用所设置的渐变颜色填充图像,效果如下图所示。

STEP 59 执行"排列>顺序>向后一层"菜单命令，将图像向后移动一层，效果如下图所示。

STEP 60 单击"交互式透明工具"按钮，在其选项栏中选择"透明度类型"为"标准"，设置"透明中心点"为85，按 Enter 键应用设置，效果如下图所示。

STEP 61 单击工具箱中的"文本工具"按钮，设置字体颜色为40%黑，在图形下方输入文字，然后选择字母"o"，将该字颜色更改为橘红，效果如下图所示。

STEP 62 结合使用"贝赛尔工具"和"形状工具"绘制一个封闭的路径，单击"橘红"色标将图像填充为橘红色，效果如下图所示。

STEP 63 单击工具箱中的"钢笔工具"按钮，在文字上半部分绘制一个白色图形，如下图所示。

STEP 64 单击工具箱中的"交互式透明工具"按钮，在其选项栏中选择"透明度类型"为"线性"，然后应用交互式透明度效果，如下图所示。

Work ❷ 公司信笺设计

一个公司为了企业形象，通常会使用统一格式的信笺、便笺和留言条等。统一格式的信笺、便笺和留言条是 CI 应用系统的重要组成要素之一。在本节中，将绘制的 CI 标志添加到新的页面中，并绘制一些不同大小的椭圆，制作出具有企业标志的统一信笺，具体操作如下。

STEP 01 单击插入页面按钮🔲，添加页面，然后绘制一个矩形，再单击"无填充"按钮，并右击"20%黑"，填充轮廓色。打开标志图像，将其复制到页面左上角，如下图所示。

STEP 03 单击工具箱中的"椭圆形工具"按钮⬭，在图像右下角绘制一个颜色为 R:161、G:232、B:202 的圆形，如下图所示。

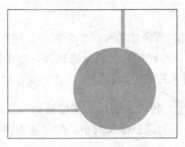

STEP 05 按 Enter 键，裁剪掉选框外的图像，效果如下图所示。

STEP 07 单击工具箱中的"椭圆形工具"按钮⬭，在页面的右下角绘制更多不同颜色的小圆，效果如下图所示。

STEP 02 单击工具箱中的"文本工具"按钮字，在页面右上角的位置上输入公司的资料，再设置字体和大小，然后使用"挑选工具"分别调整文字的位置，效果如下图所示。

STEP 04 单击"裁剪工具"按钮✄，沿着矩形图像的边缘拖曳，绘制一个裁剪框，如下图所示。

STEP 06 再使用同样的方法绘制其余两个圆形图像，如下图所示。

STEP 08 单击工具箱中的"钢笔工具"按钮🖊，再按住 Shift 键绘制一条笔直的工作路径，如下图所示。

STEP 09 单击工具箱中的"轮廓"按钮 🔲，在弹出的隐藏菜单中选择"轮廓笔"命令，打开"轮廓笔"对话框，设置轮廓样式和宽度，设置后的效果如下图所示。

STEP 10 按 Ctrl+D 快捷键，复制多个线条，分别调整其位置和长短，效果如下图所示。最后再选取所有对象，按 Ctrl+G 快捷键，群组所有对象。

Work 3 名片设计

在企业办公用品中，名片是一种重要的信息传达方式，而企业名片与普通职员名片有所不同，企业名片追究简单、大方，让人一目了然。本节通过复制、粘贴的方式将标志以及信笺中的圆复制到新的页面中，然后以适当的方式进行排列，制作出公司名片的正面和背面，具体操作如下。

STEP 01 单击页面下方的添加页面 🔲 按钮，新添加一个页面，使用"矩形工具" 🔲 绘制一个矩形，单击"无填充"按钮，再右击"20%黑"色标，填充轮廓色，效果如下图所示。

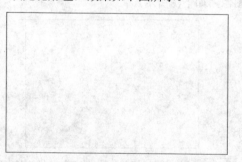

STEP 02 将绘制的标志图像移动到矩形的左上角，并适当调整标尺大小，效果如下图所示。

STEP 03 将信笺中绘制的圆形移动到矩形的右下角位置上，如下图所示。

STEP 04 单击工具箱中的"文本工具"按钮 🔲，在矩形右下角输入文字，如下图所示。

STEP 05 单击工具箱中的"矩形工具"按钮□，在页面中绘制一个同样大小的矩形图像，右击调色板中的"20%黑"色标，填充轮廓色，如下图所示。

STEP 06 打开绘制的标志图形，选取标志，按Ctrl+C 快捷键，再在新页面中按 Ctrl+V 快捷键，粘贴图像并调整图像位置，效果如下图所示。

STEP 07 单击工具箱中的"文本工具"按钮字，输入主体文字，如下图所示。

STEP 08 再次使用"文本工具"按钮字继续在文字下方输入公司的相关信息，如下图所示。

Work ④ 制作 CI 手册的页面

CI 手册中包括了如标志、信笺以及各片等各项元素，为了更清楚地查看到这些元素和效果，可以将它们都移动至新页面中，然后再进行适当排版，并可以添加上文字。本节将通过复制的方式将上面已经完成的标志、名片和信笺等要素添加到一个页面中，制作成一个 CI 手册页面，具体操作如下。

STEP 01 单击插入页面按钮[田]，插入一个新空白页面，然后再绘制一个与页面大小相同的矩形，如下图所示。

STEP 02 单击"渐变填充对话框"按钮，打开"渐变填充"对话框，然后在对话框中设置渐变颜色和渐变类型等，如下图所示。

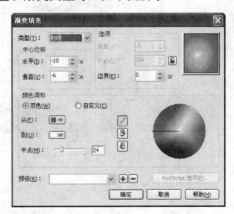

STEP 03 完成后，单击"确定"按钮，应用所设置的渐变颜色填充矩形图像，效果如下图所示。

STEP 04 打开"信笺"图像文件，将图像移至背景上，如下图所示。

STEP 05 双击信笺图像，将光标移至图像的四个角上，然后拖曳鼠标旋转图像，旋转后的图像效果如下图所示。

STEP 06 打开"名片"图像文件，将名片的正面和背景分别进行群组，然后先将正面复制到新建页面中，如下图所示。

STEP 07 按 Ctrl+D 快捷键，在原位置上复制一个名片正面，如下图所示。

STEP 08 单击工具箱中的"选择工具"按钮，调整复制的名片大小和位置，效果如下图所示。

STEP 09 打开"名片"图像文件，按 Ctrl+C 快捷键复制图像，再在背景图像上按 Ctrl+V 快捷键粘贴复制的图像，如下图所示。

STEP 10 选择名片背面图像，执行"排列>顺序>向后一层"菜单命令，将图像向后移动一层，效果如下图所示。

STEP 11 打开"标志"图像文件，将标志图像复制到背景图像的右上角，如下图所示。

STEP 12 单击工具箱中的"椭圆形工具"按钮⊙，在标志图像位置上绘制一个椭圆形图像，如下图所示。

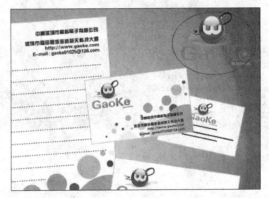

STEP 13 单击"渐变填充对话框"按钮，打开"渐变填充"对话框，然后在对话框中设置如下图所示的参数。

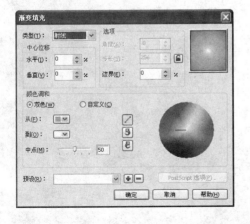

STEP 14 设置完成后，单击"确定"按钮，应用所设置的渐变颜色填充图像，最终效果如下图所示。

Chapter 16

平面广告设计

CorelDRAW X4 矢量绘图从入门到精通（多媒体光盘版）

本 章 视 频 路 径

DVD

Chapter 16　平面广告设计

　　平面广告是一种最为常用见的宣传方式。平面广告创意的关键在于选择一个恰到好处的切入点，使内情与外景融合在一起，从而让欣赏者感觉到一种视觉冲击力。广告的设计需要主体明确，具有相当的艺术感染力，要调动形象、色彩、构图、形式等因素形成强烈的视觉效果；广告画面要有较强的视觉中心，新颖的同时具有独特的设计构思。本实例主要是通过CorelDRAW 的矢量绘制功能，制作一个 MP3 广告，以高亮的色彩突出广告主体对象。在数码产品中，MP3 结构相对简单，因此在绘制时，要注意细节的把握，利用渐变填充的调整，体现出图像的质感。在绘制完成图像后，再添加上背景元素，完成 MP3 的广告设计。

Work ① 绘制立式 MP3

　　平面广告设计最重要的一点是清楚要宣传的产品卖点信息，让消费者自愿购买商品。本节主要使用手绘工具组中的工具，绘制一个立式的 MP3。首先使用"钢笔工具"绘制出对象的边框，然后再为各个边框内的图形填充上合适的背景，进行 MP3 图像的绘制，具体操作如下。

STEP 01 按快 Ctrl+N 捷键，单击属性选项栏上的"横向"按钮，新建一个横向的图形文件，如下图所示。

STEP 02 选择工具箱内的"钢笔工具" ，在当前页面中绘制一个 MP3 的正面，如下图所示。

STEP 03 再结合使用工具箱中的"贝赛尔工具" 和"形状工具" ，绘制 MP3 的左侧页面，如下图所示。

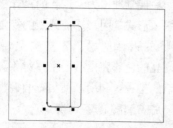

STEP 04 继续使用"贝赛尔工具" 和"形状工具" 绘制一个圆角矩形路径，如下图所示。

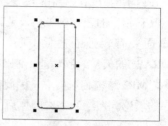

STEP 05 继续**STEP 04**的操作，结合使用"贝赛尔工具" 和"形状工具" 绘制一个三角形路径，如下图所示。

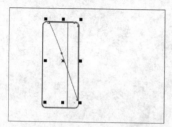

STEP 06 重复**STEP 05**的操作绘制出 MP3 的其他部分，并将其调整为如下所示的图形。

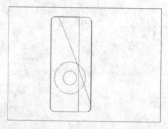

STEP 07 单击工具箱中的"挑选工具"按钮 ，选择图像最底层的矩形图像，如下图所示。

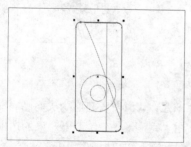

STEP 08 单击"渐变填充对话框"按钮，打开"渐变填充"对话框，然后在对话框中设置如下图所示的参数。

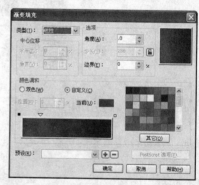

STEP 09 完成后，单击"确定"按钮，再选择工具箱内的"交互式填充工具" ，调整填充效果，如下图所示。

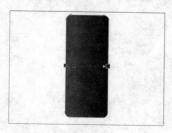

STEP 10 重复**STEP 09**的操作，为 MP3 的其他区域也填充上不同的渐变效果，如下图所示。

STEP 11 结合工具箱内的"矩形工具"□和"形状工具"，在图形上方绘制一个圆角矩形，如下图所示。

STEP 12 单击"渐变填充对话框"按钮，打开"渐变填充"对话框，然后在对话框中设置如下图所示的参数。

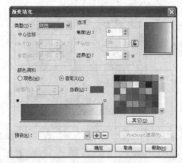

STEP 13 完成后，单击"确定"按钮，应用渐变填充，再单击工具箱中的"交互式填充工具"按钮，调整渐变效果，如下图所示。

STEP 14 结合工具箱内的"矩形工具"□和"形状工具"绘制一个圆角矩形，再单击调色板中的黑色色标，将其填充为黑色，如下图所示。

STEP 15 继续使用同样的方法绘制一个圆角矩形，并单击"均匀填充对话框"按钮，弹出"均匀填充"对话框，按照下图所示设置其参数。

STEP 16 完成后，单击"确定"按钮，将所绘制的矩形图像填充上 **STEP 15** 所设置的颜色，效果如下图所示。

STEP 17 单击工具箱中的"矩形工具"按钮□，在顶部绘制一个矩形图像，如下图所示。

STEP 18 单击"渐变填充对话框"按钮，弹出"渐变填充"对话框，再设置如下图所示的参数。

STEP 19 完成后，单击"确定"按钮，为绘制的矩形填充所设置的渐变颜色，再右击颜色板上的"无填充"按钮，取消轮廓色，如下图所示。

STEP 20 继续单击工具箱中的"矩形工具"按钮□，然后在渐变矩形条下方绘制一个略大一些的矩形图像，如下图所示。

STEP 21 单击"均匀填充对话框"按钮，弹出的"均匀填充"对话框，再设置如下参数。

STEP 22 完成后，单击"确定"按钮，为绘制的矩形填充所设置的颜色，效果如下图所示。

STEP 23 单击"均匀填充对话框"按钮，在弹出的对话框中设置颜色值为 R:180、G:184、B:190，再使用"矩形工具"绘制如下矩形图形。

STEP 24 单击工具箱中的"矩形工具"按钮□，在长条矩形的中间再绘制一个矩形图形，如下图所示。

STEP 25 单击"渐变填充对话框"按钮，弹出"渐变填充"对话框，参照下图所示设置其参数。

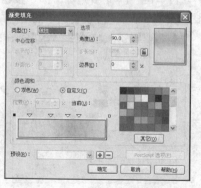

STEP 26 设置完成后，单击"确定"按钮，填充所设置的渐变颜色，效果如下图所示。

STEP 27 单击工具箱中的"矩形工具"按钮▢，在绘制的矩形的左侧继续绘制一个稍短的长条矩形，如下图所示。

STEP 29 完成后，单击"确定"按钮，填充上所设置的蓝色渐变颜色，效果如下图所示。

STEP 31 单击"椭圆形工具"按钮▢，按 Ctrl 键绘制一个正圆，再单击调色板中的"10%黑"色标并右击"无填充"按钮，取消轮廓色，效果如下图所示。

STEP 33 弹出"对齐与分布"对话框，选择"对齐"选项卡，勾选"中"复选框，如下图所示。

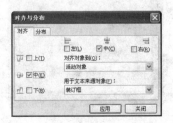

STEP 28 单击"渐变填充对话框"按钮，弹出"渐变填充"对话框，参照下图所示设置其参数。

STEP 30 单击"矩形工具"按钮▢，按 Shift 键绘制一个正方形，再单击调色板中的"20%黑"色标并右击"无填充"按钮，取消轮廓色，效果如下图所示。

STEP 32 按 Shift 键，单击选中圆和正方形图像，如下图所示，再单击属性选项栏中的"对齐和分布"按钮。

STEP 34 单击"应用"按钮，即可使用所选择的对象应用设置的中对齐命令，关闭对话框，效果如下图所示。

STEP 35 单击"矩形工具"按钮□，在灰色矩形内部再绘制一个稍小一点的矩形，如下图所示。

STEP 36 单击"渐变填充对话框"按钮，弹出"渐变填充"对话框，按下图所示设置其参数。

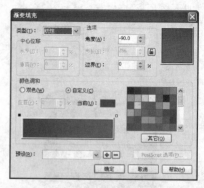

STEP 37 完成后，单击"确定"按钮，填充所设置的红色渐变颜色，效果如下图所示。

STEP 38 执行"排列>顺序>向后一层"菜单命令，将正方形图像后移一层，效果如下图所示。

STEP 39 结合使用工具箱中的"贝赛尔工具"和"形状工具"绘制路径，如下图所示。

STEP 40 单击"渐变填充对话框"按钮，弹出"渐变填充"对话框，参照下图所示设置其参数。

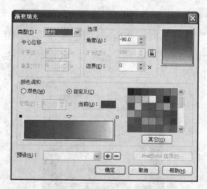

STEP 41 完成后，单击"确定"按钮，填充所设置的红色渐变颜色，效果如下图所示。

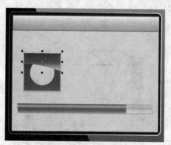

STEP 42 执行"排列>顺序>向后一层"菜单命令，将正方形图像后移一层，效果如下图所示。

STEP 43 单击"椭圆工具"按钮 ⬭，在灰色圆形上层绘制一个略小一些的椭圆形图像，然后将其轮廓色设置为黑色，如下图所示。

STEP 44 同时选取两个圆，单击属性选项栏上的"对齐和分布"按钮，弹出"对齐与分布"对话框，勾选"中"复选框，再单击"应用"按钮对齐图像。

STEP 45 再使用同样的方法继续绘制一个箭头图形和红色线条，绘制后的图像效果如下所示。

STEP 46 结合使用工具箱中的"贝赛尔工具" ✍ 和"形状工具" ✍，绘制路径，如下图所示。

STEP 47 单击"渐变填充对话框"按钮，弹出"渐变填充"对话框，参照下图所示设置其参数。

STEP 48 完成后，单击"确定"按钮，填充所设置的渐变颜色，效果如下图所示。

STEP 49 单击工具箱中的"矩形工具"按钮 ▭，在MP3屏幕上方绘制一个矩形图形，如下图所示。

STEP 50 单击"渐变填充对话框"按钮，弹出"渐变填充"对话框，参照下图所示设置其参数。

STEP 51 设置完成后，单击"确定"按钮，填充所设置的渐变颜色，效果如下图所示。

STEP 53 单击工具箱中的"文本工具"按钮 字，在MP3图像上添加上必要的文字，效果如下图所示。

STEP 55 双击复制的图像，移动指针到 ↗ 双箭头形状，当指针变成旋转箭头时，拖曳旋转图像，如下图所示。

STEP 57 再次按 Ctrl+D 快捷键，复制图像，然后单击属性选项栏上的"垂直镜像"按钮 ，并调整其位置，效果如下图所示。

STEP 52 使用同样的方法，继续绘制如下图所示的其他矩形渐变条和三角形渐变图案。

STEP 54 选择绘制的所有图形，按 Ctrl+G 快捷键，群组对象，再按 Ctrl+D 快捷键，复制图像，如下图所示。

STEP 56 当图像达到适当的角度后，释放鼠标，完成 MP3 方向的调整，然后再移动图像位置，效果如下图所示。

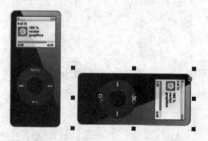

STEP 58 单击工具箱中的"交互式透明工具"按钮 ，在属性栏上选择"透明度类型"为"线性"，然后在对象上拖曳，添加透明度效果，如下图所示。

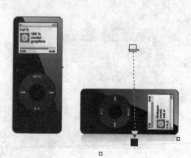

STEP 59 再次选中左侧的 MP3 图像，复制并垂直镜像图像，然后添加上透明度，制作 MP3 的高光倒影，如下图所示。

STEP 60 继续使用同样的方法，再绘制一个倾斜的 MP3 图像，绘制完成后的图像如下图所示。

Work 2　绘制耳塞

在 Word 1 节中完成了广告主体 MP3 图像的绘制，在本节中将运用"椭圆形工具"和"形状工具"绘制耳塞图像。在绘制耳塞图像时，可通过填充不同的渐变颜色，制作出具有立体感的耳塞，然后添加上阴影，表现真实的图像效果，具体操作如下所示。

STEP 01 单击工具箱中的"椭圆形工具"按钮○，绘制椭圆图形，再调整其方向，效果如下图所示。

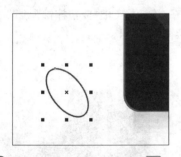

STEP 02 结合工具箱内的"矩形工具"□和"形状工具" ，在图形上方绘制一个圆形，如下图所示。

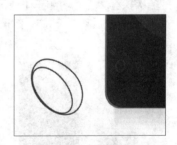

STEP 03 继续使用"矩形工具"□和"形状工具" 绘制耳塞的其他部分，效果如下图所示。

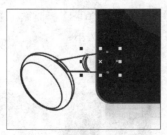

STEP 04 选中椭圆图形，单击调色板中的"60%黑"色标，填充颜色，如下图所示。

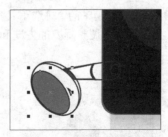

STEP 05 单击"渐变填充对话框"按钮，弹出"渐变填充"对话框，参照下图所示设置其参数。

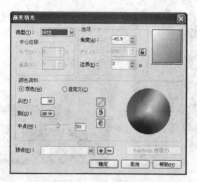

STEP 07 再使用同样的方法为耳塞的其他部分填充上不同的渐变颜色，如下图所示。

STEP 09 多次执行"排列>顺序>向后一层"菜单命令，将耳塞图像后移至 MP3 下层，效果如下图所示。

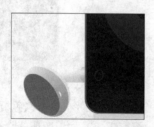

STEP 11 单击工具箱中的"挑选工具"按钮，分别选择各个耳塞，调整耳塞的方向和位置，如下图所示。

STEP 06 单击"确定"按钮，填充渐变颜色，再单击"交互式填充工具"按钮，调整渐变颜色，如下图所示。

STEP 08 选择耳塞，按 Ctrl+G 快捷键，群组对象，再右击调色板中的"无填充"按钮，取消轮廓线，如下图所示。

STEP 10 连续按 Ctrl+D 快捷键，复制两个耳塞图形，如下图所示。

STEP 12 再分别按 Ctrl+D 快捷键，继续复制 3个耳塞图形，如下图所示。

STEP 13 选中其中一个复制的耳塞图形，单击"垂直镜像"按钮 🔁，镜像对象，再向下移动，调整图像位置，效果如下图所示。

STEP 14 再分别选择另外两个耳塞，单击"垂直镜像"按钮 🔁，对另外两个耳塞进行镜像处理，调整后的图像效果如下图所示。

STEP 15 单击工具箱中的"交互式透明工具"按钮 🔲，在属性栏中的"透明类型"下拉列表框中选择"线性"，然后在图像上拖曳制作透明效果，如下图所示。

STEP 16 再分别选择另外两个图像，添加上交互式透明效果，制作完的图像效果如下图所示。

Work 3 添加背景图案

在平面广告中，除了需要绘制主体对象外，还必须在画面中添加上各种不同的背景元素以修饰主体对象。本节将各种小元素素材导入到已绘制的 MP3 图像中，然后应用"椭圆形工具"在图像中添加小圆，最后添加上文字完成广告的设计，具体制作方法如下。

STEP 01 单击工具箱中的"矩形工具"按钮 🔲，绘制一个与页面相同大小的矩形，如下图所示。

STEP 02 单击"渐变填充对话框"按钮，弹出"渐变填充"对话框，参照下图所示设置其参数。

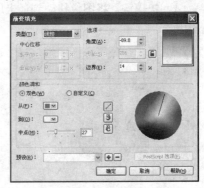

STEP 03 完成后，单击"确定"按钮，将所绘制的矩形图像填充所设置的颜色，并取消轮廓色，效果如下图所示。

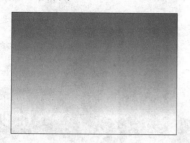

STEP 04 单击工具箱中的"交互式填充工具"按钮，拖动渐变条上的滑块，调整渐变颜色，如下图所示。

STEP 05 选择绿色渐变背景，执行"排列>顺序>到图层后面"菜单命令，如下图所示。

STEP 06 执行命令后，背景图像被移至最下层，效果如下图所示。

STEP 07 执行"文件>导入"菜单命令，将素材文件"Chapter 16　平面广告设计\素材\01.psd"文件导入到图像中，然后再适当调整其大小，如下图所示。

STEP 08 使用同样的方法将其他的素材图像导入到图像中，然后再单击选择各个图像，分别调整图像的大小和位置，效果如下图所示。

STEP 09 选择左侧的 MP3 图像，连续按 Ctrl+Page Up 快捷键，将图像移动到最上层，效果如下图所示。

STEP 10 再分别选择其他两个 MP3 图像，将其调整至图像的最上层，效果如下图所示。

STEP 11 选择工具箱中的"钢笔工具"，在图像的左侧绘制一个封闭的路径，如下图所示。

STEP 12 单击"均匀填充对话框"按钮，设置颜色为 R:215、G:110、B:30，然后单击"确定"按钮，填充颜色，如下图所示。

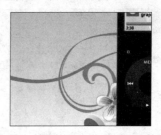

STEP 13 再次单击工具箱中的"钢笔工具"按钮，在图像的左侧绘制一个封闭的路径，如下图所示。

STEP 14 单击"渐变填充对话框"按钮，打开"渐变填充"对话框，设置渐变参数，如下图所示。

STEP 15 完成后，单击"确定"按钮，应用 **STEP 14** 所设置的渐变颜色填充路径，如下图所示。

STEP 16 单击调色板上的"无填充"按钮，取消轮廓线，如下图所示。

STEP 17 再使用"钢笔工具"绘制更多的路径，并分别为各个路径填充上不同的颜色和渐变效果，如下图所示。

STEP 18 选择"椭圆形工具"，按 Ctrl 键，绘制一个正圆，再单击调色板中的"浅橘红"色标，填充颜色，如下图所示。

STEP 19 继续使用"椭圆形工具" ◎ 在图像中绘制更多不同颜色和大小的小正圆图像，然后再对它们的前后顺序进行调整，效果如下图所示。

STEP 21 单击"文本工具"按钮 字 ，在页面下方输入文字，效果如下图所示。

STEP 23 单击"矩形工具"按钮，绘制 6 个长条矩形，分别设置颜色为 R:71、G:173、B:56，R:240、G:186、B:0，R:225、G:85、B:34，R:210、G:42、B:40，R:177、G:42、B:126，R:0、G:160、B:216，如下图所示。

STEP 25 在苹果路径形状内单击，将矩形图像放置在形状内，如下图所示。

STEP 20 结合使用"贝赛尔工具" ✎ 和"形状工具" ⬚ 绘制路径，然后绘制图案，最后填充上适当的颜色，效果如下图所示。

STEP 22 结合使用"贝赛尔工具" ✎ 和"形状工具" ⬚ 绘制一个苹果形状的封闭路径，如下图所示。

STEP 24 同时选取 6 个矩形，按 Ctrl+G 快捷键，群组对象，再执行"效果>图框精确剪裁>放置在容器中"菜单命令，此时光标变为黑色实心箭头，如下图所示。

STEP 26 按 Ctrl+U 快捷键取消群组，然后选择叶子，填充为绿色，效果如下图所示。

STEP 27 再分别选择叶子和苹果图像，右击"无填充"按钮⊠，取消轮廓线，效果如下图所示。

STEP 29 执行"文件>导入"菜单命令，将素材文件"Chapter 16　平面广告设计\素材\09.psd"图像导入到页面中，并适当调整其大小和位置，如下图所示。

STEP 31 按 F12 快捷键，打开"轮廓笔"对话框，然后在对话框中设置参数，如下图所示。

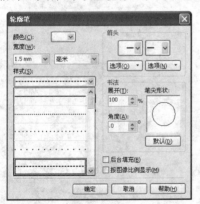

STEP 28 再同时选取苹果和叶子，按 Ctrl+G 快捷键，群组并旋转图像，如下图所示。

STEP 30 单击工具箱中的"钢笔工具"按钮，绘制一条曲线路径，如下图所示。

STEP 32 完成后，单击"确定"按钮，应用轮廓笔效果，最终效果如下图所示。

Chapter 17

招贴设计

CorelDRAW X4 矢量绘图从入门到精通（多媒体光盘版）

本 章 重 点 知 识

招贴设计

本 章 视 频 路 径

DVD

Chapter 17　招贴设计

- Work 1　制作背景 .swf
- Work 2　绘制矢量元素（1）.swf
- Work 2　绘制矢量元素（2）.swf
- Work 3　添加文字和背景元素 .swf

Chapter 17　招贴设计

　　海报又名"招贴"，分布于各展览会、商业闹市区、车站、公园等公共场所，是一种瞬间的街头艺术。海报招贴是广告艺术中比较大众化的一种体裁，除了会给人以美的享受外，更重要的是向广告消费者传达了信息和理念。与报纸和杂志广告相比，招贴的幅面相对较大，更加醒目，具有很强的艺术性，从远处即能吸引人们的注意力。正是由于这些特点，海报招贴才能够在各种广告形式中脱颖而出，在宣传媒介中占有很重要的地位。

　　本实例是一个创意性艺术招贴，此设计围绕梦想的色彩为主题，进行了一系列的图形创意，集中表达了由一只眼睛所延伸出的精彩。

Work ❶　制作背景

　　在创意性招贴中，绘制图像之前需要绘制一个背景图像，本节中将创建一个图形文件，绘制一个灰色的背景，然后将素材中的矢量图形导入到图像中，运用"椭圆形工具"绘制多个不同大小、颜色的正圆图像，再运用"对齐与分布"命令，制作出 3 个不同大小的同心圆。整个背景制作的具体操作如下。

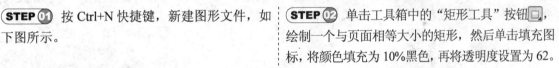

STEP 01 按 Ctrl+N 快捷键，新建图形文件，如下图所示。

STEP 02 单击工具箱中的"矩形工具"按钮 □，绘制一个与页面相等大小的矩形，然后单击填充图标，将颜色填充为 10%黑色，再将透明度设置为 62。

STEP 03 执行"文件>导入"菜单命令，将素材文件"Chapter 17　招贴设计\素材\01.psd"图像导入到页面中，然后调整图像位置，如下图所示。

STEP 04 按 Ctrl+D 快捷键，复制图像，然后再调整图像的方向和位置，如下图所示。

STEP 05 单击工具箱中的"椭圆形工具"按钮 ⬭，按住 Ctrl 键绘制一个正圆形，再设置填充色为 R:0、G:165、B:57 进行填充，效果如下图所示。

STEP 06 再按 Ctrl+D 快捷键，复制多个正圆，分别填充颜色，依次为黄色、粉红色、10%黑色和白色，再调整图像大小，如下图所示。

STEP 07 选择所有圆形图像，单击"对齐和分布"按钮 ▦，打开"对齐与分布"对话框，勾选"中"复选框，将图像居中对齐，如下图所示。

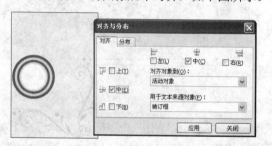

STEP 08 按 Ctrl+G 快捷键，群组对象，然后再复制一个同心圆并缩小图形，效果如下图所示。

STEP 09 单击工具箱中的"椭圆形工具"按钮 ⬭，按 Ctrl 键绘制一个正圆图形，再单击"蓝色"色标，将圆填充为蓝色，如下图所示。

STEP 10 单击工具箱中的"形状工具"按钮 ⬚，调整正圆的形状，然后再将图形移动至页面的右侧，效果如下图所示。

STEP 11 按 Ctrl+D 快捷键，复制多个半圆图像，然后更改每个半圆图形的颜色和大小，如下图所示。

STEP 12 选择所有半圆图形，单击"对齐和分布"按钮 ▦，打开"对齐与分布"对话框，勾选"中"复选框，居中对齐图像，如下图所示。

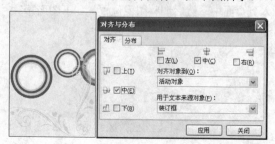

Work ② 绘制矢量元素

图表通过视觉的艺术手段来传达信息，可以起到增强记忆的效果，让人们以更快、更直观的方式接受信息。本节中，将运用"贝赛尔工具"和"形状工具"绘制招贴中不同形状的图形，再运用渐变填充工具为图像填充上不同的渐变颜色。绘制图像的具体操作如下。

STEP 01 单击工具箱中的"椭圆形工具"按钮 ◯，再按住 Shift 键绘制一个正圆，如下图所示。

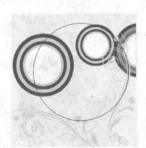

STEP 02 单击"渐变填充对话框"按钮，弹出"渐变填充"对话框，然后设置渐变颜色和渐变参数，如下图所示。

STEP 03 完成后，单击"确定"按钮，应用所设置的渐变色填充正圆形图像，再去除其轮廓线，如下图所示。

STEP 04 单击工具箱中的"钢笔工具"按钮 ◐，再结合"形状工具" ◖ 绘制一个眼睛图形，如下图所示。

STEP 05 单击"渐变填充对话框"按钮，弹出"渐变填充"对话框，然后设置渐变颜色和渐变参数，如下图所示。

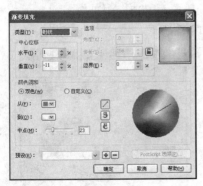

STEP 06 完成后，单击"确定"按钮，应用所设置渐变色填充正圆形图像，再去除其轮廓线，如下图所示。

STEP 07 按 Ctrl+D 快捷键复制图像，再单击"交互式透明工具"按钮，在属性栏中设置"透明度类型"为"射线"，并在图像上拖曳创建交互式透明效果，如下图所示。

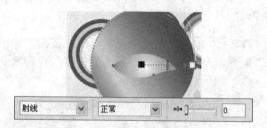

STEP 08 连续多次按 Ctrl+D 快捷键，复制多个透明效果的图像，然后将所有眼睛图像进行位置调整，使所有图像重合，如下图所示。

STEP 09 再次绘制一个眼睛图形，并填充为黑色，然后将图像至眼睛底层，效果如下图所示。

STEP 10 单击工具箱中的"钢笔工具"按钮，绘制一个眼线路径，如下图所示。

STEP 11 按 F11 快捷键，弹出"渐变填充"对话框，然后在对话框中设置渐变颜色和渐变参数，如下图所示。

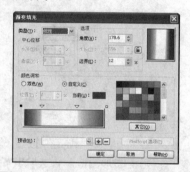

STEP 12 完成后，单击"确定"按钮，应用所设置的渐变参数填充图像，再去除其轮廓线，效果如下图所示。

STEP 13 单击工具箱中的"椭圆形工具"按钮，并按住 Ctrl 键绘制一个正圆，如下图所示。

STEP 14 按 F11 快捷键，弹出"渐变填充"对话框，然后在对话框中设置渐变颜色和渐变参数，如下图所示。

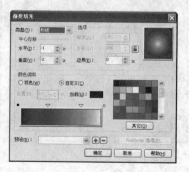

STEP 15 设置完成后，单击"确定"按钮，应用所设置的渐变参数填充图像，再去除其轮廓线，效果如下图所示。

STEP 16 单击工具箱中的"椭圆形工具"按钮，绘制一个黑色的正圆形图像，如下图所示。

STEP 17 单击工具箱中的"交互式透明工具"按钮，在属性栏中选择"透明度类型"为"线性"，再设置渐变透明角度和边界，创建线性交互式透明效果，如下图所示。

STEP 18 单击工具箱中的"椭圆形工具"按钮，并按住 Ctrl 键在已绘制的正圆中心位置再绘制一个略小的正圆形图像，如下图所示。

STEP 19 按 F11 快捷键，弹出"渐变填充"对话框，然后在对话框中设置渐变颜色和渐变参数，如下图所示。

STEP 20 完成后，单击"确定"按钮，应用所设置的渐变颜色填充正圆图像，效果如下图所示。

STEP 21 单击工具箱中的"交互式透明工具"按钮，在属性栏中设置"透明度类型"为"线性"，再设置渐变透明角度和边界，创建线性交互式透明效果，如下图所示。

STEP 22 按 Ctrl+D 快捷键，复制多个圆形图像，再适当调整图像的透明度，制作出眼球效果，如下图所示。

STEP 23 单击工具箱中的"椭圆形工具"按钮 ，绘制 3 个不同大小的圆形，颜色分别为黑色和 R:242、G:223、B:208，如下图所示。

STEP 25 执行"排列>顺序>置于此对象后"菜单命令，单击彩色圆形图像，将线条移动至图像下层，如下图所示。

STEP 27 执行"排列>顺序>置于此对象后"菜单命令，单击圆眼睛图像，将线条移至眼睛图像下层，如下图所示。

STEP 29 按 F11 快捷键，弹出"渐变填充"对话框，然后在对话框中设置参数，如下图所示。

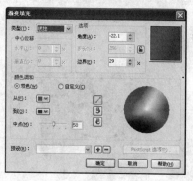

STEP 24 单击工具箱中的"贝赛尔工具"按钮 ，再结合"形状工具" 绘制一个曲线图像，然后单击"填充"按钮 ，将填充色设置为 R:160、G:0、B:0，如下图所示。

STEP 26 使用同样的方法绘制出更多的线条图案，然后选择所绘制的线条图像，单击"群组"按钮，群组对象，如下图所示。

STEP 28 单击工具箱中的"星形工具"按钮 ，在属性选项中设置边数为 5，锐度为 53，然后在页面上拖曳绘制星形图像，如下图所示。

STEP 30 完成后，单击"确定"按钮，应用所设置的红色渐变填充星形，效果如下图所示。

STEP 31 右击白色色标,将轮廓色填充为白色,然后在属性栏中选择轮廓宽度为 1.0mm,效果如下图所示。

STEP 32 结合工具箱中的"贝赛尔工具"和"形状工具"沿着星形图像的外边绘制图形,如下图所示。

STEP 33 按 F11 快捷键,弹出"渐变填充"对话框,然后在对话框中设置渐变颜色和渐变参数,如下图所示。

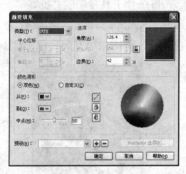

STEP 34 完成后,单击"确定"按钮,应用所设置的渐变色填充图像,效果如下图所示。

STEP 35 结合工具箱中的"贝赛尔工具"和"形状工具"沿着星形图像的外边绘制图形,如下图所示。

STEP 36 按 F11 快捷键,弹出"渐变填充"对话框,然后在对话框中设置渐变颜色和渐变参数,如下图所示。

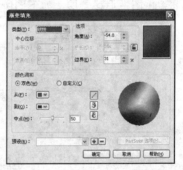

STEP 37 完成后,单击"确定"按钮,应用所设置的渐变色填充图像,效果如下图所示。

STEP 38 再结合工具箱中的"贝赛尔工具"和"形状工具"沿着星形图像的外边绘制图形,如下图所示。

STEP 39 按 F11 快捷键，弹出"渐变填充"对话框，然后在对话框中设置各项参数，如下图所示。

STEP 41 继续使用相同的方法，绘制出更多不同形状的星形图像和不规则图像，如下图所示。

STEP 43 按 Ctrl+D 快捷键，复制图像，将图像颜色填充为黑色，再执行"排列>顺序>向后一层"命令，将黑色图像后移一层，如下图所示。

STEP 45 再选取调和后的图像，执行"排列>顺序>向后一层"菜单命令，将图像后移一层，如下图所示。

STEP 40 完成后，单击"确定"按钮，应用所设置的渐变色填充图像，效果如下图所示。

STEP 42 再结合工具箱中的"贝赛尔工具"和"形状工具"绘制一个不规则图像，单击调色板中的黄色色标，将图像填充为黄色，如下图所示。

STEP 44 单击工具箱中的"交互式调和工具"按钮，在属性栏上中设置步长为 20，然后按 Enter 键，创建交互式调和效果，如下图所示。

STEP 46 使用"椭圆形工具"绘制一个正圆形，再单击"无填充"按钮，然后将轮廓色填充为白色，选择轮廓宽度为 1.0mm，效果如下图所示。

STEP 47 再按 Ctrl+D 快捷键，复制一个圆形图像，然后缩小图像，如下图所示。

STEP 48 同时选取两个圆形图像，单击"对齐和分布"按钮，打开"对齐与分布"对话框，勾选"中"复选框，对齐图像，如下图所示。

STEP 49 再次按 Shift 键，同时选中两个圆，单击"群组"按钮，对所选择的两个对象进行群组，如下图所示。

STEP 50 连续多次按 Ctrl+D 快捷键，复制更多的圆，然后分别调整各个对象的大小和位置，调整后的图像如下图所示。

STEP 51 单击"椭圆形工具"按钮，按 Ctrl 键，在右上角的位置绘制多个正圆形图像，再单击填充按钮，设置填充颜色为 R:244、G:213、B:60，填充后的效果如下图所示。

STEP 52 单击"椭圆形工具"按钮，按 Ctrl 键，在页面右下角的位置再绘制两个正圆形，再单击调色板中的"10%黑"色标填充图像，效果如下图所示。

Work 3　添加文字和背景元素

招贴中，除了必要的图形元素外，还需要添加上文字。本节将继续在页面中添加上一些修饰性的图像和文字。先用"钢笔工具"绘制花纹和小鸟图像，再在招贴右上角的位置输入文字，创建交互式调和文字效果，并对齐文字，具体操作如下。

STEP 01 结合工具箱中的"贝赛尔工具" 和 "形状工具" 绘制一个花纹理图像，如下图所示。

STEP 02 单击"填充"按钮，打开"均匀填充"对话框，设置填充值后，填充图像，如下图所示。

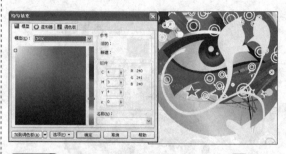

STEP 03 连续按 Ctrl+Page Down 快捷键，调整图层顺序，如下图所示。

STEP 04 结合工具箱中的"贝赛尔工具" 和"形状工具" 绘制一个黑色的小鸟图像，如下图所示。

STEP 05 按 Ctrl+D 快捷键，复制多个小鸟图像，然后再调整副本对象的大小和位置，如下图所示。

STEP 06 执行"文件>导入"菜单命令，将素材文件"Chapter 17 招贴设计\素材\02.psd"图像导入到页面中，如下图所示。

STEP 07 多次执行"排列>顺序>向后一层"菜单命令，调整导入的图像顺序，调整后的图像效果如下图所示。

STEP 08 执行"文件>导入"菜单命令，将"Chapter 17 招贴设计\素材\03.psd"文件中的车子图像导入到页面中，再缩小并放置在页面的右下角，如下图所示。

STEP 09 单击"文本工具"按钮 字，在页面右上角输入文字，再按 Ctrl+Q 快捷键将文字转换为曲线，如下图所示。

STEP 10 按 Ctrl+D 快捷键，复制一个文字图像，单击"酒绿"色标，更改文字颜色，如下图所示。

STEP 11 执行"排列>顺序>向后一层"菜单命令，将绿色文字图像向后移动一层，如下图所示。

STEP 12 单击"交互式调和工具"按钮 ，设置步长并调和形状之间的偏移量为 5，再按 Enter 键创建调和图像，如下图所示。

STEP 13 再次单击工具箱中的"文本工具"按钮 字，在右上角输入更多的文字，在属性选项栏上为文字设置不同的字号，效果如下图所示。

STEP 14 选择除"敢享敢爲"外的所有文字，单击"对齐和分布"按钮 ，打开"对齐与分布"对话框，勾选"右"复选框，对齐文字，最终效果如下图所示。

Chapter 18

商业插画设计

CorelDRAW X4 矢量绘图从入门到精通（多媒体光盘版）

本章重点知识

商业插画设计

本章视频路径

DVD

Chapter 18　商业插画设计

- Work 1　制作背景图像.swf
- Work 2　绘制杯子图像.swf
- Work 3　制作叶子并添加文字.swf

Chapter 18　商业插画设计

　　为企业或产品绘制插图，获得与之相关的报酬；作者放弃对作品的所有权，只保留署名权的商业买卖行为，即为商业插画。商业插画借助广告渠道进行传播，覆盖面很广，社会关注率比艺术绘画要高。商业插画通常分为广告商业插画、卡通吉祥物设计、出版物插画和影视游戏美术设定 4 类。本实例将制作一个饮料产品广告插画。此插画设计以绿色为主色调，对饮料做了独特的图像创意，通过以较亮眼的绿色，表达饮品绿色、健康的特点。

Work ①　制作背景图像

　　在进行插画设计前，需要对设计进行定位，制作一个漂亮的背景。本节将首先运用"矩形工具"绘制矩形渐变的天空背景，再运用"钢笔工具"绘制云彩图形，通过填充渐变色制作真实的云彩图像，具体操作如下。

STEP 01 按 Ctrl+N 快捷键，新建一个图形文件，然后单击工具箱中的"矩形工具"按钮，绘制一个与页面相等大小的矩形，如下图所示。

STEP 02 单击"渐变填充对话框"按钮，打开"渐变填充"对话框，然后在对话框中设置渐变颜色和渐变参数，如下图所示。

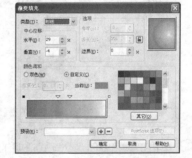

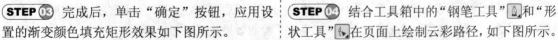

STEP 03 完成后，单击"确定"按钮，应用设置的渐变颜色填充矩形效果如下图所示。

STEP 04 结合工具箱中的"钢笔工具"和"形状工具"在页面上绘制云彩路径，如下图所示。

STEP 05 单击"渐变填充对话框"按钮，弹出"渐变填充"对话框，然后在对话框中设置渐变色和渐变参数，如下图所示。

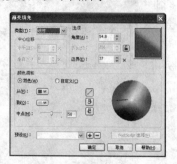

STEP 07 单击工具箱中的"交互式透明工具"按钮，在其属性栏中设置参数，然后在图像上拖曳，创建交互式透明效果，如下图所示。

STEP 09 单击"渐变填充对话框"按钮，弹出"渐变填充"对话框，然后在对话框中设置云彩渐变色，如下图所示。

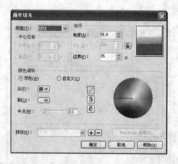

STEP 11 单击工具箱中的"交互式透明工具"按钮，在其属性栏中设置参数，然后在图像上拖曳出交互式透明效果，如下图所示。

STEP 06 完成后，单击"确定"按钮，应用所设置的颜色填充路径，再右击"无填充"按钮，取消轮廓色，如下图所示。

STEP 08 单击工具箱中的"钢笔工具"按钮，绘制另一个云朵路径，再使用"形状工具"适当调整路径形状，如下图所示。

STEP 10 完成后，单击"确定"按钮，应用设置的渐变颜色填充绘制的云彩路径，填充后的效果如下图所示。

STEP 12 继续使用相同的方法绘制更多云彩图像，然后再分别设置出不同的交互式透明参数，绘制效果如下图所示。

STEP 13 结合工具箱中的"钢笔工具" 👑 和"形状工具" 👆，绘制出如下图所示的路径。

STEP 14 单击调色板中的白色色标，将路径填充为白色，再右击"无填充"按钮 ⊠，取消轮廓色，如下图所示。

STEP 15 按 Ctrl+D 快捷键再制图像，再重新设置颜色，如下图所示。

STEP 16 按 Shift 键，同时选择两个图形，然后单击"对齐和分布"按钮 ⊟，打开"对齐与分布"对话框，勾选"中"复选框，如下图所示。

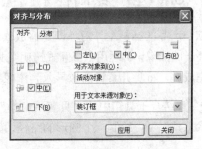

STEP 17 完成后，单击"应用"按钮，对选中的图形设置居中对齐，如下图所示。

STEP 18 按 Ctrl+G 快捷键，群组对象，再多次按 Ctrl+D 快捷键，复制多个图像并调整其大小和位置，如下图所示。

STEP 19 单击"钢笔工具"按钮 👑，按 Shift 键，绘制一条垂直的工作路径，如下图所示。

STEP 20 单击属性选项栏上的"轮廓"下三角按钮，设置轮廓宽度为 1.0mm，再填充颜色为白色，如下图所示。

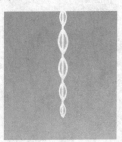

STEP 21 单击工具箱中的"交互式透明工具"按钮 ，然后在属性栏中选择"透明度类型"为"标准"，并设置"透明中心点"为47，设置后图像如下图所示。

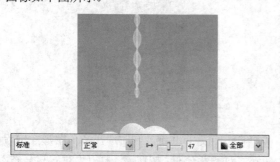

STEP 22 选择绘制的图形，单击属性选项栏下的"群组"按钮 ，群组对象，再复制多个群组后的对象，调整其大小和位置，最后效果如下图所示。

Work 2 绘制杯子图像

饮料产品的插画主体对象即是盛放饮料的容器。本节中将使用"贝赛尔工具"和"形状工具"绘制杯子的图像，再运用"交互式透明工具"和"渐变填充工具"制作出具有高光效果的杯子图像。绘制完成后，将鸟儿素材图像导入到图像中，制作出插画的主体对象，具体操作如下。

STEP 01 结合工具箱中的"贝赛尔工具" 和"形状工具" ，绘制一个圆形的路径，如下图所示。

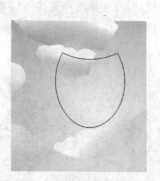

STEP 02 单击"渐变填充对话框"按钮，弹出"渐变填充工具"对话框，然后设置渐变参数，如下图所示。

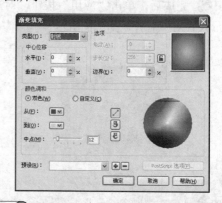

STEP 03 完成后，单击"确定"按钮，应用所设置的黄绿色渐变填充路径，如下图所示。

STEP 04 多次按 Ctrl+D 快捷键，复制图像，并将所有图像设置居中对齐，如下图所示。

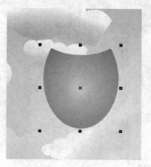

STEP 05 结合工具箱中的"贝赛尔工具" 和"形状工具" ，绘制一个稍大一些的圆形路径，如下图所示。

STEP 06 单击工具箱中的"交互式填充工具"按钮 ，然后在属性选项栏中设置渐变色，并填充渐变效果，如下图所示。

STEP 07 单击工具箱中的"网格填充工具"按钮 ，再单击图像中的节点，并调整节点的位置和曲线，然后更改图像颜色，如下图所示。

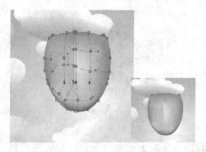

STEP 08 执行"排列顺序向后一层"命令，将图像顺序向后一层，再按 Ctrl+Page Down 快捷键，将图像移至所有圆的底层，如下图所示。

STEP 09 再按 Ctrl+D 快捷键，复制一个图形，然后单击"网格填充工具"按钮 ，调整节点并更改图像颜色，如下图所示。

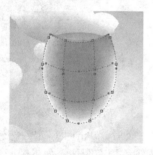

STEP 10 单击工具箱中的"交互式透明工具"按钮 ，在属性栏中选择"透明度类型"为"射线"，再设置"透明中心点"为9，如下图所示。

STEP 11 连续按 Ctrl+Page Down 快捷键，将图像移至圆形图像的最底层，如下图所示。

STEP 12 再按 Ctrl+D 快捷键，复制多个图形，然后调整图形的位置，效果如下图所示。

STEP 13 结合工具箱中的"贝赛尔工具" 和 "形状工具" ，绘制出图像上的纹理，如下图所示。

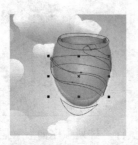

STEP 14 选择其中一个纹理图形，然后单击"渐变填充对话框"按钮，在弹出的"渐变填充"对话框中设置渐变参数，如下图所示。

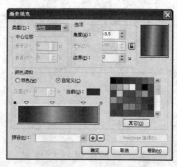

STEP 15 完成后，单击"确定"按钮，应用设置的渐变填充图像，如下图所示。

STEP 16 使用同样的方法为其他图形填充上不同的渐变颜色，填充后的图像效果如下图所示。

STEP 17 将素材文件"Chapter 18 商业插画设计\素材\01.psd"图像导入到图像中，然后调整图像的大小和位置，如下图所示。

STEP 18 结合工具箱中的"贝赛尔工具" 和 "形状工具" ，绘制出多个枝干路径，如下图所示。

STEP 19 单击"渐变填充对话框"按钮，弹出"渐变填充"对话框，然后在对话框中设置渐变颜色，如下图所示。

STEP 20 完成后，单击"确定"按钮，应用所设置的渐变颜色填充图像，如下图所示。

STEP 21 继续单击"渐变填充对话框"按钮，分别为每个枝干路径填充上不同的渐变色，如下图所示。

STEP 22 单击工具箱中的"交互式透明工具"按钮，在其属性栏中设置参数，为图像填充上交互式透明效果，如下图所示。

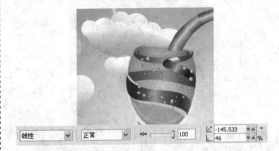

STEP 23 再使用同样的方法，绘制另一个图形，绘制后的图像效果如下图所示。

STEP 24 执行"文件>导入"菜单命令，将"Chapter 18　商业插画设计\素材\02.psd、03.psd"图像导入到页面中，然后调整大小和位置，如下图所示。

Work 3　制作叶子并添加文字

为了突出绿色饮品的主题，还需要在已绘制的图像中添加上绿叶和文字。本节将运用绘图工具绘制叶子并填充上渐变颜色。在填充图像时，除可直接填充渐变色外，还运用了"网状填充工具"调整叶子上的节点，制作独具特色的矢量叶子，具体操作如下。

STEP 01 结合工具箱中的"贝赛尔工具"和"形状工具"，绘制出叶子的路径，如下图所示。

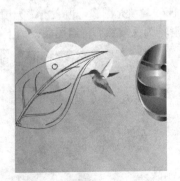

STEP 02 选中上半片叶子，单击"渐变填充对话框"按钮，弹出"渐变填充"对话框，然后在对话框中设置渐变参数，如下图所示。

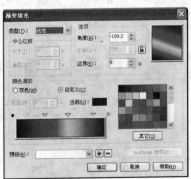

STEP 03 完成后，单击"确定"按钮，应用所设置的渐变颜色填充图像，如下图所示。

STEP 05 按 Ctrl+G 快捷键，群组对象，然后复制多个叶子图像，分别调整图像的颜色和位置，再裁剪掉多余部分，效果如下图所示。

STEP 07 单击"渐变填充对话框"按钮，弹出的"渐变填充"对话框，再在对话框中设置渐变颜色，如下图所示。

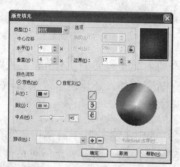

STEP 09 结合工具箱中的"贝赛尔工具" ，和"形状工具" ，绘制出叶子的经脉路径，如下图所示。

STEP 04 选择其他路径，分别设置不同的渐变颜色填充图像，并去除轮廓线，效果如下图所示。

STEP 06 结合工具箱中的"贝赛尔工具" ，和"形状工具" ，绘制出另一片叶子的路径，如下图所示。

STEP 08 完成后，单击"确定"按钮，应用所设置的绿色渐变色填充图像，再去除其轮廓线，填充后的图像效果如下图所示。

STEP 10 单击"填充"按钮，设置填充色为 R:119、G:182、B:69，填充图像，再右击"无填充"按钮 ，取消轮廓色，然后群组图像，如下图所示。

STEP 11 按 Ctrl+D 快捷键，复制图像，再将图像移动至页面的左侧，并调整图像的大小和位置，如下图所示。

STEP 12 结合工具箱中的"贝赛尔工具" 和"形状工具" ，绘制出长条叶子的路径，再单击绿色色标，填充颜色，如下图所示。

STEP 13 单击工具箱中的"网格填充工具"按钮 ，再单击网格中的节点，调整节点的位置和颜色，如下图所示。

STEP 14 单击工具箱中的"钢笔工具"按钮 ，绘制黄色曲线，在属性栏中设置轮廓宽度为 1，然后群组新绘制的叶子图像，效果如下图所示。

STEP 15 按 Ctrl+D 快捷键，复制两个相同的叶子图像，然后调整图像的大小和位置，效果如下图所示。

STEP 16 继续使用相同的方法绘制页面下面的叶子及小草图像，然后再适当调整图像的位置，如下图所示。

STEP 17 单击"矩形工具"按钮▢，绘制矩形，再单击"填充"按钮，设置填充色为 R:40、G:107、B:2，填充图形，然后使用"钢笔工具"绘制如下图形。

STEP 18 单击调色板中的白色色标，将路径填充为白色，右击"无填充"按钮⊠，取消图像的轮廓色，如下图所示。

STEP 19 按 Ctrl+D 快捷键，复制图像，并调整图像的大小和位置，如下图所示。

STEP 20 单击"文字工具"按钮字，在矩形框中输入文字，最终效果如下图所示。

读书笔记

_____

_____

_____

_____